인조이 **오사카**

인조이 오사카 미니북

지은이 세계여행정보센터
펴낸이 최정심
펴낸곳 (주)GCC

7판 1쇄 발행 2019년 4월 18일
7판 2쇄 발행 2019년 4월 22일 ②

출판신고 제 406-2018-000082호
주소 10880 경기도 파주시 지목로 5
전화 (031) 8071-5700 팩스 (031) 8071-5200

ISBN 979-11-90032-04-9 10980

가격은 뒤표지에 있습니다.
잘못 만들어진 책은 구입처에서 바꾸어 드립니다.

www.nexusbook.com

여행을 즐기는 가장 빠른 방법

인조이 오사카 교토·고베·나라

OSAKA

세계여행정보센터 지음

넥서스BOOKS

Fall in love with OSAKA!

오사카를 **사랑**합니다!

다채로운 볼거리 가득, 판타스틱 오사카 맛의 도시이자 쇼핑 천국인 오사카는 그 어느 곳보다 먹거리, 쇼핑거리, 볼거리가 다양한 여행지다. 그래서 세계여행정보센터의 첫 번째 가이드북을 오사카로 하게 되었다. 이 책은 오사카를 중심으로 간사이 지방을 제대로 여행하기 위한 최신 정보와 노하우를 담은 가이드서다. 오사카 최고의 지역 도시 난바 · 신사이바시는 상세하게 거리 약도를 넣어 기술하였고 우메다 지역은 쇼핑을 위한 여행객을 중심으로 설명하였다. 그 외의 지역은 가족 단위 여행객에게 추천하고 싶은 유니버설 스튜디오 재팬과 베이 에어리어, 일본의 역사를 돌아볼 수 있는 오사카성과 덴노지 지역으로 나누어 구성하였다. 고베는 가장 인기 지역인 기타노이진칸과 하버 랜드 지역을 주로 다루었고, 나라는 나라 공원과 도다이지, 그리고 도후쿠지 중심으로 다루었다. 교토는 자전거와 버스로 교토의 명소를 돌아볼 수 있도록 상세하게 기술하였다.

더 풍부한 정보와 친절한 노하우를 싣기 위해 그동안 수차례 오사카를 찾으며 구석구석 취재하고 글과 사진으로 기록하였다. 처음 오사카를 가는 여행자, 자주 오사카에 가는 여행자 모두에게 도움이 되도록 기초적인 정보와 숨은 정보를 한눈에 보기 쉽게 정리하려고 노력하였다. 또한 배낭 여행객에게 필요한 실속 있는 정보, 가족 여행객을 위한 아이와 어른 모두에게 즐거운 여행 코스, 쇼핑족을 위한 최신 쇼핑 정보, 맛집이나 카페에 관심이 많은 여행객을 위한 정보 등 여러 가지 상황별 여행 정보를 가득 담았다. 여기에 더해 오사카의 많고 많은 음식을 다 다룰 수는 없지만 수년 간의 오사카

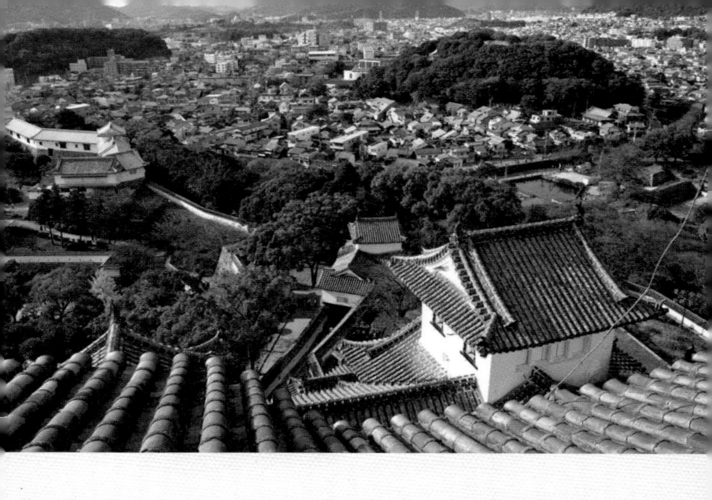

여행으로 얻어진 맛집 정보에 새로 생긴 음식점을 최대한 취재하여 덧붙였다.
이 책을 준비하면서 날씨가 도와주지 않아 사진을 찍는 데 유난히 고생을 많이 했다. 가장 기억나는 것은 교토 자전거 여행 정보를 쓰기 위해 자전거 여행을 했을 때 비가 내리는 바람에 비를 맞으며 자전거를 타고 계속 사진을 찍어야만 했던 일이다. 항상 좀 더 좋은 사진을 많이 담고 싶은 마음이지만 마음처럼 되지 않을 때가 많다.
세계여행정보센터 구성원 모두 한마음으로 좋은 책을 만들기 위해 힘써 왔다. 하지만 많은 분의 도움이 없었다면 이렇게 무사히 책이 나오기 어려웠을 것이다. 먼저 세계여행정보센터 구성원 모두와 오사카의 사진을 준비하다 어려움이 닥칠 때마다 많은 도움을 주신 오사카 주재 한국 총영사관 직원분과 유니버설 스튜디오 재팬의 생생한 사진 정보와 새롭게 선보인 원더랜드의 여행 정보까지 정리해서 보내 주신 유니버설 스튜디오 재팬의 이지혜 매니저 님께도 진심으로 감사의 마음을 전한다. 항상 사회 생활에서 멘토 역할을 해 주시는 김상훈 교수님과 세계여행정보센터에 많은 도움을 주시는 지인들, 오사카 여행 중 만났던 모든 사람과 길을 찾기 위해, 사진을 찍기 위해 도움을 요청할 때마다 친절하게 설명해 준 많은 일본인에게도 감사를 드리고 싶다. 끝으로 밤낮 없이 원고를 집필하는 동안 항상 격려해 주고 매일 불만 없이 화이팅을 외쳐 준 가족들에게도 고마움을 전한다.

세계여행정보센터

이 책을 보는 법

미리 만나는 간사이

오사카의 기본 정보와 간사이의 사계, 간사이의 명소 BEST 12, 간사이의 음식 BEST 10, 간사이의 야경 BEST 5 등을 소개한다. 간사이의 명소와 음식들을 사진으로 보면서 오사카 여행의 큰 그림을 그려 볼 수 있다.

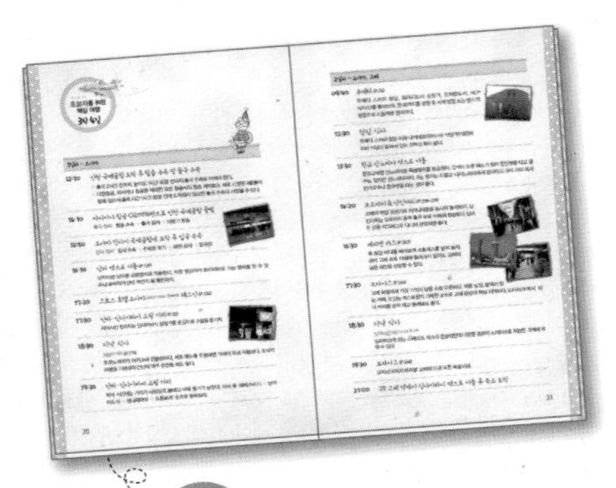

추천 코스

여행 전문가가 추천하는 간사이 여행 베스트 코스를 보면서, 자신에게 맞는 여행 일정을 세워 보자. 2박 3일, 3박 4일의 기본 일정에 마음에 드는 다른 코스를 추가하면 나만의 맞춤 코스가 완성된다.

지역 여행

간사이 지역 여행

오사카를 비롯한 교토, 고베, 나라 등 간사이 지역의 여행 정보를 담았다.
여행자들이 많이 찾는 곳들의 핵심 정보를 가득 실었다.

'베스트 코스'에서 동선은 물론 이동 시간과 식사 시간 등을 고려한 최적의 코스를 소개한다.

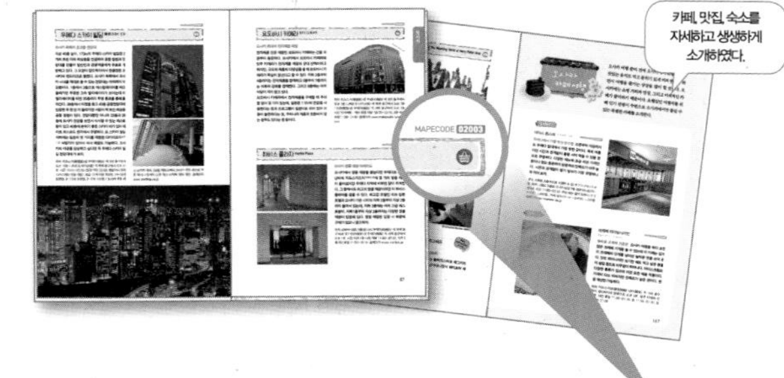

카페, 맛집, 숙소를 자세하고 생생하게 소개하였다.

가이드북 최초 자체 제작 맵코드 서비스

인조이맵 enjoy.nexusbook.com

★ '인조이맵'에서 간단히 맵코드를 입력하면 책 속에 소개된 스폿이 스마트폰으로 쏙!
★ 위치 서비스를 기반으로 한 길 찾기 기능과 스폿간 경로 검색까지!
★ 즐겨찾기 기능을 통해 내가 원하는 스폿만 저장!
★ 각 지역 목차에서 간편하게 위치 찾기 가능!

테마 여행 오사카를 새롭게 즐길 수 있는 테마별 정보들을 담았다.

여행 정보

오사카 여행을 시작하기 전에 알아 두면 좋은 여행 정보를 담았다. 여권을 만드는 것부터 오사카로 가는 항공편, 공항 출입국 수속에 필요한 정보들을 담았다.

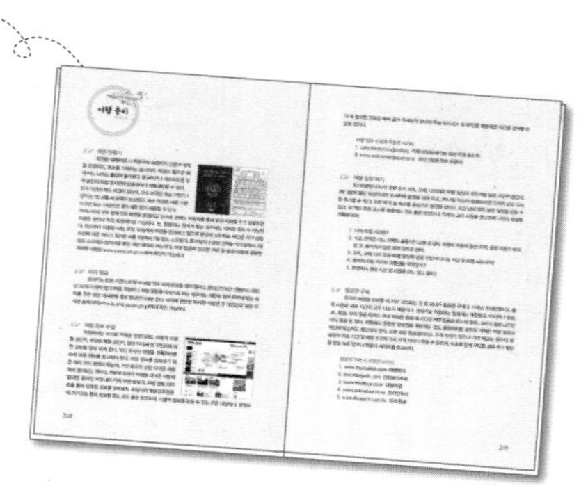

찾아보기

이 책에 소개된 관광 명소, 식당, 숙소 등을 이름만 알아도 쉽게 찾을 수 있도록 하였다.

오사카의 최신 정보를 정확하고 자세하게 담고자 하였으나, 시시각각 변화하는 오사카의 특성상 현지 사정에 의해 정보가 달라질 수 있음을 사전에 알려 드립니다.

CONTENTS

미리 만나는 간사이

오사카 기본 정보 14
간사이의 사계 16
간사이의 명소 BEST 12 18
간사이의 야경 BEST 5 23
간사이의 음식 BEST 10 25
간사이의 건강 쇼핑 BEST 5 28

추천 코스

초보자를 위한 핵심 여행 3박 4일 32
직장인을 위한 간사이 여행 2박 3일 36
여성을 위한 맞춤 여행 1박 2일 39
남성을 위한 맞춤 여행 1박 2일 42
간사이 역사 탐방 1박 2일 45
아이와 함께 가는 가족 여행 1박 2일 47
부모님과 함께 가는 가족 여행 1박 2일 49
미식가를 위한 식도락 여행 1박 2일 52
간사이 스루 패스를 이용한 알뜰 여행 1박 2일 56
주유 패스를 이용한 알뜰 여행 1박 2일 60

지역 여행

오사카 68
우메다 80
난바 · 신사이바시 96
덴노지 136
오사카 성 144
베이 에어리어 148
유니버설 스튜디오 재팬 154
오사카 카페 여행 167
오사카 맛집 산책 171
오사카 추천 숙소 178

교토 186
교토 맛집 산책 225
교토 추천 숙소 227

고베 230
고베 맛집 산책 252
고베 추천 숙소 254

나라 256
나라 맛집 산책 268
나라 추천 숙소 269

테마 여행

간사이 전통 축제, 마쓰리 즐기기 272
알뜰한 실속파 쇼퍼들의 쇼핑 플레이스 276
쇼핑 고수들을 위한 쇼핑 플레이스 282
우리 아이를 위한 특별한 쇼핑 288
오사카에서 맛보는 일본 요리 A to Z 292
달달한 오사카의 맛 디저트 열전 300
오사카에서 가볍게 술 한잔 306
아이와 함께하는 오사카 여행 312

톡톡 이야기

간사이 지역의 벼룩시장 탐험 142
오사카 성의 역사 들여다보기 147
일본 역사 속 한국 220
아리마 온천 여행 250

여행 정보

여행 준비 320
한국 출국 수속 325
일본 입국 수속 329
일본 출국 수속 331
한국 입국 수속 333

찾아보기 334

미리 만나는 간사이

오사카 기본 정보
간사이의 사계
간사이의 명소 BEST 12
간사이의 야경 BEST 5
간사이의 음식 BEST 10
간사이의 건강 쇼핑 BEST 5

오사카 기본 정보

개요

일본의 제2의 도시인 오사카는 동경 135도, 위도 34도에 위치하고 있으며 면적은 223km²이다. 오사카는 바다와 강으로 둘러싸여 있어 다리가 무려 약 840개가 있어 '물의 도시', '다리의 도시'로 불린다. 과거에는 한반도의 문화를 받아들이는 창구 역할을 하였으나 소도시에 지나지 않았는데 16세기 도요토미 히데요시가 오사카 성을 건축하면서 다시 활발하게 발전하였다. 메이지 유신 이후에는 개항과 축항에 의해 상공업이 발전하여 오늘날의 오사카에 이르렀다.

언어와 시차

오사카는 단일 언어인 일본어(日本語)를 사용한다. 우리나라와 시차는 없다.

기후

겨울이 짧고 여름이 길다. 연평균 기온은 16℃이며 강수량은 1,350mm다. 장마가 6월 중순부터 약 한 달간 지속되며, 8월 말부터 9월까지는 태풍이 자주 북상하니, 여행 일정을 잡을 때 참고하자. 도쿄에 비해 평균 기온이 1℃밖에 높지 않지만 강수량이 적어 더 덥게 느껴지며, 해안 도시이기 때문에 습도가 높아 여름에는 후텁지근한 날씨가 계속된다.

구분	평균 기온(℃)	평균 강수량(mm)
1월	5.8	43.7
2월	5.9	58.7
3월	9.0	99.5
4월	14.8	121.1
5월	19.4	139.6
6월	23.2	201.0
7월	27.2	155.4
8월	28.4	99.0
9월	24.4	174.9
10월	18.7	109.3
11월	13.2	66.3
12월	8.3	37.7

화폐

화폐 단위는 엔(¥,円)을 사용하고, 동전은 1엔, 5엔, 10엔, 50엔, 100엔, 500엔이 있으며, 지폐는 1,000엔, 5,000엔, 10,000엔이 있다.

물가

오사카의 물가는 빅맥 지수(BIG MAC INDEX)를 기준으로 우리나라보다 약 30% 이상 비싸다.

공휴일

월/일	공휴일(2019년 기준)
1/1	설날
1/14	성인의 날(1월 둘째 주 월요일)
2/11	건국기념일(2월 12일 대체 휴일)
3/21	춘분의 날(천문학적 계산에 따라 3월 20일이나 21일로 정해짐)
4/29	쇼와의 날
5/3	헌법기념일
5/4	녹색의 날
5/5	어린이날(6일 대체 휴일)
7/15	바다의 날(7월 셋째 주 월요일)
8/11	산의 날(12일 대체 휴일)
9/16	경로의 날(9월 셋째 주 월요일)
9/23	추분의 날(천문학적 계산에 의해 9월 22일이나 23일로 정해짐)
10/14	체육의 날(10월 둘째 주 월요일)
11/3	문화의 날(4일 대체 휴일)
11/23	근로 감사의 날
12/23	천황 탄생일

여행 시즌

오사카 여행은 방학 기간인 여름과 겨울, 그리고 매주 주말에 여행객이 많이 몰리지만 여행하기 가장 시즌은 벚꽃의 아름다움을 볼 수 있는 3월 중순에서 4월 초, 그리고 덥지 않은 10월 중순에서 11월 초이다.

국제전화

한국의 국가 번호는 82번이며 일본의 국가 번호는 81번이다. 국제전화를 할 경우 국제전화 회사 번호(예: 001)+국가 번호+'0'을 제외한 지역 번호 또는 이동 전화 식별 번호+전화번호를 사용하며, 한국→일본, 일본→한국으로 사용할 때에도 방법은 동일하다.

인터넷

대부분의 호텔에서 무선 인터넷(wi-fi) 이용이 가능하다. 별도의 접속 비밀번호가 필요할 때에는 프런트 데스크에 문의를 하고 LAN 선을 이용한 접속은 추가 요금이 부과될 수 있으므로 사용 전 반드시 확인하자.

우편

오사카에서 한국으로 편지나 소포를 보낼 경우 우체국을 이용해야 하지만 1급 호텔 이상은 프런트 데스크에서 우편 업무를 대신 해 주는 경우가 많다. 단, 소포의 경우 깨지기 쉬운 제품이 있을 경우 발송 보류가 되거나 파손 시 배상을 받기 힘들 수 있으므로 사전에 주의하도록 한다.

편의점

거리는 물론이고 골목 구석구석마다 편의점을 쉽게 볼 수 있는데, 편의점마다 자체 개발 상품들이 있어 각각 다른 브랜드의 편의점을 둘러보는 재미도 쏠쏠하다. 도시락의 종류도 많아 간단히 끼니를 때우기에 좋다. 주류 및 담배 구입도 가능하지만, 여권을 제시해야 하는 경우도 있다.

자판기

자판기의 천국답게 길거리 어디에서나 자판기를 볼 수 있다. 주류는 판매하지 않으며, 자판기마다 판매하는 음료의 종류가 다양하다. 늦은 시간 편의점까지 가기 귀찮다면 가까운 자판기를 이용해 보자.

온천

온천 이용은 우리나라의 찜질방 이용 방법과 유사하다. 온천 입구에서 먼저 입장료를 내고 개인 사물함 열쇠를 받은 후 입장한다. 이때 테마 온천의 경우는 유카타를 제공하는 곳이 많다. 탈의실에서 옷을 벗어 개인 사물함에 넣고 온천탕에 들어가면 되는데, 재미있는 점은 한국 사람은 대부분 수건을 들고 자신 있게 입장하는데 일본 사람들은 수건으로 중요 부위를 가리고 다니며 탕에 들어갈 때만 수건이 젖지 않게 머리 위에 올리거나 온천탕 바깥에 두곤 한다는 것이다. 테마 온천이나 대형 온천에서는 남탕의 때밀이도 여성인 경우가 많으니 당황하지 말자.

전압

일본은 100V의 전압을 사용한다. 우선 본인이 가진 전자제품이 100V 공용인지부터 확인해야 하며 사용하려면 플러그 어댑터(일명 돼지 코)가 필요하니 미리 준비하자.

계절마다 즐기는 간사이 오감 만족 여행

같은 여행지라도 계절에 따라 다른 매력을 뿜어낸다. 솔솔 봄바람이 불어오고 꽃이 만발하는 봄에는 어디를 갈까? 흰 눈이 소복소복 쌓이는 겨울에는 무엇을 할까? 간사이의 사계절을 100% 만끽할 수 있는 계절별 테마 여행지를 소개한다. 낭만, 멋, 여유가 어우러진 계절 여행을 떠나 보자.

봄 간사이의 봄을 알리는 벚꽃의 향연

봄이 오면 아름다운 벚꽃 놀이를 즐기러 간사이로 떠나자. 벚꽃의 개화 시기는 날씨에 따라 약간씩 차이가 있지만 3월 말부터 4월 초까지다. 이때 간사이를 찾는다면 만발한 벚꽃을 마음껏 즐길 수 있다. 간사이에서 흐드러진 벚꽃을 구경할 수 있는 장소로는 오사카 성이 있는 오사카 공원, 시텐노지, 교토의 기요미즈데라를 꼽을 수 있다. 화창한 봄날 벚꽃 비를 맞으며 나만의 추억을 만들어 보자.

여름 한여름에 즐기는 시원한 쇼핑

오사카는 다양한 먹거리로 유명하지만 최고급 명품 쇼핑은 물론 실용적인 쇼핑까지 가능한 쇼핑 천국이기도 하다. 모든 쇼핑몰과 백화점의 냉방 시스템이 완벽하여 무더운 여름날 실내에서 즐기는 쇼핑은 오사카 여행의 또 다른 즐거움이다. 또한 여름에 쇼핑몰과 백화점의 세일 기간이 몰려 있어 생각지 못한 저렴한 비용으로 원하는 상품을 얻을 수 있다. 여름방학과 휴가가 있는 여름에 오사카를 찾는다면 시원한 쇼핑 계획을 세워 보자.

가을 빨갛고 노란 잎마다 가을이 가득

마음이 풍요로워지는 가을, 붉은 단풍잎을 밟으며 색다른 관광을 할 수 있는 간사이 여행을 준비해 보자. 녹지 관리가 잘 되어 있어 오사카 도심에서도 단풍놀이를 즐길 수 있으며 조금 외곽으로 나가면 울긋불긋 물든 대자연에 탄성이 절로 나온다. 가을의 정취에 흠뻑 빠질 수 있는 교토와 외곽 지역인 아라시야마로의 여행을 적극 추천한다.

겨울 하얀 눈 맞으며 즐기는 노천 온천

오사카는 해양성 기후 때문에 눈이 많이 내리지 않는 곳이다. 하지만 내륙 지역인 교토나 고산 지대인 고베의 북쪽 지역에서는 심심치 않게 눈을 볼 수 있다. 하얀 눈을 맞으면서 즐기는 야외 온천욕은 즐겨 본 사람들만이 왜 겨울에 야외 온천을 즐기는지 알 수 있다. 말로 표현하기 어려울 정도로 이색적이고 독특한 경험이 될 것이다. 고베의 아리마 온천 혹은 와카야마의 온천 료칸에서 그동안의 피로를 싹 풀고 멋과 여유가 있는 시간을 가져 보자.

놓쳐서는 안 될 간사이 핵심 명소

맛의 도시 오사카, 천년의 역사를 간직한 교토 등 지역마다 자신만의 색깔을 갖고 있다. 간사이의 모든 매력을 느끼려면 몇 날 며칠을 머물러도 부족할 것이다. 하지만 누구나 간사이에 가면 가고야 마는 필수 명소는 늘 있는 법! 최소한 여기는 다녀와야 간사이를 가 봤다고 할 수 있지 않을까?

1 도톤보리 (오사카)

맛의 도시 오사카에서 먹거리는 빠질 수 없는 즐거움이다. 오사카에서도 끝없이 먹거리가 늘어선 곳이 도톤보리인데 다코야키, 오코노미야키, 스시, 규동, 우동, 라멘 등 모든 먹거리를 이곳에서 맛볼 수 있다. 상점들이 저녁 늦은 시간까지 문을 열어 숙소를 이곳에 정하면 도톤보리 관광을 백배 즐길 수 있다. p.120

2 신사이바시 상점가 (오사카)

오사카 쇼핑의 핵심 지역인 신사이바시 상점가는 오사카의 최대 상점가로 일본 사람들과 해외 여행객들로 하루 종일 북새통을 이룬다. 의류, 잡화, 화장품, 액세서리, 기념품 가게까지 수많은 상점들이 가득한 패션의 메카 신사이바시에서 한발 앞선 유행 감각을 느껴 보자. p.162

3 우메다 (오사카)

오사카 교통의 중심지이자 상업의 중심지인 우메다는 여러 명품 매장과 대형 백화점 그리고 특급 호텔들이 즐비한 곳이다. HEP, 한큐3번가, 히가시도리, 화이티우메다 등 대중적이고 실용적인 쇼핑을 즐길 수 있는 곳도 곳곳에 있어서 쇼핑객들의 만족도가 높은 지역이다. 교토나 고베로 이동할 때 우메다를 꼭 거쳐 가므로 여행 일정을 짤 때 다른 지역과 연계하여 계획하는 것도 좋다. p.080

4 유니버설 스튜디오 재팬 (오사카)

오사카 최고의 관광 상품인 유니버설 스튜디오 재팬은 어른 아이 할 것 없이 하루 종일 즐겁게 놀 수 있는 테마파크다. 할리우드의 영화를 테마로 만든 곳으로 2001년 이후 많은 사람들에게 지속적인 인기를 얻고 있다. 가격이 조금은 부담되지만 박진감 넘치는 어트랙션과 흥미진진한 볼거리가 가득해 한 번 가면 다시 찾는 사람들이 많다. 자녀를 동반한 가족 여행을 준비한다면 이곳을 꼭 추천한다. p.154

5 기타노이진칸 (고베)

고베의 인기 지역인 기타노이진칸은 유럽식 건축물이 모여 있는 곳인데 전혀 일본 같지 않은 이국적인 분위기로 많은 관광객들이 기념사진을 찍기 위해 방문하는 곳이다. 우리나라의 드라마나 영화에도 단골로 등장하는데 아름다운 건축물을 감상하며 드라마 속 주인공처럼 거닐어 보자. p.239

6 모자이크 (고베)

고베를 방문하는 대부분의 관광객들이 찾아가는 쇼핑몰로 이국적인 분위기의 건축물과 인테리어는 쇼핑객에게 볼거리를 선사한다. 다양한 음식점, 분위기 있는 카페, 대형 오락실, 그리고 작은 놀이동산 등 부대시설도 다채로워 쇼핑뿐만 아니라 먹거리, 즐길 거리도 다양하다. 낮에는 태평양의 넓은 바다를 조망하고 저녁에는 아름다운 야경까지 감상할 수 있어 고베 최고의 명소라 할 수 있다. p.248

7 메리겐 파크 (고베)

아름다운 해안의 야경을 볼 수 있는 곳으로 유명한 메리겐 파크는 고베의 바다를 끼고 인기 전망대인 고베 포트 타워와 저녁이면 화려한 조명으로 옷을 갈아입는 고베 해양 박물관이 자리 잡고 있다. 모자이크도 가까운 곳에 있어 함께 둘러보면 더욱 좋다. p.246

8 킨카쿠지 (교토)

교토의 대표적인 관광지이자 상징인 금박의 전각을 볼 수 있는 킨카쿠지는 탄성을 자아낼 만큼 아름답다. 겨울에 눈에 덮힌 금박의 전각은 최고의 볼거리여서 사진에 관심이 많은 사람이 꼭 찾는 곳이다. 입장료를 내면 나눠 주는 부적 입장권은 행운을 가져다준다고 하여 관광객들이 교토 방문 기념품으로 꼭 챙겨 가는 것 중 하나다.
p.211

9 기요미즈데라 (교토)

교토의 큰 볼거리 중 하나인 기요미즈데라는 벚꽃이 만발한 봄이나 아름다운 단풍이 물드는 가을에 찾는다면 백만 불짜리 장관을 볼 수 있다. 또한 관광지 앞에 형성된 여러 기념품 가게와 음식점들은 이곳을 찾는 관광객들에게 또 다른 즐거움을 선사한다. p.219

10 니조 성 (교토)

도쿠가와 이에야스가 세운 막부의 중앙 임시 정부였으며 도쿠가와 가문의 상징인 니조 성은 교토 중부 최고 볼거리 중 하나다. 정권의 실세였던 도쿠가와 이에야스도 적의 기습이나 암살을 두려워한 사람임을 알 수 있는 니노마루고텐과 다도와 여유를 최대한 즐기고자 한 것을 엿볼 수 있는 니노마루 정원, 세이류엔 등 일본 역사의 한 장면에 푹 빠져 볼 수 있는 문화유산으로 가득하다. 니조 성에 올라가면 교토의 중부 지역을 한눈에 내려다볼 수 있으니 꼭 올라가 전망을 즐겨 보자. p.206

11 고후쿠지 (나라)

많은 국보와 볼거리가 가득한 고후쿠지는 나라의 대표적인 명승지 중 하나다. 여러 국보와 보물을 간직하고 있는 도콘도, 난엔도, 고쿠호칸은 우리나라와 인연이 깊은 일본의 역사를 엿볼 수 있는 유서 깊은 곳이다. 또한 나라 공원과 연결되어 사슴들이 경내에 들어오곤 하는데 이들과 함께하는 고후쿠지 관광이 이색적이고 즐겁다. p.266

12 도다이지 (나라)

세계 최대의 목조 건물인 도다이지는 나무로 만들었다는 것이 믿어지지 않을 만큼 웅장하고 견고함마저 느껴진다. 본당인 다이부쓰덴의 불상은 그 규모가 압도적인데 실제 크기의 3분의 1로 재건한 것이라니 원래의 불상을 상상해 보면 놀라울 따름이다. 이 사찰의 입구에도 사슴들이 즐비한데 경내 곳곳에서 볼 수 있다. p.267

잊을 수 없는 추억이 되는 간사이 최고의 야경

해외여행을 가게 되면 탁 트인 전망과 멋진 야경을 사진에 담아 오고 싶은 것이 인지상정이다. 낮에는 멋진 시내를 감상할 수 있고 저녁에는 아름답고 화려한 야경을 볼 수 있는 곳을 소개한다.

1 우메다 스카이 빌딩 梅田スカイビル

낮에는 가슴 시원해지는 시내 전망을 즐길 수 있고 저녁에는 오사카에서 가장 멋진 야경이 펼쳐지는 곳이다. 지상 40층, 높이 173m인 우메다 스카이 빌딩 최상층에 있는 공중 정원에서 바라보는 시내의 전경도 멋지지만 아늑하고 편안한 시설 또한 최고라 할 수 있다. 지하의 식당에서 식사 해결도 가능하므로 오사카의 야경을 즐기고자 하는 관광객에게 강력 추천한다. 단, 흐린 날은 올라가도 아무것도 볼 수 없으므로 맑은 날 밤에 가도록 하자. p.086

2 고베 포트 타워 神戸ポートタワー

고베의 자랑은 해안선을 따라 조성된 임해 부도심과 하버 랜드인데 이 지역을 한눈에 바라보며 멋진 야경을 감상할 수 있는 곳이 바로 고베 포트 타워다. 해 질 녘 포트 타워에 오르면 먼 수평선 너머로 지는 해를 볼 수 있고 가까이는 아름다운 모자이크와 메리겐 파크의 야경 그리고 임해 부도심의 아름다운 해안선을 볼 수 있다. 뒤쪽으로는 고베 도심이 보이고 맑은 날은 오사카항과 유니버설 스튜디오까지 조망할 수 있다. 여행 경비를 아끼려는 사람은 높이가 조금 낮지만 모자이크의 해변 전망대를 이용하는 것도 좋다. p.246

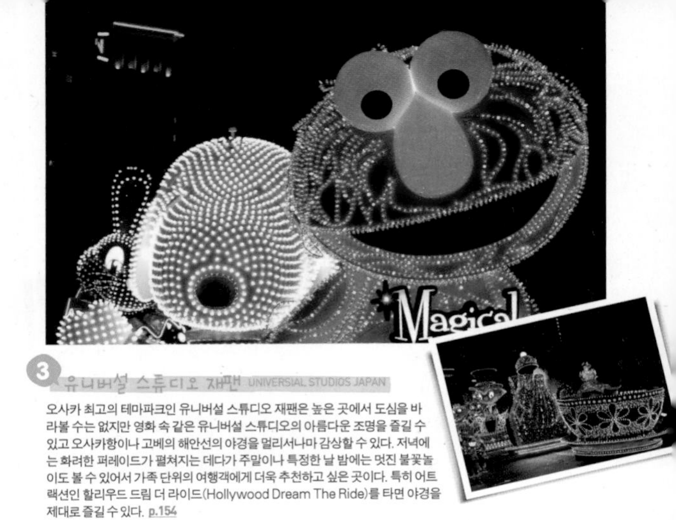

3 유니버설 스튜디오 재팬 UNIVERSIAL STUDIOS JAPAN

오사카 최고의 테마파크인 유니버설 스튜디오 재팬은 높은 곳에서 도심을 바라볼 수는 없지만 영화 속 같은 유니버설 스튜디오의 아름다운 조명을 즐길 수 있고 오사카항이나 고베의 해안선의 야경을 멀리서나마 감상할 수 있다. 저녁에는 화려한 퍼레이드가 펼쳐지는 데다가 주말이나 특정한 날 밤에는 멋진 불꽃놀이도 볼 수 있어서 가족 단위의 여행객에게 더욱 추천하고 싶은 곳이다. 특히 어트랙션인 할리우드 드림 더 라이드(Hollywood Dream The Ride)를 타면 야경을 제대로 즐길 수 있다. p.154

4 WTC 코스모 타워 WTCコスモタワー

오사카에서 가장 높은 빌딩인 WTC 코스모 타워는 지상 55층의 초고층 건물이다. 가장 꼭대기층에 전망대가 있는데 맑은 날이면 오사카뿐만 아니라 저멀리 아카시 대교까지 볼 수 있을 정도로 시야가 넓다. 오사카에서 가장 높고 해안가에 위치하고 있어 멀리까지 볼 수 있는 장점이 있지만 도심과 떨어져 있어 주변에 다른 즐길 만한 곳이 없는 것이 아쉽다. p.153

5 쓰텐카쿠 通天閣

오사카의 남쪽 지역에서 도심을 전망하기에 가장 좋은 장소다. 아주 오래된 전망대로 외관은 좀 허름하지만 일본 최초로 엘리베이터가 설치된 상징적인 건물이다. 주변의 신세카이에서 저녁도 해결할 수 있고 난바·신사이바시와 멀지 않아 많은 여행자가 찾는다. 쓰텐카쿠 남쪽으로는 아직 도시 성장이 활발히 이루어지지 않아서 크게 볼거리가 없는 것이 조금 아쉽고, 야경을 보고 내려오면 주변에 노숙자들이 많아 조금 불쾌할 수도 있다. p.141

맛을 찾아 떠나는 오사카 여행

오사카 여행에서 절대 빼 놓을 수 없는 것이 바로 먹거리다. 먹고 싶은 것은 많은데 일정이 짧아 다 먹을 수 없는 것이 모든 오사카 여행자들의 고민이다. 많고 많은 오사카의 음식 중 꼭 먹어 봐야 하는 음식 베스트 10을 꼽아 보았다.

1 규동 牛丼

일본의 대표 음식이자 서민적인 음식인 규동은 오사카 여행에서 가장 쉽게 접할 수 있는 음식 중 하나다. 소고기를 소스에 볶아 밥 위에 올린 음식인데 부담 없이 한 끼를 즐기고 싶을 때 더없이 좋다. 대표적인 음식점으로는 요시노야吉野家와 마쯔야松屋가 있는데 맛은 요시노야가 조금 낫지만 일본어를 잘 모르는 여행객들이 주문을 하기에는 마쯔야가 낫다. 마쯔야는 티켓 머신을 사용하므로 일본어를 몰라도 된다. 밥의 양을 조절할 수 있고 고기, 계란, 김치를 추가로 구매할 수 있다. 또한 고기의 양이 많은 데다가 요시노야와 달리 미소국이 무료로 제공되므로 남자에게는 마쯔야를 더 추천한다.

2 가쓰돈 カツ丼

규동과 더불어 대표 음식인 가쓰돈은 여행 중 쉽게 접할 수 있는 음식이다. 하지만 음식점마다 맛의 차이가 크므로 미리 알아보고 가는 것이 좋다. 가쓰돈은 밥 위에 기름으로 볶은 양파와 돈카쓰를 올리고, 그 위에 계란을 반숙하여 부어 먹는 음식으로 돈카쓰 고기의 질과 크기나 조리 방법에 따라서 맛이 천차만별이다. 가쓰돈 용기를 일반 플라스틱 그릇으로 사용하면 저렴하거나 맛이 좀 떨어지는 곳이고 사기 그릇이나 양철 냄비를 사용하는 가게의 경우 일단 믿을 만하다. 하지만 돈카쓰가 형편 없으면 팥소 없는 찐빵이나 다름없으므로 웬만하면 이름 있는 가게이거나 줄이 긴 가게에 들어가도록 하자. 가게 밖이나 메뉴판에 가쓰돈의 사진이 있다면 우선 돈카쓰의 두께도 확인하는 것이 좋다.

3 돈카쓰 豚カツ

안심이나 등심 돈카쓰의 경우 고기 손질을 많이 하지 않고 적은 양의 튀김가루를 입히는데, 고기의 맛이 떨어지지 않게 하기 위해서다. 튀김가루 때문에 두께가 두꺼운 것이 아니라 고기 자체가 두꺼워 식감이 아주 좋다. 일본인은 음식을 조리할 때의 위생 상태를 요리의 기본이라 생각하기 때문에 오래된 기름을 쓰지 않으며 정확한 조리 시간에 맞춰 돈카쓰를 튀기므로 맛이 기가 막히다. 많은 돈카쓰 전문점이 있지만 그중에 추천할 수 있는 곳으로 KYK를 꼽는다. 여러 체인이 있지만 한국 사람들이 많이 찾는 곳은 난바 시티에 위치하고 있어 찾기 쉽다. 오사카 주유 패스와 쿠폰을 소지하고 있으면 전체 음식값에서 10%를 할인해 준다.

4 카레 カレー

일본의 카레는 주 원료인 강황과 울금의 함유량이 우리나라와 조금 다른데 일본 카레가 조금 더 진하고 맛이 깊다고 할 수 있다. 일본의 대표 카레 전문점으로는 코코이찌방야coco壱番屋를 꼽을 수 있는데 우리나라에도 체인을 개설하였다. 밥의 양을 조절할 수 있음은 물론 카레의 매운맛을 12단계로 나누어 판매하는데 1단계, 2단계는 무난한 맛이고 3단계, 4단계가 보통 우리가 즐겨 먹을 수 있는 맛이며 5단계부터는 매운맛을 많이 느끼게 된다. 돈카쓰나 오믈렛에 카레를 얹어서 주문할 수도 있으며 소고기나 돼지고기, 닭고기나 해산물이 들어간 카레도 있어서 본인의 식성에 따라 다양한 선택을 할 수 있어 좋다. 역 근처나 사람이 많이 몰리는 관광지 근처에서 쉽게 찾을 수 있다. 절대 12단계에는 도전하지 말 것!

5 오코노미야키 お好み焼き

한국의 부침개와 유사한 오코노미야키는 각 매장마다 조금의 차이는 있지만 야채와 해물 그리고 고기를 섞어 부침개처럼 만들어 먹는 것으로 여행 중 저녁에 맥주 한 잔과 같이 먹으면 좋은 음식 중 하나다. 오코노미야키는 개인 식성에 따라 소스, 마요네즈, 가시오부시 등을 뿌려서 먹기도 하며 담백한 맛을 좋아하는 사람은 다른 토핑이나 소스 없이 그대로 먹기도 한다. 오코노미야키의 맛은 들어가는 재료에 따라서도 달라지지만 그 두께와 얼마나 속이 잘 익었는가에 따라서도 많이 다르다. 자칫 재료들이 너무 많이 들어가 두꺼워지면 속이 잘 안 익어 겉이 타는 경우가 있다. 추천 음식점으로는 도톤보리에 위치한 치보(CHIBO)가 있는데 한국 연예인 이승기가 방문하여 현지인이나 관광객들에게 유명해진 곳이다. 각 테이블마다 별도의 철판이 마련되어 있어 재가열하거나 소스나 마요네즈와 가쓰오부시를 뿌려 재조리하여 먹을수도 있다. 세트 메뉴도 준비되어 있어 가격적으로도 부담이 덜하다. 무엇보다 맛이 뛰어나며 이곳의 또 하나의 주메뉴인 야키소바와 같이 먹으면 금상첨화다.

6 다코야키 たこ焼き

오사카 최고의 먹거리이자 간식거리인 다코야키는 난바 · 신사이바시 주변에서 많이 볼 수 있다. 밀가루 반죽에 잘게 썬 문어를 넣고 조리하여 그 위에 소스나 여러 가지 토핑을 얹은 것으로 파는 가게는 많지만 맛의 차이는 크지 않다. 가게마다 여러 가지 메뉴를 개발하여 판매에 열을 올리고 있지만 과거에는 다코야키 위에 가쓰오부시와 마요네즈 그리고 소스를 뿌려 먹는 것만 판매했다. 최근에는 계란 반숙, 샐러드 같은 여러 가지 토핑을 올린 다양한 메뉴를 개발해 판매하고 있다. 하지만 다코야키의 맛은 기본에 충실해야 하므로 기본 다코야키를 먼저 맛본 후 다른 다양한 메뉴를 접해 보도록 하자.

7 라멘 ラーメン

일본 라멘은 돼지 뼈와 닭 뼈를 오랜 시간 고아 국물을 낸다. 돼지 누린내 때문에 입맛에 안 맞을 수도 있으니 사골 국물을 안 좋아하는 사람이라면 주의하자. 우리나라에서 라면이라고 불리는 인스턴트 라면과 달리 깊은 맛과 쫄깃쫄깃한 생면의 맛을 즐길 수 있다. 한국 사람들이 즐겨 찾는 라멘으로는 국물 간을 소금으로 한 시오라멘塩ラーメン, 간장으로 간을 한 소유라멘醤油ラーメン, 미소로 간을 한 미소라멘味噌ラーメン을 꼽을 수 있다. 나가사키 짬뽕 같은 매운맛의 얼큰한 라멘도 큰 인기다. 맛있는 라멘집은 많지만 그중 한국 사람이 가장 많이 찾는 킨류라멘은 난바 · 신사이바시 지역에서 쉽게 볼 수 있다.

8 스시 寿司(すし)

일본 여행에서 스시를 먹지 않았다면 일본 음식을 먹었다고 말할 수 없다. 한국 사람이 가장 선호하는 스시집은 회전초밥집으로 먹고 싶은 것을 골라 먹을 수 있고 일본어를 못해도 어려움이 없어 많이 찾는다. 일본의 스시집은 가게마다 가격이 천차만별이고 자칫 비싼 곳을 들어가서 후회를 하는 경우가 많으니 가격을 먼저 확인하도록 하자. 추천 음식점으로는 이치바 스시市場ずし와 간코 스시がんこ가 있다.

9 우동 うどん

일본 사람들은 밀가루로 만든 면 요리를 좋아하는데 라멘과 더불어 일본 사람들에게 인기 있는 음식이 우동이다. 우리에게 너무도 익숙한 음식이며 오사카 어디에서도 쉽게 접할 수 있다. 하지만 음식점마다 확연히 맛의 차이를 느낄 수 있는데 라멘의 생명이 국물이라면 우동의 생명은 면발이다. 수타로 만든 면으로 만든다면 일단 믿어볼 만하다. 추천하는 음식점은 면발만큼은 오사카의 어느 우동집도 따라올 수 없을 정도로 최고의 식감을 자랑하는 마루가메세멘丸亀製麺이 있다.

10 닭튀김 から揚げ

일본어로 가라아게から揚げ라고 하는 닭튀김은 우리나라의 닭튀김과 겉모습은 크게 차이가 나지 않지만 맛의 차이는 확연하다. 어느 매장에서 가라아게를 주문해도 한결같이 맛이 뛰어난데 우리나라의 닭튀김에 비해 튀김의 두께가 얇고 기름의 신선도가 뛰어나서 맛과 식감이 좋다. 저녁 술안주로도 많이 먹지만 최근에 가라아게 전문점들이 속속 등장하고 있어 메뉴도 다양해졌다. 추천할 만한 음식점으로는 큰 매장을 가진 음식점은 아니지만 조리의 신선도와 맛에서 아주 뛰어난 토리고로(Torigoro)를 들 수 있다.

일본 드러그 스토어 필수 구매 아이템!

간사이를 비롯해 일본을 여행하면 곳곳에 사람들이 들어찬 드러그 스토어를 쉽게 찾을 수 있다. 이곳에서 많은 사람들은 흔히 알고 있는 동전 파스나 감기약, 진통제를 기본으로 구매한다. 하지만 이것 외에도 인기 있는 다양한 제품들이 많이 있다. 일본 드러그 스토어에 들러 현재 인기 있는 제품들을 눈여겨보자!

1 여성 미용 건강 제품

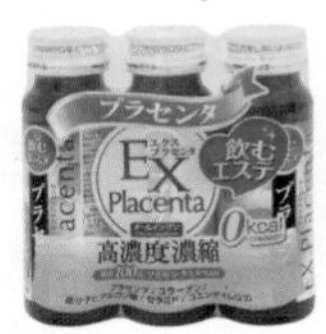

EX Placenta

피부 탄력을 증대하고 노화 방지 효과가 있는 마시는 미용 음료

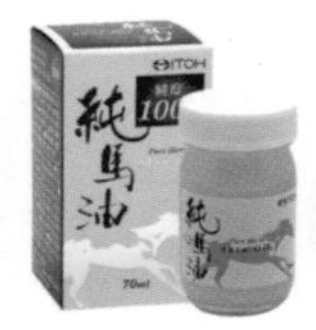

순마유 純馬油

무색, 무취, 무첨가로 빠르게 스며드는 피부 보습제

비타민C1200 ビタミンC 1200

가격 대비 비타민C가 많이 들어 있어 피부에 좋은 건강 식품

2 다이어트 제품

다이어트 쉐이크

短期スタイル　ダイエットシェイク

칼로리가 낮고 맛도 있어 다이어트에 안성맞춤

다이어트 복대

MMダイエット腹帯

날씬한 허리를 만들어 주는 복대

3 생활용품

퍼펙트휩 Perfect Whip

가격 대비 동급 최강의 폼 클렌징으로 현재 일본 최고 인기 제품

츠바키 Tsubaki

손상된 모발에 탁월한 효과가 있는 샴푸 & 린스

4 의약품

로이히츠보코 ロイヒつぼ膏

효과가 탁월하고 활동하기에 편한
동전 파스

아이봉 アイボン

눈이 상쾌하고 맑아지는
안구세척제

사케무케아 サカムケア

출혈을 잡고 항균 기능도
가지고 있는 액체 밴드

EVE

증상에 따라 종류가 다양한
일본 진통제

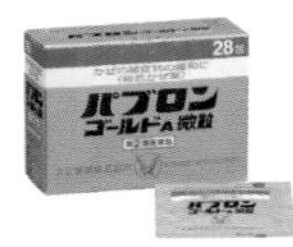

파브론골드A パブロンゴールドA

감기 몸살에 효과가 빠른
일본 국민 감기약

5 건강 기능 식품

바지락, 울금 오르니틴
しじみの入った牡蠣ウコン

간 해독을 촉진 시켜
숙취 해소에 좋은 건강 식품

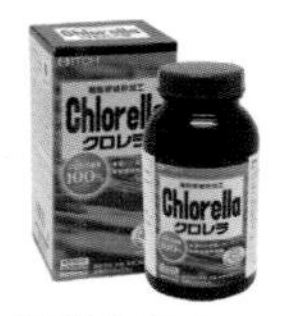

클로렐라 クロレラ

소화력을 높이고 피부 미용에도
도움을 주는 건강 식품

프로폴리스 네오 プロポリス ネオ

피부 미백과 면역력 향상에
탁월한 효능

로얄제리 연질캡슐
ローヤルゼリーソフトカプセル

피부 노화 방지와 감기 예방에
효과적인 식품

은행나무 DX 골드
イチョウDXゴールド

혈액 순환 개선과 암세포
성장 억제에 도움

요구르겐 ヨーグルゲン

장을 건강하게 보호해 주는
유산균 제품

초보자를 위한 핵심 여행 3박 4일

직장인을 위한 간사이 여행 2박 3일

여성을 위한 맞춤 여행 1박 2일

남성을 위한 맞춤 여행 1박 2일

간사이 역사 탐방 1박 2일

아이와 함께 가는 가족 여행 1박 2일

부모님과 함께 가는 가족 여행 1박 2일

미식가를 위한 식도락 여행 1박 2일

간사이 스루 패스를 이용한 알뜰 여행 1박 2일

주유 패스를 이용한 알뜰 여행 1박 2일

1일차 - 오사카

12:00 인천 국제공항 도착 후 탑승 수속 및 출국 수속

- 적어도 출국 2시간 전까지, 늦어도 1시간 30분 전까지 출국 수속을 마쳐야 한다.
- 대한항공, 아시아나 항공을 제외한 저비용 항공사, 외국 항공사의 탑승 게이트는 대부분 새로 신설된 제2출국장에 있다. 출국 심사를 받고 모노레일로 이동하는 시간을 감안하도록 하자.

14:05 아시아나 항공 OZ114편으로 인천 국제공항 출발

출국 절차 **탑승 수속 ⇨ 출국 심사 ⇨ 비행기 탑승**

15:50 오사카 간사이 국제공항에 도착 후 입국 수속

입국 절차 **입국 수속 ⇨ 수화물 찾기 ⇨ 보안 검사 ⇨ 입국장**

16:10 난바 역으로 이동 (P.133)

난카이센 난바행 급행열차로 이동한다. 자칫 헷갈려서 와카야마로 가는 열차를 탈 수 있으니 목적지가 난바 역인지 꼭 확인하자.

17:20 크로스 호텔 오사카Cross Hotel OSAKA 체크인 (P.180)

17:30 난바·신사이바시 쇼핑 거리 (P.102)

저녁시간 전까지는 신사이바시 상점가를 중심으로 쇼핑을 즐기자.

18:30 저녁 식사

치보CHIBO (P.123)

오코노미야키, 야키소바 전문점이다. 세트 메뉴를 주문하면 가격이 조금 저렴하다. 오사카 여행을 기념하여 간단히 맥주 한잔을 해도 좋다.

19:30 난바·신사이바시 쇼핑 거리

저녁 시간에는 거리가 사람들로 붐비고 더욱 활기가 넘친다. 식사 후 '에비스바시 ⇨ 난카이도리 ⇨ 센니치마에 ⇨ 도톤보리' 순으로 돌아보자.

2일차 - 오사카, 고베

09:40 우메다 (P.80)

우메다 스카이 빌딩, 히가시도리 상점가, 오하텐도리, HEP NAVIO를 둘러보자. 첫 목적지를 정한 후 시계 방향 또는 반시계 방향으로 이동하면 편리하다.

12:30 점심 식사

우메다 스카이 빌딩 지하 다키미코지滝見小路 식당가(P.86)에 여러 식당이 들어서 있어 선택의 폭이 넓다.

13:30 한큐 산노미야 역으로 이동

한큐고베센 산노미야행 특급열차를 탑승하자. 간사이 스루 패스가 있어 한신센을 타고 갈 수도 있지만 산노미야까지 가는 열차는 드물고 니시노미야에서 갈아타고 다시 가야 해서 번거로우니 한큐센을 타는 것이 좋다.

14:20 모토마치 & 난킨마치 (P.242~245)

고베의 핵심 상점가와 차이나타운을 동시에 둘러보자. 난킨마치는 모토마치 동쪽 출구 바로 아래에 형성되어 있어 두 곳을 지그재그로 다니며 관광하면 좋다.

16:30 메리겐 파크 (P.246)

확 트인 바다를 바라보며 스트레스를 날려 보자. 굳이 고베 포트 타워에 올라가지 않아도 고베의 넓은 해안을 전망할 수 있다.

17:30 모자이크 (P.248)

고베 여행에서 가장 기억이 남을 쇼핑 타운이다. 예쁜 상점, 분위기 있는 카페, 맛있는 레스토랑이 가득한 곳으로 고베 관광의 핵심 지역이다. 모자이크에서 저녁 식사를 먼저 하고 둘러봐도 좋다.

18:30 저녁 식사

빗쿠리돈키びっくりドンキ(P.122)

모자이크에 있는 스테이크, 파스타 전문점인데 다양한 종류의 스테이크를 저렴한 가격에 먹을 수 있다.

19:30 모자이크 (P.248)

모자이크에서 바라본 고베의 야경 또한 예술이다.

21:00 JR 고베 역에서 신사이바시 역으로 이동 후 숙소 도착

3일차 - 교토

06:30 호텔 조식

07:30 한큐 우메다 역으로 이동

08:00 교토 가와라마치 역으로 이동

- 한큐교토센 특급열차를 탄다. 목적지와 열차의 등급을 꼭 확인하자.

08:45 교토의 긴카쿠지 (P.215), 니조 성 (P.206), 킨카쿠지 (P.211)

- 교토의 문화재로 천년 역사를 느껴 본다.
- 버스를 탈 때에는 우리나라와 달리 뒷문으로 타고, 앞문으로 내리면서 요금을 낸다. 간사이 스루 패스가 있다면 내릴 때 버스 운전사 옆에 있는 티켓 기계에 패스를 넣으면 된다.

12:00 점심 식사

오멘 おめん (P.226)

50년 된 긴카쿠지의 유명 우동집인 오멘에서 맛있는 점심 식사.

13:00 교토의 기요미즈데라 (P.219), 교토 국립 박물관 (P.218), 기온 (P.217)

- 교토 국립 박물관은 특별관 전시에 따라 폐관 시간이 다르므로 미리 확인해야 한다.
- 점심 식사를 하였다면 먼저 교토국립박물관을 관람한 후 다른 관광지로 이동하자.

18:30 저녁 식사

카네쇼 かね正 (P.225)

장인 정신이 담긴 장어덮밥을 먹고 지친 몸을 회복하자. 시간을 잘 못 맞추면 긴 줄을 서야 한다는 것을 참고하자.

19:30 기온 & 가와라마치 역 부근

오사카로 돌아가는 열차 시간을 고려하여 가와라마치 역 부근을 관광하자.

21:00 가와라마치 역에서 신사이바시 역으로 이동

22:30 숙소 도착

4일차 - 오사카

08:00 호텔 조식

09:00 호텔 체크아웃 후 난카이센 난바 역으로 이동

09:20 난카이센 린쿠타운행 급행열차 탑승

간사이 국제공항으로 가는 열차를 타면 린쿠타운 역에 내릴 수 있다.

10:30 린쿠타운(P.289)

- 린쿠타운에는 다양한 브랜드가 입점해 있어 한국 관광객에게 큰 인기를 끌고 있다.
- 린쿠타운 프리미엄 아웃렛 옆 건물에 닛토리라는 생활용품 대형 매장이 있는데 가격이 저렴하고 제품의 질도 뛰어나니 시간이 된다면 꼭 들러 보자.

12:00 점심 식사

린쿠타운 프리미엄 아웃렛 내 식당을 이용하자.

13:00 린쿠타운

15:00 린쿠타운을 출발하여 간사이 국제공항으로 이동

린쿠타운 역에서 간사이 국제공항까지는 열차로 딱 한 정거장이지만 열차가 자주 오는 것이 아니라서 비행기 시간에 늦지 않도록 여유 있게 출발하자.

15:30 간사이 국제공항 도착 후 탑승 수속 및 출국 수속

17:00 아시아나 항공 OZ0113편으로 간사이 국제공항 출발

19:00 인천 국제공항 도착

예상 경비

왕복 항공료(아시아나 항공 기준, 유류 할증료 및 공항 이용료 포함)	55,000엔
3일 숙박료(크로스 호텔 오사카 2인 1실 기준 1인 요금, 조식 포함)	19,500엔
교통비(간사이 스루 패스 2일권 포함)	6,000엔
식사 비용(총 6식 + 간식 비용)	12,000엔
관광 입장료(우메다 스카이 빌딩 + 교토 관광지 입장료)	4,000엔
합계	96,500엔

*항공료 기준은 온라인 판매 가격이며 시기에 따라 경비 차이가 있음.

1일차 - 오사카

19:00 인천 국제공항 도착 후 탑승 수속 및 출국 수속

20:40 피치 항공 MM010편으로 인천 국제공항 출발

22:25 오사카 간사이 국제공항에 도착 후 입국 수속

23:00 난카이센 난바 역으로 이동

숙소가 난바-신사이바시 지역이라면 난카이센 난바행 급행 열차를 타자. 만약 숙소가 우메다 지역이라면 공항 리무진을 탑승할 것을 추천한다. 늦은 시간에 다니는 특별 버스 정보는 www.flypeach.com/kr에서 확인이 가능하다.

24:00 후지야 호텔 도착 후 체크인 (P.181)

난카이센 난바 역에서 도보 15분 소요. 초행길이라면 난바 역과 가까운 호텔을 예약하도록 하자.

2일차 - 오사카, 고베

07:00 호텔 조식

08:00 호텔 출발 후 고베로 이동

긴테츠 니혼바시 역에서 한신 전철을 탑승하여 고베 산노미야 역으로 이동한다.

09:00 기타노이진칸 관광 (P.239)

이국적인 유럽 마을에서 기념사진 촬영!

11:30 점심 식사

스테이크 랜드ステーキランド (P.252)

맛있는 와규 스테이크를 꼭 먹어 보자! 점심 시간에는 대기하는 경우가 많아서 적어도 11시 30분 전에 도착하도록 한다.

12:30 간식

이스즈 베이커리イスズベーカリー (P.253)

고베만 있는 특별한 빵집인 이스즈 베이커리를 꼭 방문하자. 스테이크 랜드에서 가까운 곳에 위치해 있다.

13:10 모토마치 & 난킨마치 (P.242~243)

- 고베의 핵심 상점가 모토마치와 차이나타운인 난킨마치를 동시에 둘러보자. 가까이 있어 지그재그로 돌아보면 좋다.
- 차이나타운인 난킨마치는 모토마치 동쪽 출구 바로 아래에 형성되어 있다. 골목골목에 다양한 군것질 거리가 있으므로 마음껏 즐겨 보자.

15:00 메리겐 파크 (P.246)

- 확 트인 바다를 바라보며 스트레스를 날려 보자. 굳이 고베 포트 타워를 올라가지 않아도 고베의 넓은 해안을 전망할 수 있다.
- 공원의 다양한 조형물을 감상해 보자.

16:00 모자이크 (P.248)

모자이크는 예쁜 상점, 분위기 있는 카페, 맛있는 레스토랑이 가득한 곳

17:30 고베 하버 시티 역 출발

고베 하버 시티 역에서 한큐선을 탑승하여 오사카 우메다 역으로 이동. 직행이 없을 경우 산노미야 역으로 이동 후 환승하도록 한다.

18:10 저녁 식사

칸타로函太郎 (P.95)

그랑 프론토 오사카에 위치한 회전 초밥집인 칸타로에서 신선한 초밥을 맛보자!

19:00 그랑 프론토 오사카 쇼핑 (P.95)

기호에 따라 요도바시 카메라(P.87) 쇼핑몰을 관람해도 좋다.

20:30 우메다 스카이 빌딩 전망대 (P.86)

21:30 미도스지센 우메다 역에서 전철을 탑승하여 신사이바시 역에서 하차

22:00 도톤보리로 이동하여 저녁에 시원한 맥주 한잔

24:00 숙소 도착

3일차 - 오사카

08:00 호텔 조식

09:00 주오센 다니마치욘초메행 전철 탑승

09:30 오사카 성 & 공원 (P.144)

짧은 일정이라 시간 여유가 없을 때는 오사카 성에 입장하지 말고 오사카 성 외부만 둘러보자.

11:00 신사이바시 역으로 이동하여 난바·신사이바시 관광 (P.96)

점심 시간 전까지 신사이바시를 위주로 둘러보자.

12:30 점심 식사

쓰루동탄つるとんたん (P.124)

쓰루동탄에서 명란젓 우동이나 카레 우동을 추천한다.

13:30 난바·신사이바시 (P.96)

식사 후 오후에는 '센니치마에-도톤보리-에비스바시' 순서로 관광을 하고 마지막으로 난바 파크스와 난바 시티를 둘러보자.

15:30 간사이 국제공항으로 이동

난카이센 간사이 국제공항행 급행열차를 탄다. 자칫 다른 지역으로 가는 열차를 탑승하거나 모든 역에 다 정차하는 완행열차를 탑승할 수 있으므로 주의하자.

16:20 간사이 국제공항 도착 후 탑승 수속 및 출국 수속

18:10 피치 항공 MM009편으로 간사이 국제공항 출발

20:00 인천 국제공항 도착

예상 경비

왕복 항공료(피치 항공 기준, 공항 이용료 포함)	20,000엔
2일 숙박료(후지야 호텔 오사카 2인 1실 기준 1인 요금, 조식 포함)	9,000엔
교통비	3,620엔
식사비(총 3식 + 간식비)	8,000엔
관광 입장료(우메다 스카이 빌딩 + 오사카 성 입장료)	1,300엔
합계	41,920엔

*항공료 기준은 온라인 판매 가격이며 시기에 따라 경비 차이가 있음.

1일차 - 오사카, 고베

08:30 호텔 조식

09:30 신사이바시에서 미도스지센을 타고 우메다 역으로 이동

10:00 우메다 (P.80)

명품 브랜드에 관심이 있다면 하비스 프라자와 힐튼 프라자에 꼭 가 보자. 우리나라에 들어온 브랜드라도 국내에 없는 디자인의 제품을 볼 수 있다. 자칫 입구에서 입장이 거절되는 경우가 있으므로 복장에 신경을 써야 한다. 중저가 브랜드 또는 보세에 관심이 있다면 HEP FIVE에 가 보자. 다양한 브랜드가 입점해 있어 시간 가는 줄 모를 것이다.

13:00 점심 식사

JR 우메다 역사 내 레스토랑 혹은 한큐 백화점 식당가를 이용하자. 백화점 식당가나 역사 내 식당가를 이용하는 것도 좋다.

14:00 고베 포트 아일랜드로 이동 (P.249)

포트 아일랜드로 이동할 때 무조건 산노미야 역으로 이동한 후 환승해야 한다.

15:00 이케아에서 쇼핑 (P.249)

엄청난 크기의 창고형 매장으로 그 규모에 입이 쩍 벌어진다. 홍콩의 이케아보다 더 넓고 제품도 다양하여 한국 관광객들에게 큰 인기다.

18:00 하버 랜드의 모자이크로 이동 (P.248)

확 트인 야외 상점에서 쇼핑도 하고 멋진 레스토랑에서 맛있는 저녁 식사도 하고 고베의 아름다운 야경도 감상해 보자.

18:30 저녁 식사 (P.248)

모자이크 2~3층의 식당, 또는 1층의 분위기 있는 유럽식 카페나 레스토랑을 이용하자.

19:30 모자이크에서 쇼핑

저녁 먹기 전에 못 했던 쇼핑을 마음껏 즐기자.

21:00 오사카로 이동

22:30 숙소 도착

2일차 - 오사카

09:00 호텔 조식

10:00 다이마루 백화점 쇼핑

규모도 크고 인테리어도 뛰어난 백화점이다.

11:00 난바 · 신사이바시 (P.96)

오사카 최대의 쇼핑 거리인 신사이바시 상점가는 북쪽에서 남쪽으로 내려오면서 '신사이바시 상점가-에비스바시 상점가-난카이도리-센니치마에-도톤보리' 순으로 관광한다. 만약 시간이 부족하다면 신사이바시 남쪽 상점가와 도톤보리 그리고 센니치마에만 둘러보자.

13:00 점심 식사

미즈노美津の (P.177)

도톤보리 최고의 인기 오코노미야키 전문점인 미즈노에서 맛있는 점심 식사를 한다.

14:00 난카이센 난바 역에서 린쿠타운으로 이동

15:00 린쿠타운 프리미엄 아웃렛 & 닛토리 쇼핑 (P.289)

린쿠타운 프리미엄 아웃렛은 공항에서 가까워 많은 관광객들이 몰린다. 많은 브랜드 상점들이 입점해 있고 항시 세일을 하고 있어 쇼핑족에게는 필수 여행 코스다. 바로 옆에 자리한 닛토리는 질 좋고 저렴한 제품이 다양한 곳으로 이케아보다 더 사랑받는 생활용품 대형 매장이다.

17:00 난카이센 난바 역으로 이동

18:00 저녁 식사

난바 시티 지하 1층 KYK 돈카쓰 전문점 (P.176)
오사카 주유 패스가 있으면 할인받을 수 있다.

19:00 난바 시티 & 난바 파크스 (P.134)

보세 패션에 관심이 있다면 난바 시티에 꼭 들러 보자. 난바 파크스는 대형 쇼핑몰이자 여러 가지 엔터테인먼트가 집결된 복합 어뮤즈먼트다. 다양한 패션, 인테리어 매장이 입점해 있고 아이 용품의 천국 토이저러스가 1층에 입점해 있어 여행객들이 꼭 찾는 관광 코스가 되었다.

21:00 도톤보리 이자카야에서 가볍게 맥주 한잔 (P.120)

도톤보리에는 대중적인 술집도 많고 야키도리나 스키야키 같은 육류를 주로 파는 인기 있는 술집도 많다. 여행에 부담이 되지 않게 한잔!

23:00 숙소 도착

예상 경비

교통비(간사이 스루 패스)	4,000엔
식사비(총 4식 + 간식비+ 간단한 맥주 한잔)	6,300엔
합계	10,300엔

*숙박비, 기타 개인 경비 제외

오사카 카페 여행

지역 여행에서 이색 카페를 소개하고 있지만 더 다양한 카페에 가고 싶다면 호리에堀江 지역으로 가면 된다. 호리에 지역 중에서도 기타호리에北堀江에 많은 카페와 소호 상점이 들어서 있다. 미도스지 거리의 서쪽에 위치하며 도톤보리 서쪽 끝에서 도보로 20분 정도 소요된다. 전철로는 요쓰바시센 요쓰바시四ツ橋 역에 하차하면 바로 앞에 호리에 카페 지역이 있다.

1일차 - 오사카

09:00 호텔 조식

- 호텔 조식은 꼭 든든하게 챙겨 먹자. 여행에는 체력이 필수다.
- 만약 조식을 신청하지 않았다면 호텔 주변 24시간 음식점에서 간단하게 식사를 하자.

10:00 덴덴타운 (P.135)

프라모델과 전자제품을 다양하게 볼 수 있는 곳이다. 과거에는 전자제품이 인기가 많았지만 우리나라 제품과의 호환성 문제와 한국어 지원 문제 그리고 직수입으로 인한 가격 파괴로 최근에는 인기가 많이 식었다. 하지만 프라모델은 우리나라에 없는 제품이 많고 파격적인 할인을 하기도 하므로 발품을 팔면 귀한 아이템을 싼 가격에 살 수 있다.

13:00 점심 식사

이치바 스시 센니치마에점 (P.118)

초밥은 신선도가 생명! 주변에 많은 초밥집이 있지만 이치바 스시가 가장 신선하기로 유명하다. 하지만 점심 시간에는 길게 줄을 서야 하는 고생을 감수해야 한다.

14:00 난바 · 신사이바시 (P.96)

- 남성 보세옷에 관심이 있는 사람은 신사이바시스지의 보세옷 가게를 공략하자.
- 소호 사업 아이템에 관심이 있는 사람은 신사이바시스지, 에비스바시, 센니치마에로 가자.
- 요리 및 주방용품에 관심이 있는 사람은 센니치마에 도구야스지에 꼭 들르자!

18:00 저녁 식사

마루가메세멘丸亀製麺 신사이바시점 (P.110)

어디에서도 따라올 수 없는 쫄깃쫄깃한 면발! 그리고 저렴한 가격! 다양한 메뉴! 어느 것 하나 만족하지 않을 수 없다.

19:00 빅쿠 카메라에서 쇼핑 (P.117)

모든 전자제품과 소모품이 이곳에 모여 있다. 빅쿠 카메라에서 물건을 구매할 때는 적립 카드를 꼭 만들자. 적립 포인트를 현금처럼 쓸 수 있어 소모품이나 작은 액세서리를 구매할 때 쓰면 좋다. 또한 면세 혜택을 받을 수 있으므로 물건을 구매할 때 꼭 면세 영수증을 받자.

21:00 간단하게 맥주 한잔

일본의 맥주는 우리나라 맥주에 비해 홉의 함량이 높아 깊은 맛을 느낄 수 있다. 유명 관광지 주변이나 시내 중심에는 와라와라, 와타미 같은 저렴하고 맛있는 안주를 먹을 수 있는 대중 술집이 많으니 간단히 맥주 한 잔을 마셔 보는 것도 좋겠다. 무리하게 마셔서 다음 여행 일정에 차질이 없도록 주의하자.

23:00 숙소 도착

2일차 - 오사카

08:30 호텔 조식

09:30 난바 역에서 타니마치욘초메역으로 이동

10:00 오사카 성, 오사카 역사 박물관 (P.144)

오사카의 상징인 오사카 성에 가 보자. 지금의 여유가 없거나 오사카 주유 패스가 없다면 천수각에는 들어가지 않아도 괜찮다. 성 내부보다 외부가 더 멋진 것이 사실이다.

12:30 우메다로 이동

JR 패스가 없는 여행객은 오사카 여행에서 지하철을 이용하도록 하자. 가격은 조금 비싸지만 빠르고 편하게 이동할 수 있다.

13:00 점심 식사

히가시도리 상점가의 식당이나 HEP NAVIO의 식당가에서 식사를 하자. 많은 식당이 있지만 체인 음식점이나 쇼핑센터에 있는 식당을 이용할 것을 추천한다.

14:00 우메다 (P.80)

우메다 스카이 빌딩, 히가시도리 상점가, 오하텐도리, HEP, 요도바시 카메라를 돌아보자.

18:00 신세카이로 이동

18:30 신세카이 (P.141)

- 쓰텐카쿠에서 오사카의 야경을 감상하자.
- 신세카이에서는 오래된 오사카의 상점을 많이 볼 수 있다.

19:30 저녁 식사

신세카이에서 저녁 식사와 함께 시원한 맥주 한잔을 즐겨 보자. 많은 음식점의 점원이 밖에서 호객 행위를 하는데 자칫하다가는 비싼 비용을 지불할 수 있으므로 주의하자.

21:30 야식으로 긴류 라멘 한 그릇 (P.124)

긴류 라멘은 점포에 따라 공짜로 제공되는 서비스가 다르므로 잘 골라서 들어가도록 하자. 도톤보리 중간에 위치한 본점은 밥과 김치를 무료로 제공한다.

22:00 숙소도착

예상 경비

교통비	690엔
입장료	600엔
식사비(총 4식 + 간식비+ 간단한 맥주 한잔)	7,000엔
합계	8,290엔

*숙박비, 기타 개인 경비 제외

전자제품 구매 노하우

덴덴타운이 대형 전자제품 쇼핑몰보다 좋은 점은 이월 상품의 가격이 저렴하고 개인 상점들이 대부분이라 흥정이 가능하다는 점이다. 만약 중고품을 구매하려고 한다면 가격 흥정은 필수다. 카드보다는 현금을 사용할 때 할인 폭이 크므로 현금을 사용하는 것이 유리하다.

요도바시 카메라와 빗쿠 카메라에서 전자제품을 구매할 때에는 각 매장의 포인트 적립카드를 활용하면 좋다. 제품에 따라 다르지만 구매액의 5%에서 10%의 포인트를 적립해 주는데 다른 지점에서도 사용할 수 있다. 일본 여행을 자주 가지 않는다면 포인트의 적립이 큰 실효성이 없으므로 가장 비싼 제품을 먼저 사고 쌓인 적립 포인트를 다른 소모품을 구입하는 데 즉시 사용하자. 마지막으로 고려해야 할 것은 일본의 전자제품에 깔려 있는 프로그램이 우리나라 제품과 호환이 안 되는 경우가 많다는 점과 A/S를 국내에서 받는 데 어려움이 있다는 점이다.

간사이 역사 탐방 1박 2일

1일차 - 오사카

07:00 호텔 조식 후 긴테쓰 난바 역으로 이동

09:00 난바 역에서 나라로 출발

열차를 탈 때 같은 금액으로 더 빨리 이동할 수 있는 쾌속 급행이나 급행인지 확인하고 탑승하자.

10:00 나라

도다이지, 나라 공원, 도후쿠지 순서로 둘러보자. 자전거를 대여하여 다녀도 좋고 도보로 이동을 하는 것도 좋다. 주요 관광지가 멀리 떨어져 있지 않아서 이동하는 데 큰 어려움이 없다.

13:00 점심 식사

오샤베리나카메 おしゃべりな亀 (P.268)

좋아하는 토핑이 듬뿍 올라간 달콤한 오므라이스를 맛보자.

14:00 덴노지로 이동 (P.136)

긴테쓰 열차를 타고 긴테쓰 덴노지 역에서 하차한다.

15:00 시텐노지 (P.139)

긴테쓰 덴노지 역에서 도보로 이동하는 데 10분 정도 걸린다. 매월 21일이나 22일에는 큰 벼룩시장이 열리므로 날짜가 맞다면 꼭 가 보자.

16:30 오사카 성 관광 (P.144)

오사카의 상징인 오사카 성과 주변의 넓은 공원을 산책해 보자.

18:00 난바 역으로 이동 후 저녁 식사

도톤보리 道頓堀 (P.120)

도톤보리의 많은 먹거리 중 무엇을 먹을까? 오코노미야키를 먹는다면 치보를 추천하고 초밥을 먹는다면 센니치마에에 있는 이치바 스시를 추천한다.

19:00 난바·신사이바시 (P.96)

늦은 시간 신사이바시 상점가는 사람들로 북새통을 이룬다. 상점이 저녁 9시 정도면 문을 닫기 시작하므로 늦은 시간에는 빠르게 둘러보자.

22:00 숙소 도착

2일차 - 교토

07:00 호텔 조식

08:30 우메다 역으로 이동 후 교토로 출발

09:30 교토 (P.186)

오전에는 교토의 중부에 있는 니시·히가시혼간지 니조 성과 북쪽의 킨카쿠지를 둘러보자. 니조 성이 볼거리가 많아 시간이 많이 지체될 수 있으므로 시간을 잘 조절해야 한다.

12:00 점심 식사

오멘 おめん

50년 된 긴카쿠지의 유명 우동집 오멘에서 맛있는 점심 식사.

13:00 교토

긴카쿠지–기요미즈데라–교토 국립 박물관–기온 순으로 다니자.

18:00 저녁 식사

잇센 요쇼쿠 壹錢洋食 (P.225)

우리가 알던 오코노미야키가 아닌 오므라이스처럼 생긴 특이한 교토식 오코노미야키를 먹어보자.

19:00 시조도리 (P.209)

기온에서 시작되는 시조도리는 기념품점, 쇼핑 상점들이 즐비한 곳이다. 쇼핑을 하다가 가와라마치 역으로 이동하자.

예상 경비

교통비	3,140엔
식사비(총 4식 + 간식비 + 간단한 맥주 한잔)	5,500엔
입장료	3,700엔
합계	12,340엔

*숙박비, 기타 개인 경비 제외

1일차 - 유니버설 스튜디오 재팬

09:00 호텔 조식

10:00 유니버설 스튜디오 재팬으로 이동

10:40 유니버설 스튜디오 재팬 (P.154)

- 유니버설 스튜디오는 음식물 반입이 제한되어 있어 모든 식사를 내부에서 해결해야 한다. 또는 잠시 출입 도장을 받고 유니버설 스튜디오 앞에 있는 여러 식당에서 식사를 하고 다시 들어올 수 있는데 아이들이 유아라면 내부에서 식사하기를 추천하고 초등학생 이상의 아이들이라면 외부 식당을 이용하는 것이 더 좋다.
- 2012년 3월 16일 오픈한 유니버설 원더랜드는 오전 시간 모두 보내도 아깝지 않을 만큼 신나는 어트랙션으로 가득한 곳이다.

20:00 유니버설 스튜디오 재팬 출발

20:40 숙소 도착

2일차 - 고베, 오사카

07:00 호텔 조식

10:00 우메다 역으로 이동 후 고베 모자이크로 출발

11:30 점심 식사

고베 우미에 백화점 푸드코트 (P.249)

4층 북쪽 쇼핑몰에 위치한 푸드코트에서 아이들과 함께 먹을 수 있는 키드존이 마련되어 있어 식사하기 편하다.

12:30 모자이크 관광 (P.248)

모자이크의 뒤쪽으로 가면 작은 놀이동산이 있다. 바다가 바로 앞에 있어 확 트인 전경을 즐기며 아이들과 놀기에 좋다.

14:30 우미에 백화점에서 아이 제품 쇼핑 (P.249)

우미에 백화점의 2층에는 아이들 전문 옷 브랜드 OLD NAVY와 GAP KIDS의 단일 매장이 입점해 있으며 4층에는 토이저러스와 베이비저러스가 같이 입점해 있어 아이들 물건을 구입하기 안성맞춤이다.

16:00 오사카 난바 역으로 이동

17:30 저녁 식사

자우오 ざうお (P.177)

아이들과 낚시도 즐기고 맛있는 식사도 할 수 있는 이색 레스토랑이다.₩자. 예약을 하거나 오픈시간에 맞춰 가야 좋은 자리를 배정받을 수 있다.

19:00 난바 파크스 토이저러스 쇼핑 (P.134)

아카창혼포가 영아나 유아 중심이라면 이곳은 다양한 연령대의 어린아이들을 위한 용품, 장난감이 가득한 곳이다.

20:30 숙소 도착

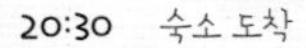

교통비	1,720엔
식사비(총 4식 + 간식비+ 간단한 맥주 한잔)	5,200엔
입장료	6,600엔
합계	13,520엔

*숙박비, 기타 개인 경비 제외

1일차 - 고베

08:00 호텔 조식

09:00 고베 아리마 온천으로 이동

아리마 온천으로 가는 길은 복잡하고 멀다. 출근 시간에 이동하면 더 고생할 수 있으므로 출근 시간이 끝날 무렵 이동하자.

10:30 아리마 온천 (P.250)

부모님을 모시고 갈 때에는 킨노유 또는 긴노유를 추천한다. 킨노유 앞에는 무료로 즐길 수 있는 족탕이 있으므로 온천욕을 하기 전이나 한 후에 잠시 쉬어가는 것도 괜찮다.

13:00 점심 식사

아리마 온천 역 근처 식당에서 점심을 해결하자. 아리마 온천 주변에는 일본 가정식을 판매하는 음식점이 많이 있지만 일본어를 모르면 불편할 수 있다. 온천을 하고 역으로 가는 길에 마음에 드는 음식점으로 들어가자.

14:00 신고베 역으로 이동

15:00 기타노이진칸 (P.239)

- 언덕이 있는 높은 지역은 길이 좁고 미끄러워 비 오는 날에는 가지 않는 것이 좋다. 신고베 역에서 산노이마 역으로 이동하는 내리막길에 있는 전시관만 관람하자.
- 기타노이진칸은 일본이나 우리나라 영화, 드라마에 많이 등장하는 곳이다. 주인공들이 걷고 머물렀던 곳을 직접 가 보는 재미를 느껴 보자.

16:30 모토마치 & 난킨마치에서 쇼핑 (P.243~245)

고베 최대 규모의 상점가다. 모토마치 동쪽 입구와 난킨마치 입구가 가까이 있으므로 난킨마치를 먼저 구경하고 모토마치를 관광을 해도 되고 가까이 있으므로 지그재그로 관광해도 된다. 모토마치에는 괜찮은 카페가 많이 있다.

18:00 저녁 식사 (P.244~245)

모토마치 상점가 내 음식점에서 저녁 식사를 하자. 모토마치 상점가에는 간단하게 식사를 할 수 있는 음식점이 많다. 만약 점심을 늦게 먹었거나 음식점을 미처 찾기 전에 모토마치 상점가를 지나쳤다면 조금만 더 걸어서 하버 랜드의 모자이크에서 저녁을 먹자.

19:00 메리겐 파크 (P.246)

멋진 고베 포트 타워에 올라가 야경을 감상하자. 고베의 하버 랜드와 메리겐 파크의 아름다운 야경에 절로 탄성이 나온다.

20:30 고베 출발

22:00 숙소 도착

2일차 - 오사카, 교토

08:00 호텔 조식

09:00 오사카 성 (P.144)

오사카 성을 배경으로 부모님과 기념 사진을 한 컷 찍어 보자. 요금을 지불하고 천수각에 들어가는 것보다 오사카 성 공원을 거닐며 부모님과 오랜만에 워킹 데이트를 해 보는 것은 어떨까?

10:30 우메다 역 이동 후 교토로 출발

이동할 때 지하철을 이용한다면 밖으로 나와 JR 오사카 역에서 JR센을 이용하자.

11:30 점심 식사

JR 교토 역사 내 식당

JR 교토 역사에는 많은 음식점이 있어 선택의 폭이 넓다.

12:30 교토 (P.186)

시버스를 이용하여 킨카쿠지, 니조 성, 기요미즈데라, 기온을 관광하자. 너무 많은 일정을 잡으면 무리가 될 수 있으므로 핵심 지역만 선택하도록 한다.

17:00 우메다로 이동 (P.80)

교토의 마지막 일정을 기온으로 잡고 관광 후 가와라마치 역에서 한큐센을 타고 오사카 우메다로 이동하자.

18:00 저녁 식사

우메다 스카이 빌딩 B1 식당가 (P.86)

우메다 스카이 빌딩 지하의 식당 가는 여러 음식점이 있어 다양한 선택을 할 수 있다.

19:00 우메다

- 우메다 스카이 빌딩의 전망대에 올라 오사카의 멋진 야경을 감상하자. 고베의 야경과는 또 다른 매력을 느낄 수 있다.
- 숙소로 돌아가는 길에 화이티 우메다, 한큐 3번가를 둘러보고 전철을 타자. 지하 쇼핑몰이므로 지하철을 이용하러 가는 길에 살짝 쇼핑을 하면 좋다.

21:00 도톤보리로 이동하여 다코야키 먹기 (P.118)

아무리 피곤해도 오사카에 왔다면 오사카의 명물인 다코야키를 먹지 않을 수 없다. 어디를 가도 맛있으므로 줄이 가장 짧은 곳에 가서 먹자.

22:00 숙소 도착

예상 경비

교통비(간사이 스루 패스)	4,000엔
식사비(총 4식 + 간식비)	4,700엔
입장료	650엔
합계	9,350엔

*숙박비, 기타 개인 경비 제외

1일차 - 오사카

07:00 기상

□ 호텔 조식은 먹지 않고 건너뛴다.

08:00 숙소 출발

08:30 아침 식사

마츠야 또는 요시노야

일본의 대중음식점인 이곳은 규동, 아메리칸 스타일 아침 식사, 최근에는 순두부까지 판매를 하고 있다. 일본의 대표 음식인 규동을 추천한다. (예산 480엔)

09:30 고베 산노미야로 이동 (P.242)

10:30 기타노이진칸 관광 (P.239)

유럽식 건축물들이 즐비한 이곳을 산책하듯 다니면서 기념사진 팡팡!

11:30 이스즈 베이커리 (P.253)

고베에서 가장 인기있는 빵집인 이스즈 베이커리에서 주전부리 간식을 사자.

11:45 점심 식사

스테이크 랜드 (P.252)

분위기 좋은 곳에서 맛있는 고베 와규 스테이크를 먹어 보자. 멋진 주방장이 큰 철판에서 맛있는 고기를 구워 준다. 자칫 점심 시간에 긴 줄을 설 수 있으므로 꼭 12시 전에 찾아가자. (예산 3,180엔)

12:30 모자이크로 도보 이동

밥을 든든하게 먹었으니 도보로 모자이크로 이동하면서 모토마치 상점가와 차이나타운인 난킨마치를 가볍게 구경하자.

13:30 모자이크 관광 (P.248)

탁 트인 바다 앞의 대형 쇼핑몰인 모자이크에서 쇼핑을 즐기자. 명 브랜드는 없지만 아기자기하고 개성 있는 상점들이 즐비하다. 화점 쇼핑을 원한다면 바로 옆 우미에 백화점을 방문하자.

15:00 간식

칸논야 (P.253)
쇼핑을 즐기다가 덴마크 치즈를 올려 만든 칸논야만의 독특한 치즈케이크를 먹으면서 잠시 쉬어 가자. (예산 3,180엔)

16:00 오사카 신사이바시로 이동

17:00 도지마롤 몽슈슈 구입 (P.127)

맛있는 생크림이 듬뿍 들어간 오사카의 명물 간식인 몽슈슈의 도지마롤 케이크를 먹어봐야 한다. 곧 저녁 식사를 할 예정이니 다음날 아침 식사로 가볍게 먹을 만큼 구입하자. (예산 324엔)

17:20 신사이바시 상점가 (P.102)

오사카의 인기 쇼핑가인 신사이바시 상점가에서 저녁 쇼핑을 즐기자. 쇼핑을 하다 허기질 때쯤 저녁 식사를 하자.

19:00 저녁 식사

겐로쿠 스시 (P.122)
일본에 와서 스시를 안 먹어 볼 수가 없다. 회전초밥집으로 접시당 가격이 135엔으로 동일하므로 맘껏 먹어 보자. (예산 1350엔)

20:00 간식

다코야키 크레오루 (P.123)
많은 다코야키가게가 한 집 건너 하나씩 있지만 현지에서도 관광객들에게도 가장 유명한 다코야키 크레오루를 방문하자. (예산 630엔)

20:30 쇼핑

도톤보리 아래 쇼핑 거리인 센니치마에 거리와 에비스바시 거리의 상점들을 둘러보자.

22:00 가볍게 맥주 한잔

숙소에 일찍 들어가기 싫다면 가볍게 맥주 한잔을 마시러 가자. 저녁 식사와 간식을 먹었으니 가벼운 안주와 함께 와라와라 같은 이자카야를 방문하자. (예산 1,500엔)

24:00 숙소

2일차 - 오사카

07:00 기상

08:00 아침 식사

긴류 라멘 (P.124)

전날 구매한 몽슈슈의 롤케이크와 우유 정도로 가볍게 아침 식사를 하자. 만약 양이 적다면 밖으로 나가 킨류라멘의 차슈멘을 먹자. (긴류 라멘 예산 600엔, 편의점 간식 예산 400엔)

09:00 오사카 성 관광 (P.144)

오사카의 상징인 오사카 성을 구경한다. 내부 관광보다는 오사카 성 산책과 바깥에서 기념 사진 촬영 정도를 추천한다.

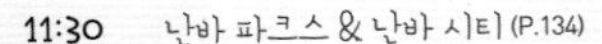

11:30 난바 파크스 & 난바 시티 (P.134)

난카이센 난바 역 남쪽에 위치한 난바 파크스와 역 내부 1층과 지하 1층의 난바 시티를 둘러보자. 브랜드 숍부터 여러 소호 숍들이 입점해 있어 쇼핑하는 재미가 있다. 난바 시티와 난바 역 북쪽 출구 우측에 무지(MUJI) 매장도 있으니 일정에 넣도록 하자.

11:45 점심 식사

북극성 (P.173)

전통 있는 북극성에서 일본 오므라이스를 맛보자. 밥의 양을 조절할 수 있고 사이드 메뉴도 선택할 수 있다. 인기 메뉴인 치킨 오므라이스를 추천! (예산 780엔)

12:20 호리에 지역 (P.128)

밥 카페와 인기 만점의 생활용품 전문점이 있는 호리에 지역으로 가자. 점심도 든든하게 먹었으니 도보로 이동을 하는데, 도톤보리 서쪽 출구(미도스지도리 방향)에서 길을 건너 계속 직진하면 인기 상점들이 밀집해 있는 오렌지 스트리트가 나온다.

15:00 간식

바이오탑 코너 스탠드 (P.131)

화원에 온 듯한 인테리어의 바이오탑에서 여행에 지친 피로를 풀어 주는 시원한 허브차를 마셔 보자. (예산 400엔)

16:00 플라잉타이거 코펜하겐 (P.126)

다이소와 이케아의 아성을 위협하는 북유럽 생활용품 전문점. 가격이 합리적이고 디자인도 산뜻하여 일본인에게도 많은 인기를 얻고 있는 브랜드이다.

17:30 저녁 식사

미즈노 (P.177)

도톤보리에서 센니치마에로 진입하면 좌측으로 바로 만나볼 수 있는 미즈노는 이 일대에서 오코노미야키로 유명한 맛집이다. 6시 전에는 방문을 해야 긴 줄을 서지 않고 식사를 할 수 있다. (1405엔)

19:00 신사이바시 쇼핑 거리 (P.102)

저녁 식사 후 신사이바시 쇼핑 거리를 둘러본다.

21:00 간식

토지고로

도톤보리에서 센니치마에를 따라 난바 방향으로 내려가다 고가도로 아래의 큰 횡단보도를 건너면 바로 있다. 일본식 닭튀김 카라아게를 판매하는 곳으로 맛이 일품이다. (예산 500엔)

22:00 숙소

예상 경비

식사 및 간식비	12,400엔

*숙박비, 기타 개인 경비 제외

간사이 스루 패스를 이용한 알뜰 여행 1박 2일

1일차 - 오사카, 교토

07:00 난바 역 근처 숙소에서 우메다 역으로 이동

*전철 요금 230엔 절약

07:40 한큐 교토센 특급을 이용하여 교토로 이동

*열차 요금 390엔 절약

08:25 한큐 가와라마치河原町 역에 내려 니조 성二条城으로 이동

*시버스 1일 이용권 500엔 절약

08:50 니조 성(P.206)

도쿠가와 이에야스의 상징인 니조 성은 볼거리가 많다. 경내가 넓고 구경할 것이 많아 시간을 잘 조절해야 한다. 오후 폐관 시간이 이르므로 오전에 가는 것이 좋다.

11:00 킨카쿠지金閣寺 (P.211)

금박의 전각과 잘 조성된 정원이 아름다운 킨카쿠지는 교토의 대표적인 관광지다. 금빛 전각을 배경으로 기념사진을 꼭 찍자.

12:00 점심 식사

오멘 おめん (P.226)

50년 된 긴카쿠지의 유명 우동집 오멘에서 맛있는 점심 식사.

13:30 긴카쿠지銀閣寺 (P.213)

이름대로 은으로 만들어진 사찰이기를 기대하고 방문했다가 허름한 전각에 실망할 수 있다. 하지만 아름다운 정원을 보면서 아쉬움을 달래고 사찰 앞에 늘어선 상점을 구경하며 간단한 주전부리를 즐겨 보자.

14:40 기요미즈데라清水寺로 이동

15:30 기요미즈데라 (P.219)

가을 단풍으로 물든 교토를 한눈에 볼 수 있는 곳이다. 사찰 앞에 여러 상점들이 길게 늘어서 있어 즐거움을 준다. 오르막길이라 조금 힘들 수 있지만 상점들을 구경하면서 쉬엄쉬엄 올라가자.

17:00 저녁 식사

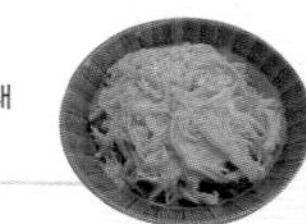

카네쇼 かね正 (P.225)
장인 정신이 가득한 장어덮밥을 먹고 지친 몸을 회복하자. 시간대를 잘못 맞추면 긴 줄을 서야 한다.

18:30 시조도리 (P.209)

교토의 옛 유흥 거리인 기온 지역과 많은 관광상품을 판매하는 상점들이 큰 볼거리다. 기온의 시작인 야사카 신사八坂神社에서 가와라마치 역까지 뻗어 있는 시조도리는 교토의 최대 번화가이며 볼거리, 먹을 거리, 쇼핑을 모두 즐길 수 있다.

20:30 한큐 가와라마치河原町 역에서 한큐 우메다 역으로 이동

*열차 요금 390엔 절약

21:15 우메다 역에서 난바 역으로 이동

*전철 요금 230엔 절약

21:50 도톤보리-센니치마에 (P.200 / P. 115)

재미 있는 간판들이 밤을 밝히는 도톤보리의 밤거리를 거닐어 보자. 센니치마에에는 다양한 주방용품을 파는 거리다. 전통 일본식 조리기구나 아이디어가 돋보이는 주방용 소품을 구경하는 재미가 쏠쏠하다.

23:00 숙소 도착

2일차 - 아리마 온천, 고베

07:00 난바 역 근처의 숙소에서 우메다 역으로 출발

*전철 요금 230엔 절약

07:40 아리마 온천有馬温泉역으로 이동

*열차 요금 1,030엔 절약

09:00 다이코노유로 도보 이동

09:30 다이코노유 온천욕 (P.251)

다이코노유는 온천탕과 암반욕이 24종류이며 온욕 후 내부의 여러 상점에서 쇼핑도 할 수 있다. 식사와 간단한 술 한잔도 가능하다. 1회 30분까지 무료인 '다이코노 유도노'는 가장 인기 있는 온욕 시설이다.

*입장료 400엔 할인

11:30 신고베新神戸 역으로 이동

*열차 요금 720엔 절약

12:15 점심 식사

신고베 역 근처에서 식사를 하자.

13:15 기타노이진칸北野異人館 (P.239)

이국적인 유럽 마을인 기타노이진칸은 우리나라 영화나 드라마에서도 많이 등장하여 유명한 곳이다. 촬영지에서 기념 사진을 꼭 찍어 보자. 오르막 지역이어서 체력적인 부담이 있지만 쉬엄쉬엄 둘러보자.

15:00 모토마치 & 난킨마치南京町 (P.242~243)

고베의 대표적인 상점가인 모토마치와 차이나타운 난킨마치는 볼거리와 먹거리가 가득한 곳이다. 두 곳이 동쪽 입구와 가까우므로 지그재그로 구경을 하자.

16:40 메리겐 파크 (P.246)

고베의 아름다운 해안을 볼 수 있는 곳이다. 고베 포트 타워에 올라가면 고베의 해안 전경과 시내를 한눈에 볼 수 있다.

*입장료 100엔 할인

18:00 저녁 식사 (P.248)

모자이크로 이동하여 모자이크 내 식당을 이용하자.

19:00 모자이크 (P.248)

고베의 최고 인기 쇼핑몰인 모자이크는 아름다운 상점과 많은 식당들이 들어서 있어 우리나라 여행객들이 꼭 들르는 코스다. 저녁 늦게까지 볼거리, 즐길 거리, 먹거리가 가득하고 고베의 야경을 감상하기 좋다.

21:00 고베 역을 출발하여 우메다 역으로 이동

*열차 요금 430엔 절약

22:00 우메다 역 도착 후 난바 역으로 이동

*전철 요금 230엔 절약

22:30 숙소 도착

예상 경비

간사이 스루 패스 구입 비용	4,000엔
식사비(총 4식 + 간식 비용)	6,000엔
입장료	4,300엔
간사이 스루 패스 교통비 절약	- 380엔
간사이 스루 패스 입장료 할인	-500엔
합계	14,300엔

*숙박비, 기타 개인 경비 제외

간사이 스루 패스

오사카 지역을 여행할 때에도 유용하지만 오사카의 주변 도시인 교토, 고베, 나라로 여행할 때 더욱 유용하게 사용할 수 있다. 여행 일정에 따라 2일권과 3일권을 선택하여 구매할 수 있는데 필요한 날만 골라서 사용할 수 있다는 장점이 있다. 또한 특정 관광지나 음식점에서 할인을 받을 수도 있는데 패스를 보여 주기만 하면 된다. 간사이 스루 패스를 이용하여 오사카를 제외한 근교 지역 여행을 떠나 보자. (간사이 스루 패스의 자세한 정보는 p.74 참고)

주유 패스를 이용한 알뜰 여행 1박 2일

1일차 - 오사카

09:00 다니마치욘초메谷町四丁目 역으로 이동

*전철 요금 230엔 절약

09:40 오사카 성 (P.144)

주유 패스로 오사카 성 천수각에 무료 입장할 수 있다. 오사카 성을 배경으로 기념 사진도 찍고 천수각에서 오사카 시내를 바라보자.

*입장료 600엔 절약

11:00 시텐노지마에유우비가오카四天王寺前夕陽ヶ丘 역으로 이동

*전철 요금 200엔 절약

11:40 시텐노지 (P.139)

주유 패스로 시텐노지에 무료 입장할 수 있다. 21일과 22일에 가면 벼룩시장이 열리니 날짜가 맞다면 꼭 구경하자.

*입장료 300엔 절약

13:00 점심 식사

시텐노지 근처 식당에서 점심 식사를 한다.

14:00 도보로 덴노지 공원으로 이동 (도보 15분)

14:15 덴노지 공원, 덴노지 동물원 관광 (P.140)

주유 패스로 공원과 동물원에 무료 입장할 수 있다. 남쪽의 가장 큰 공원인 덴노지 공원과 동물원을 동시에 관람하자.

*입장료 650엔 절약

16:00 신세카이로 이동 (P.141)

오사카 남쪽에서 가장 전망이 좋은 쓰텐카쿠에 올라가 보자. 주유 패스로 무료 입장 가능!

*입장료 600엔 절약

18:00 덴덴타운으로 이동 (P.135)

도보로 20분이 소요된다. 덴덴타운은 오사카의 전자상가 밀집 지역이자 프라모델 매장이 몰려 있는 곳이다.

19:00 저녁 식사

난바 시티 지하의 KYK 돈카쓰 (P.176)

주유 패스로 음식값의 5%를 할인받을 수 있다.

*음식값 100엔 절약(2,000엔 기준)

20:00 난바·신사이바시 상점가 관광 (P.96)

- 오사카 최대의 쇼핑 지역인 난바·신사이바시 상점가를 관광하자.
- 난카이도리, 센니치마에, 도톤보리 순으로 둘러보자.

2일차 - 오사카

09:00 우메다 역으로 이동

*전철 요금 230엔 절약

09:40 우메다 스카이 빌딩으로 이동 (도보 20분)

10:00 우메다 스카이 빌딩 (P.86)

주유 패스가 있으면 우메다 스카이빌딩 전망대에 무료로 입장할 수 있다. 오사카의 북쪽을 훤히 볼 수 있는 초고층 전망대에 올라 보자.

*입장료 700엔 절약

11:30 점심 식사

우메다 스카이 빌딩 지하 다키미코지滝見小路 식당가 (P.86)

다양한 식당들이 입점해 있어 선택의 폭이 넓다.

12:30 우메다 관광

하비스 플라자 ⇨ 힐튼 플라자 ⇨ 오하텐도리 상점가 ⇨ 히가시도리 상점가 ⇨ HEP FIVE 순서로 걸어서 돌아본다. 주유 패스 소지자는 HEP FIVE 대관람차를 무료로 탈 수 있다.

*탑승료 500엔 절약

15:00 주오센 오사카코大阪港 역으로 이동

*전철 요금 270엔 절약

15:40 가이유칸·덴포잔 마켓 플레이스 (P.151~152)

세계 최대 규모의 가이유칸을 관람한 후 템포잔 마켓 플레이스에서 쇼핑과 저녁 식사를 하자.

*가이유칸 입장료 100엔 할인, 대관람차 탑승료 700엔 절약

18:00 저녁 식사

덴포잔 마켓 플레이스 내 식당을 이용한다.

19:00 트레이드센터마에トレードセンター前 역으로 이동

*전철 요금 200엔 절약

19:30 WTC 코스모 타워 전망대 관람 (P.153)

오사카에서 가장 높은 건물인 WTC 코스모 타워 전망대에서 야경을 감상해 보자. 주유 패스 소지자는 100만 불짜리 야경 감상이 무료!

*입장료 800엔 절약

20:30 신사이바시 역으로 이동

*전철 요금 270엔 절약

난바 역 근처의 숙소까지 걸어가며 신사이바시, 에비스바시 상점가 관광

예상 경비

오사카 주유 패스 구입 비용	3,000엔
교통비	1,480엔
오사카 주유 패스 이용	- 1,480엔
식사비(총 4식 + 간식비)	6,000엔
입장료 및 관람료	6,850엔
오사카 주유 패스 할인	-4,950엔
합계	10,900엔

*숙박비, 기타 개인 경비 제외

오사카 주유 패스

주유 패스는 오사카 지역을 여행할 때 가장 유용한 교통 패스다. 여행 일정에 따라 주유 패스 1일권 또는 2일권을 구매하면 되는데 구매 시 교통 패스 1장, 노선 및 안내 책자 1권, 할인 및 무료 티켓 묶음 1장을 준다. 주유 패스는 JR센을 제외한 모든 전철의 이용이 가능하며, 1일권의 경우 처음 사용한 순간부터 24시간 동안 이용할 수 있다.

지역 여행

오사카

우메다 / 난바 · 신사이바시

덴노지 / 오사카 성 / 베이 에어리어

유니버설 스튜디오 재팬

교토

고베

나라

오사카

24시간 즐거운 오감 만족의 도시

간사이 지역의 중심 도시이자 일본에서 두 번째로 큰 도시다. 예전부터 무역, 유통, 상공업이 발달한 간사이 최고의 인기 여행지이기도 하다. 1994년 개항한 간사이 국제공항도 오사카에 있는데 간사이 지역의 관문답게 약 50개의 항공사가 취항하고 있다. 오사카 여행은 상업과 교통 그리고 쇼핑의 중심인 우메다 지역과 쇼핑과 먹거리 천국이자 오사카 최대의 관광 지역인 난바·신사이바시 지역, 오사카의 역사를 볼 수 있는 오사카 성 부근과 덴노지 지역, 계획 임해 부도심인 베이 에어리어 지역으로 나눌 수 있다.

오사카

교토

오랜 역사와 문화를 자랑하는 천 년의 수도

일본의 천 년 역사가 살아 숨 쉬는 교토는 일본의 문화, 역사의 중심지다. 2,000여 개의 사찰과 과거 일본의 역사를 볼 수 있는 교토 국립 박물관은 많은 볼거리를 제공하고 있으며 1994년 교토가 세계 문화유산에 등재되면서 많은 관광객이 찾고 있다. 우리나라의 경주처럼 교토 전체가 역사 유적지이며 모든 사찰과 명소를 둘러보려면 1주일이 넘게 걸린다.

교토

고베

백만 불짜리 야경으로 빛나는 항구 도시

한신 공업 지역의 중심이자 과거 중국의 해상 무역의 중심지인 고베는 1994년 한신 대지진 이후 빠르게 회복하여 공업 중심지에서 상업 중심지로 변모하였다. 간사이 최고의 부촌으로 손꼽히는 포트 아일랜드와 롯코 아일랜드 지역도 고베에 있다. 고베는 과거 유럽식 건축물이 그대로 보존된 기타노이진칸 지역, 고베 최대의 상점가인 모토마치 상점가, 차이나타운인 난킨마치, 그리고 고베에서 가장 인기 있는 하버 랜드 지역으로 나눌 수 있다.

고베

나라

대자연 속의 고요한 고도

나라는 도후쿠지나 호류지 같은 유명한 세계 문화유산을 보유하고 있지만 교토에 비해 관광객 수가 적다. 사슴과 자연이 어우러진 나라의 사찰들은 교토와는 또 다른 볼거리를 제공한다.

나라

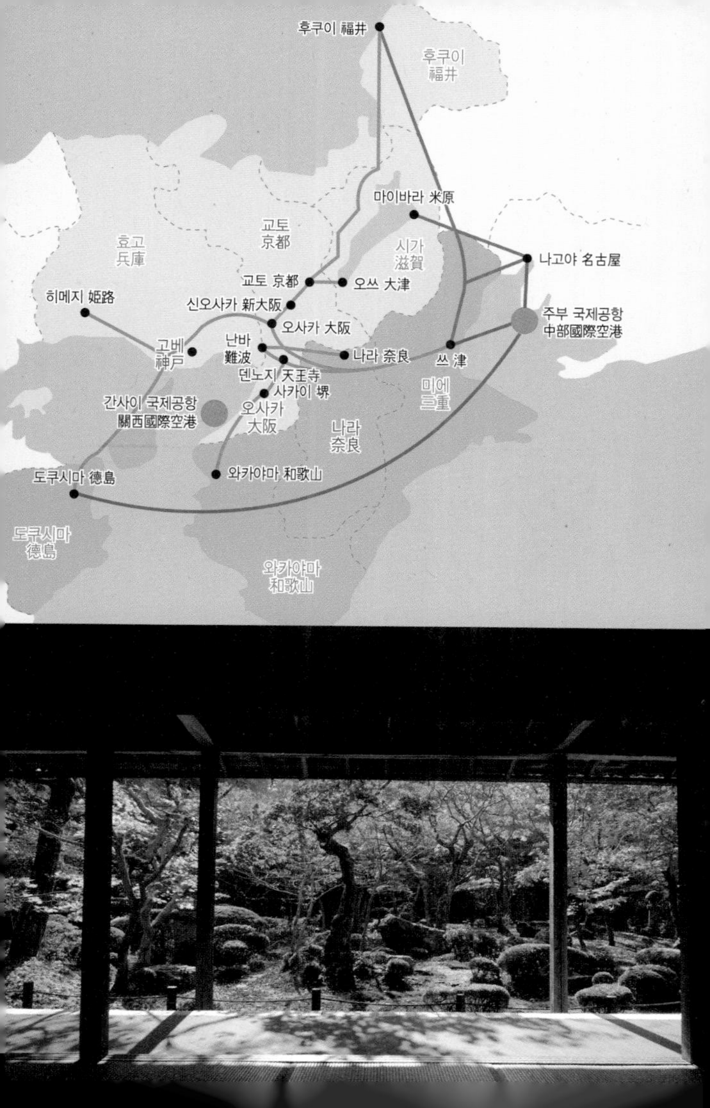

후쿠이 福井
후쿠이
福井
마이바라 米原
교토
京都
효고
兵庫
시가
滋賀
나고야 名古屋
교토 京都
오쓰 大津
히메지 姫路
신오사카 新大阪
오사카 大阪
주부 국제공항
中部國際空港
고베
神戸
난바
難波
나라 奈良
쓰 津
덴노지 天王寺
미에
三重
사카이 堺
간사이 국제공항
關西國際空港
오사카
大阪
나라
奈良
와카야마 和歌山
도쿠시마 德島
도쿠시마
德島
와카야마
和歌山

오사카

OSAKA 大阪

오감을 만족시키는
간사이 지역의 중심 도시

오사카는 간사이 지역의 도시 중 가장 많은 인구가 살고 있으며 이 지역의 교통, 산업, 관광의 중심지다. 넓은 태평양을 바로 앞에 두고 있어 예전부터 고베와 함께 간사이 지역의 최대 해양 도시이자 상업·무역 도시로 성장하였다.

역사적으로 보면 오사카는 교토가 과거 수도였을 때에는 주요 지방 도시에 불과했으나 1583년 도요토미 히데요시가 오사카 성을 건축하면서 크게 발전하였다. 도쿠가와 이에야스가 정권을 잡은 후 쇠퇴하기 시작하였지만 메이지 유신 때 태평양을 낀 해양 도시로 상공업과 근대공업을 육성하여 간사이 지역의 최대 도시로 빠르게 성장하였다. 대중교통을 이용하여 주변 도시인 교토, 나라, 고베를 1시간 안에 이동할 수 있기 때문에 오사카를 중심으로 많은 외국 관광객이 방문하고 있다. 2000년 이전에는 오사카의 심장부인 오사카 역 주변과 우메다 역 주변, 그리고 남쪽의 교통 요충지인 난바 역 중심으로 관광지가 형성되었으며 2000년 이후에는 유니버설 스튜디오 재팬과 덴포잔에 일본 최대 규모의 수족관 가이유칸이 들어서면서 더욱 다양한 볼거리를 선사하는 도시로 발돋움하고 있다.

베스트 시즌

오사카는 우리나라보다 겨울이 따뜻하여 계절에 관계 없이 관광하기 좋다.

꼭! 가 봐야 할 명소

오사카 여행을 가면 난바 · 신사이바시 지역을 중심으로 움직이기 마련이다. 교통의 중심지인 난바 · 신사이바시 지역은 오사카 최고의 인기 상점가인 신사이바시 상점가, 먹거리가 풍부한 도톤보리와 센니치마에, 전자제품·프라모델 전문 상가들이 밀집한 덴덴타운, 복합 엔터테인먼트 쇼핑몰인 난바 파크스 등 오사카 여행의 핵심 명소들이 몰려 있다.

꼭! 먹어 봐야 할 음식

도쿄 하면 쇼핑, 오사카 하면 음식을 꼽을 만큼 오사카는 먹거리가 풍부한 지역이다. 놓치지 말고 꼭 가 봐야 할 맛집은 센니치마에와 도톤보리에 많다. 인기 간식거리인 다코야키, 일본식 부침개인 오코노미야키, 다양한 종류의 라멘과 스시 등 맛의 천국이라고 해도 과언이 아니다.

꼭! 사야 할 쇼핑 아이템

오사카에는 한발 앞선 패션 스타일을 자랑하는 쇼핑 명소가 많으니 꼭 들러 보자. 우리나라에 들어와 있는 브랜드라도 아직 국내에 입고되지 않은 다양한 디자인의 제품을 볼 수 있으므로 눈여겨 보자.

우메다

우메다

고층 빌딩과 쇼핑몰이 가득한 오사카의 중심부

고층 빌딩과 특급 호텔, 명품 숍, 유명 백화점으로 가득한 상업의 중심지이자 인기 관광 지역이다.

오사카 성

오사카 성

오사카의 오랜 역사가 살아 숨 쉬는 곳

오사카의 상징이자 자부심인 오사카 성은 일본의 3대 성으로서 관광객들이 빼놓지 않고 들르는 곳이다.

유니버설 스튜디오 재팬

유니버설 스튜디오 재팬

환상의 테마파크

유니버설 스튜디오 재팬은 할리우드 영화와 애니메이션을 테마로 한 글로벌 테마파크다.

난바 · 신사이바시

난바 · 신사이바시

오사카 최고 인기 관광지

난바·신사이바시 지역은 대부분의 오사카 여행객이 가장 많은 시간을 보내는 곳이다. 볼거리, 먹거리, 즐길 거리가 가득한 오사카 여행의 핵심 지역이라 하겠다.

베이 에어리어

베이 에어리어

오사카 서부의 해안 매립지에 조성된 신도심

오사카의 해양 개발 계획 도시로 대형 수족관인 가이유칸과 종합 레저타운인 덴포잔 마켓 플레이스가 가장 큰 볼거리다.

덴노지

덴노지

오사카의 서민 생활을 엿볼 수 있는 곳

일본 최초로 엘리베이터가 설치된 건물이자 103m의 전망대인 쓰텐카쿠와 과거 오사카의 최대 유흥 지역이었던 신세카이가 대표적인 볼거리다.

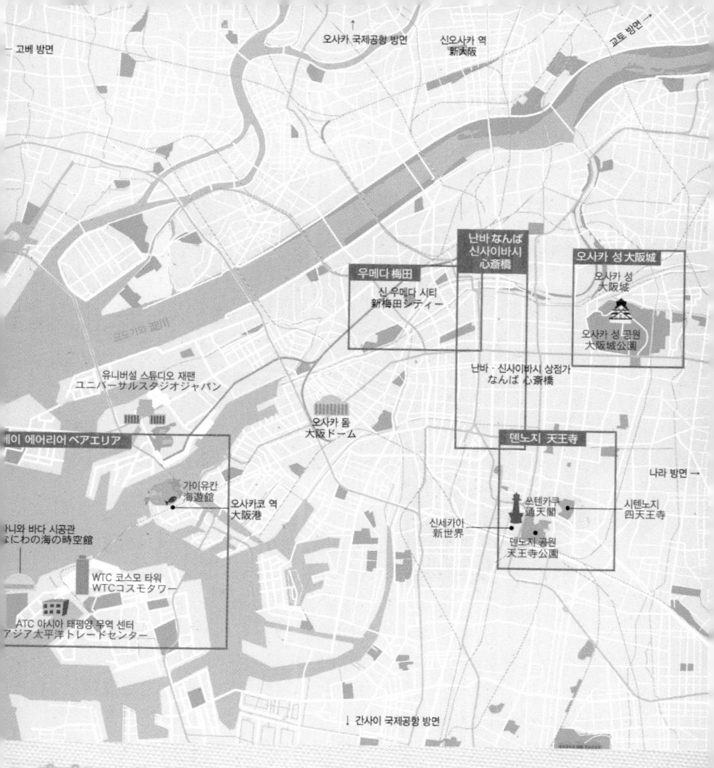

15 오사카 여행 계획

3박 4일 이하의 짧은 여행 일정이라면 고베나 교토 그리고 나라까지 모두 여행하는 것은 시간상 무리가 있다. 따라서 오사카를 중심으로 여행을 계획하고 시간이 조금 남는다면 주변 지역 중 한 곳만 선택하여 가 보도록 하자. 쇼핑에 관심이 있다면 고베를, 일본의 역사나 유적지에 관심이 있다면 교토를 추천한다.

오사카 1일 코스
1일 난바 · 신사이바시 → 우메다

오사카 2일 코스
1일 난바 · 신사이바시 → 덴노지
2일 우메다 → 베이 에어리어

오사카 3일 코스
1일 난바 · 신사이바시
2일 우메다 → 베이 에어리어
3일 유니버설 스튜디오 재팬

오사카에서 대중 교통 이용하기

오사카의 철도 교통은 크게 세 가지로 분류할 수 있는데 국가에서 운영하는 JR센線, 일반 회사에서 운영하는 민간 철도, 그리고 오사카 지하철이 있다. 민간 철도로는 대표적으로 한신센阪神線, 한큐센阪急線, 긴테쓰센近鉄線을 꼽을 수 있고 오사카 지하철은 미도스지센御堂筋線, 주오센中央線 등 9개의 노선으로 구성된다. 한 회사의 노선만을 이용할 시에는 승차권을 한 장만 구매하면 되지만 여러 회사의 노선을 이용하려면 환승역에서 하차하여 외부 혹은 내부로 연결되어 있는 별도의 승차장으로 이동하여 추가로 티켓을 구매해야 한다. 다행히 오사카 시내에서는 대부분 지하철로 이동하게 되는데 지하철 9개 노선이 모두 내부로 연결되어 있고 한 장의 티켓으로 환승이 가능하다. 하지만 시 외곽으로 가는 한신센, 한큐센, 긴테쓰센을 이용할 때에는 외부 환승을 해야 하며 별도의 요금을 내야 하므로 무조건 티켓을 내고 게이트로 나와 추가 티켓을 구매해야 한다. 티켓은 대부분 티켓 머신에서 구매할 수 있고, 일어와 영어가 기본이며, 기기에 따라 한글 서비스도 가능하다. 출발지와 목적지의 구간을 확인한 후 티켓을 구매하면 된다. 버스는 거리에 비례하여 요금 차이가 있으며, 뒷문으로 타 앞문으로 내리고 내릴 때 요금을 지불한다.

● JR센

도쿄의 야마노테센처럼 오사카 시내를 순환하는 JR 철도를 JR 간조센이라고 한다. 도쿄 여행은 JR 야마노테센을 이용하는 것이 가장 효과적이지만 오사카의 경우는 JR 간조센보다는 지하철을 이용하는 것이 가장 편리하고 효과적이다. 간사이 스루 패스나 주유 패스 소지자는 무조건 지하철을 이용하고 패스를 구매하지 않은 여행객들도 이동 시간 및 비용을 계산하여 가급적 지하철을 이용할 것을 추천한다.

기본 요금은 120엔부터이며 추가 구간에 따라 요금이 10엔씩 올라간다. 오사카 시내에서는 JR센이 지하철보다 가격은 저렴하지만 이용이 더 불편하고 주요 지점을 연결하지 못하므로 지하철 이용을 권장한다.

● 지하철

오사카를 여행할 때 가장 편리한 교통수단이 바로 지하철이다. 8개의 노선이 오사카 시내를 그물망처럼 연결하고 있어 웬만한 여행지에는 모두 갈 수 있다.

기본 요금은 180엔부터이며 총 5개 구간으로, 180엔부터 370엔까지 구분되어 있다. 예를 들어 난바 역 기준으로 요도야바시 역까지 지하철 미도스지 라인으로 3정거장(1구간) 180엔인데 우메다 역까지는 4정거장(2구간) 240엔이다.

참고로 지하철에서 다른 지상 철도나 사철, JR센을 이용할 경우에는 내부 환승이 아닌 외부 환승이므로 표를 다시 끊고 갈아타야 하는 불편함이 있다.

● 시내 버스

버스를 이용하면 시내 구경을 하면서 이동할 수 있지만, 차가 막히면 시간을 허비할 수도 있다. 또 일본어를 모르면 고생할 수 있으니, 오사카에서는 가급적 지하철을 이용하도록 하자. 교토에서는 지하철역이 많지 않아 버스를 이용해야만 주요 관광지를 손쉽게 찾아갈 수 있다.

시내버스 기본 요금은 거리에 상관없이 200엔이지만 잔돈을 거슬러 주지 않으므로 주의하자.

● 택시

택시는 원하는 여행지를 빠르고 자유롭게 다닐 수 있지만, 요금이 비싸 부담스러울 수 있다. 지역과 택시 회사, 차종에 따라 다르지만, 기본 요금이 660엔 정도이고, 10분만 타도 1,000엔이 훌쩍 넘어버린다. 동행자가 있다면 가까운 거리는 택시를 이용해도 좋다. 예를 들어 신사이바시나 나가호리바시 쪽의 호텔에서 숙박할 경우 난바 역까지 기본 요금에 움직일 수 있다.

● 알뜰 여행을 위한 주요 교통 패스 공략법

항공권과 호텔 그리고 식사 비용 못지않게 현지에서의 교통 요금과 입장료도 여행 경비의 상당 부분을 차지한다. 이 지출 비용을 줄이기 위해 간사이 스루 패스와 오사카 주유 패스 구입을 고민하게 되는데 과연 내 일정에는 어떤 것이 더 좋을지 잘 판단을 해야 많은 비용을 줄일 수 있다. 우선 교토와 고베 그리고 나라를 비롯한 오사카 시 주변 여행에 따른 교통비와 입장료를 줄이기 위해서는 간사이 스루 패스를 추천하고, 오사카 시내 여행만 계획을 한다면 오사카 주유 패스를 추천한다. 또한 이 두 종류의 티켓을 모두 구입하여 적절하게 이용한다면 교통 비용을 많이 줄일 수 있고 부가적으로 입장료에 대한 무료 또는 할인 혜택과 더불어 제휴 음식점의 할인 혜택까지 받을 수 있으니 오사카 여행에 필수 준비물이라 할 수 있다.

● 간사이 스루 패스

오사카 시내를 중심으로 교토, 나라, 오사카, 고베, 와카야마 등에서 한 장의 카드만으로 JR를 제외한 10개사의 지하철, 민영 철도, 버스 등을 2~3일 동안 자유롭게 타고 내릴 수 있으며, 350개의 관광 명소, 역사 유적, 온천 등의 시설에서 다양한 할인 혜택을 받을 수 있다. 비연속적인 사용이 가능하여 사용하고자 하는 날짜를 선택할 수 있다. 예를 들어 간사이 스루 패스 2일권을 구매하고 여행 일정이 3박 4일인데 교통비가 가장 많이 발생하는 여행 날짜가 2일째와 4일째라면 이 두 날을 지정해서 패스를 사용할 수 있다. 기준 시간은 사용 당일 마지막 열차 사용을 기준으로 한다. 주의사항으로는 이용 구간을 넘어서는 구간 이용에 대해서는 별도 비용을 지불할 수 있고, 지정석이나 레벨이 높은 열차를 탑승할 경우 추가 요금을 지불해야 한다는 것이다. 또한 티켓을 분실하면 재발급이 안 되며, 티켓을 부정 사용하는 경우 사용 티켓은 무효화되며 추가 할증 비용을 지불해야 한다. 기타 안내 사항은 홈페이지를 통하여 자세히 확인하도록 하자.

요금

구분	2일권	3일권
일반권 (중학생 이상)	4,000엔	5,200엔
어린이권 (초등학생 이하)	2,000엔	2,600엔

홈페이지 www.surutto.com

Travel Tips

간사이 공항의 트래블 데스크에서 간사이 스루 패스를 구매하려면, 오전 이른 시간을 제외하고는 긴 줄을 서야 한다. 오후에는 많은 외국인들이 줄을 서서 1시간 이상 기다려야 하므로, 패스를 구매하려면 국내 여행사를 통해 사전에 꼭 준비하자.

구매처

국내	· 간사이 스루 패스 판매 여행사
일본	· 간사이 국제공항 KAA 트래블 데스크(간사이 국제공항 1층 / 07:00 ~ 22:00) · 난카이 지하철 간사이 공항 역 창구(05:00 ~ 23:29) · 오사카 공항 종합 안내소 (오사카 공항 북·남 터미널 1층 / 북쪽 터미널 08:00 ~ 21:00 / 남쪽 터미널 06:30 ~ 21:00) · 교토 역 앞 버스 종합 안내소(교토 역 가라스마 출구 / 07:30 ~ 19:30) · 오사카 비지터 인포메이션 센터·난바(난카이 빌딩 1층 / 09:00 ~ 20:00) · 오사카 비지터 인포메이션 센터·우메다(JR 오사카 역 중앙 개찰구 / 08:00 ~ 20:00) · 오사카 비지터 인포메이션 센터·덴노지(JR 덴노지 역 중앙 개찰구 / 09:00 ~ 18:00) · 오사카 비지터 인포메이션 센터·신오사카(JR 신오사카 역 동쪽 출구 / 09:00 ~ 18:00) · 나라 관광센터(긴테쓰 나라 역 하차 / 09:00 ~ 21:00) · 팬스타 페리 오사카 터미널(오사카 시영지하철 코스모스퀘어 역 하차 / 월·수·금 10:00 ~ 16:00)

● 오사카 주유 패스

간사이 스루 패스가 오사카 위성도시 관광에 필수라고 한다면 오사카 주유 패스는 오사카 시내 관광에 있어 필수다. 오사카 시내에서 JR을 제외한 모든 교통 이용이 가능하며 27개 관광 명소에 무료로 입장할 수 있을 뿐만 아니라 수십 개의 관광 명소와 제휴 음식점에서 할인을 받을 수 있는 오사카 여행의 필수 아이템이다. 무료 입장이나 할인을 받을 때에는 오사카 주유 패스와 함께 별도의 이용 쿠폰(패스 구입 시 받음)을 제시해야만 가능하며 이용 쿠폰이 없거나 이용 기간이 만료된 경우는 사용이 불가능하다. 간사이 스루 패스와는 다르게 연속으로 사용해야 하므로 2일권을 구매할 경우 2일 연속으로 오사카 시내 여행을 해야 비용을 절감할 수 있다. 주의사항으로는 패스를 분실해도 재발급이 안 되고 이용 쿠폰의 분실도 재발급이 안 된다. 티켓을 부정 사용할 경우 사용 티켓은 무효화되며 추가 할증 비용을 지불해야 하므로 주의하자. 또한 1일권과 2일권의 이용 교통의 범위나 이용할 수 있는 교통편에 차이가 있으므로 홈페이지에서 미리 확인하자. 또한 미리 할인 혜택 및 무료 특전을 확인하면 여행 일정과 비용을 계산하는 데 큰 도움이 된다.

요금 1일권 2,300엔, 2일권 3,000엔
구매처

1일 승차권 · 2일 승차권	1일 승차권
· 오사카 비지터 인포메이션 센터 신오사카 (JR 신오사카 역 동쪽 출구 / 09:00 ~ 18:00) · 오사카 비지터 인포메이션 센터 우메다 (JR 오사카 역 중앙 개찰구 / 08:00 ~ 20:00) · 오사카 비지터 인포메이션 센터 난바 (난카이 빌딩 1층 / 09:00 ~ 20:00) · 오사카 비지터 인포메이션 센터 덴노지 (JR 덴노지 역 중앙 개찰구 / 09:00 ~ 18:00) · 간사이 공항 여행 대리점 트래블 데스크, ANA 크라운 플라자 호텔, APA 호텔 미도스지 혼마치 에키마에, 시티 루트 호텔, 도톤보리 호텔, 호텔 크로스오버, 호텔 빌라폰테뉴 신사이바시	· 각 역의 역장실 및 매점, 정기권 판매소, 시영 교통 안내 코너 · 한큐, 한신, 게이한, 긴테쓰, 난카이 지하철의 주요 역 · ANA 크라운 플라자 호텔, APA 호텔 미도스지 혼마치 에키마에, 시티 루트 호텔, 도톤보리 호텔, 호텔 크로스오버, 호텔 한신, 호텔 빌라폰테뉴 신사이바시

홈페이지 www.osaka-info.jp/osp/kr

● JR 패스

일본 전역을 여행하거나 특정 지역의 JR선과 JR연락선을 이용할 때 유용한 패스이다. 일본 현지에서는 판매하지 않으며 우리나라의 지정된 여행사에서 JR 패스 교환권을 끊고 현지의 JR 패스 교환소에서 티켓 오픈을 해야만 사용할 수 있다(국내 지정 여행사에서 JR 패스 교환권 구매 → 현지 도착 후 교환소에서 JR 패스 사용 등록 → JR역 미도리노마도구치에서 이동 구간 사전 예약하기 → JR 열차 이용). 만약 오사카와 주변 지역만 이용할 예정이라면 JR 서일본 패스를 구매할 것을 추천한다. JR 패스는 지정된 기간 동안 신칸센 노조미를 제외하고는 모든 열차를 탑승할 수 있지만 가격이 상당히 비싸기 때문에 여행 일정의 교통 요금을 사전에 비교를 하고 구매해야 한다. 또한 이동 일과 시간을 지정하여 사전 예약한다면 보다 계획적이고 편하게 여행을 즐길 수 있다.

요금

JR 패스(보통석 기준)

패스 종류	구분	요금
7일권	성인	29,110엔
	어린이(만 6세~11세)	14,550엔
14일권	성인	46,390엔
	어린이(만 6세~11세)	23,190엔
21일권	성인	59,350엔
	어린이(만 6세~11세)	29,670엔

JR 간사이 호쿠리쿠 패스

패스 종류	구분	요금
7일권	성인	15,000엔
	어린이(만 6세~11세)	7,500엔

JR 간사이 히로시마 패스

패스 종류	구분	요금
5일권	성인	13,000엔
	어린이(만 6세~11세)	6,500엔

구매처(국내)

여행박사 www.tourbaksa.com

인터파크투어 tour.interpark.com

웹투어 www.webtour.com

JR 패스 교환소(현지)

역명	교환소	운영 시간
신오사카 역	매표소(JR 서일본 동쪽 출구)	05:30~23:30
	매표소(JR 도카이 중앙 출구)	05:30~23:00
	JR 서일본 트래블 코너	09:00~20:00
간사이 공항 역	매표소	05:30~23:00
오사카 역	매표소(중앙 출구 No12, No13)	05:30~23:00
나라 역	매표소	09:00~20:00
고베산노미야 역	매표소(중앙 출구)	05:30~23:00
교토 역	매표소(JR 서일본 중앙 출구)	05:30~23:30
	매표소(JR 도카이 신칸센 하치조구치 출구)	08:30~23:00

홈페이지

www.japanrailpass.net/kr (JR 패스)

www.westjr.co.jp/global/kr (JR 간사이 호쿠리쿠 패스)

www.westjr.co.jp/global/kr (JR 간사이 히로시마 패스)

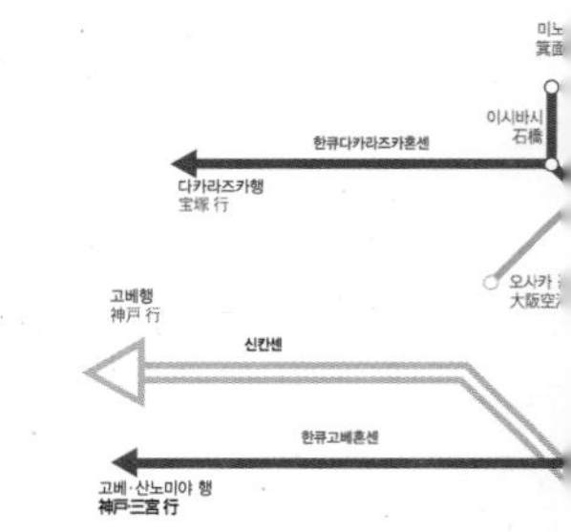

오사카 지하철 이용하기

오사카는 여러 노선의 지하철로 주변 도시와 연결된다. 우리나라와 다르게 노선 및 행선지별로 이용하는 역이 다르므로 사전에 알아보고 역을 잘 확인하자. JR센으로 환승할 때에는 별도로 티켓을 구매해야 한다. 티켓을 구입할 때는 자판기를 이용해야 하고, 한국어를 지원하므로 편리하게 이용할 수 있다.

오사카 지하철 大阪地下鉄

- 미도스지센 御堂筋線
- 다니마치센 谷町線
- 요쓰바시센 四つ橋線
- 주오센 中央線
- 센니치마에센 千日前線
- 사카이스지센 堺筋線
- 나가호리쓰루미료쿠치센 長堀鶴見緑地線
- 이마자토스지센 今里勤線
- 난코 포트타운센 南港ポートタウン線

오사카 사철 大阪私鉄

- 한큐센 阪急電鉄
- 한신센 阪神電車
- 게이한센 京阪電車
- 긴테쓰센 近鐵日本鉄道
- 난카이센 南海電鉄
- 센보쿠 고속철도 泉北高速鉄道

기타 철도 노선

- JR
- 신칸센 新幹線

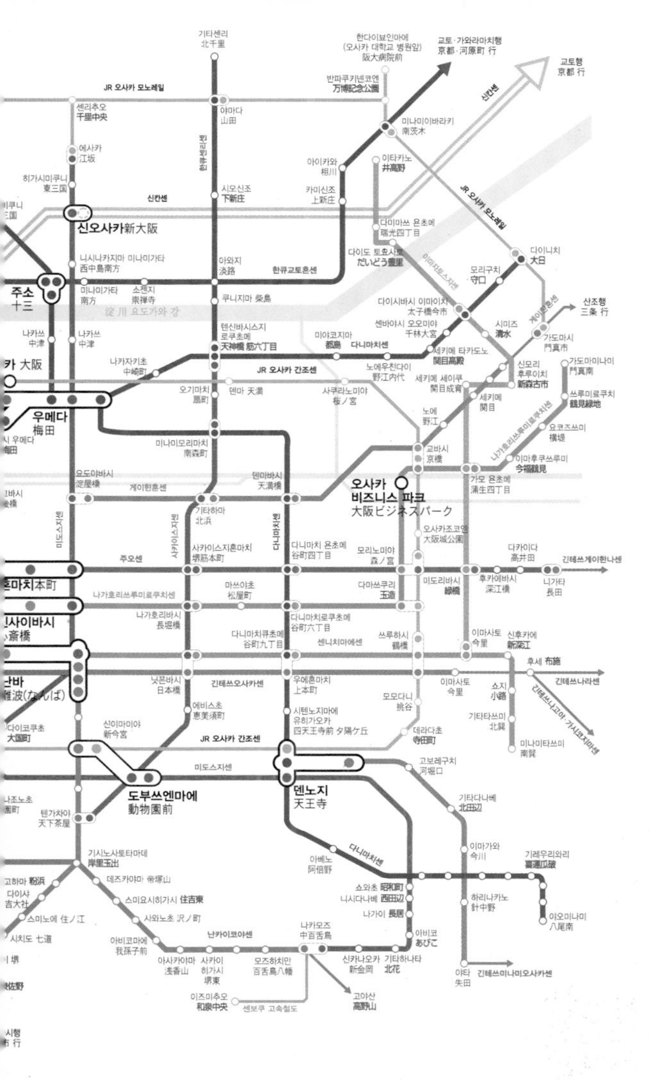

기타센리 北千里
한다이뵤인마에 (오사카 대학교 병원앞) 阪大病院前
교토·가와라마치행 京都·河原町 行
교토행 京都 行
JR 오사카 모노레일
반파쿠키넨코엔 万博記念公園
센리추오 千里中央
야마다 山田
신칸센
미나미이바라키 南茨木
에사카 江坂
한큐센리센
아이카와 相川
이타카노 井高野
히가시미쿠니 東三国
시모신조 下新庄
카미신조 上新庄
JR 오사카 모노레일
신칸센
신오사카新大阪
다미마쓰 욘초메 瑞光四丁目
니시나카지마 미나미가타 西中島南方
아와지 淡路
한큐교토혼센
다이도 토요사토 だいどう豊里
이마자토스지센
다이니치 大日
모리구치 守口
주소 十三
미나미가타 南方
소젠지 崇禅寺
쿠니지마 柴島
다이시바시 이마이치 太子橋今市
산조행 三条 行
淀川 요도가와 강
게이한혼센
센바야시 오오미야 千林大宮
시미즈 清水
가도마시 門真市
나카쓰 中津
나카쓰 中津
텐신바시스지 로쿠초메 天神橋 筋六丁目
미야코지마 都島
다니마치센
세키메 타카도노 関目高殿
가도마미나미 門真南
카 大阪
나카자키초 中崎町
JR 오사카 간조센
노에우치다이 野江内代
신모리 후루이치 新森古市
세키메 세이쿠 関目成育
쓰루미료쿠치 鶴見緑地
오기마치 扇町
텐마 天満
사쿠라노미야 桜ノ宮
세키메 関目
우메다 梅田
노에 野江
나가호리쓰루미료쿠치센
요코즈쓰미 横堤
미나미모리마치 南森町
교바시 京橋
이마후쿠쓰루미 今福鶴見
요도야바시 淀屋橋
텐마바시 天満橋
오사카 비즈니스 파크 大阪ビジネスパーク
가모 욘초메 蒲生四丁目
게이한혼센
기타하마 北浜
사카이스지센
미도스지센
다니마치센
오사카조코엔 大阪城公園
사카이스지혼마치 堺筋本町
다니마치 욘초메 谷町四丁目
모리노미야 森ノ宮
다카이다 高井田
주오센
긴테쓰게이한나센
혼마치本町
다마쓰쿠리 玉造
미도리바시 緑橋
후카에바시 深江橋
니가타 長田
나가호리쓰루미료쿠치센
마쓰야초 松屋町
나가호리바시 長堀橋
신사이바시 心斎橋
다니마치로쿠초메 谷町六丁目
다니마치큐초메 谷町九丁目
센니치마에센
쓰루하시 鶴橋
이마사토 今里
신후카에 新深江
후세 布施
닛폰바시 日本橋
긴테쓰오사카센
우에혼마치 上本町
이마사토 今里
쇼지 小路
긴테쓰나라센
난바 難波(なんば)
모모다니 桃谷
긴테쓰나고야·가시코지마센
에비스초 恵美須町
시텐노지마에 유히가오카 四天王寺前 夕陽ケ丘
기타타쓰미 北巽
다이코쿠초 大国町
신이마미야 新今宮
JR 오사카 간조센
데라다초 寺田町
미나미타쓰미 南巽
미도스지센
고보레구치 河堀口
도부쓰엔마에 動物園前
덴노지 天王寺
기타다나베 北田辺
텐가차야 天下茶屋
기시노사토타마데 岸里玉出
이마가와 今川
기레우리와리 喜連瓜破
아베노 阿倍野
다니마치센
데즈카야마 帝塚山
쇼와초 昭和町
고하마 粉浜
니시다나베 西田辺
스미요시히가시 住吉東
하리나카노 針中野
야오미나미 八尾南
다이샤 吉大社
나가이 長居
스미노에 住ノ江
사와노초 沢ノ町
시치도 七道
아비코마에 我孫子前
난카이코야센
나카모즈 中百舌鳥
아비코 あびこ
아사카야마 浅香山
사카이 히가시 堺東
모즈하치만 百舌鳥八幡
신카나오카 新金岡
기타하나타 北花
야타 矢田
긴테쓰미나미오사카센
이즈미추오 和泉中央
센보쿠 고속철도
고야산 高野山

우메다

梅田
Umeda

오사카 최대의 상업 · 위락 지구

우메다는 오사카 경제의 중심지이자 오사카에서 가장 큰 상업·위락 지구다. 수많은 고층 빌딩과 최고급 호텔 대부분이 이 지역에 밀집되어 있고 가까이에 JR센 오사카 역과 한큐·한신센 우메다 역, 신칸센의 정차역인 신오사카 역이 위치해 있어 오사카 교통의 중심이기도 하다. 우메다 지역은 한큐 백화점을 중심으로 서쪽으로는 높은 고층 빌딩들이 스카이라인을 형성하고, 오사카의 최고급 호텔과 명품 매장, 고급 레스토랑이 대부분 몰려 있다. 동쪽으로는 한큐 백화점, HEP FIVE와 HEP NAVIO 같은 쇼핑몰이 들어서 있고 북쪽으로는 요도바시 카메라, Grand Front Osaka, 남쪽으로는 다이마루 백화점과 한신 백화점이 자리잡고 있다. 또한 우메다 역 지하에는 한큐 3번가와 화이티 우메다 같은 지하 상점가가 형성되어 있어 난바 못지않게 쇼핑을 즐길 수 있다. 고베나 교토 그리고 타 지역으로 이용할 때에도 우메다에서 출발하거나 우메다를 거쳐 가야 할 만큼 간사이 지방 교통의 중심지이기도 하다.

Access

1. 신오사카新大阪 역에서 JR센을 이용하여 오사카大阪 역 도착 (JR센, 170엔, 소요 시간 4분)
2. 난바難波 역에서 미도스지御堂筋센을 이용하여 우메다梅田 역 도착 (빨간색 미도스지센, 240엔, 소요 시간 15분)

우메다 BEST

1 우메다 최고 인기의 대형 쇼핑몰

2 빌딩 숲이 아름다운 우메다의 야경

3 금강산도 식후경! 먹거리로 가득한 우메다 지역

4 우메다의 신흥 상점가인 오하텐도리 상점가

Travel Tips

우메다 지역은 복잡한 시가지로, 미리 계획하여 준비하지 않으면 자칫 길을 잃거나 방향을 혼동하기 쉬운 곳이다. 여행 전에 충분히 계획을 세우고 한큐센 우메다 역을 중심으로 시계 방향이나 반시계 방향으로 미리 동선을 짜서 이동하자.

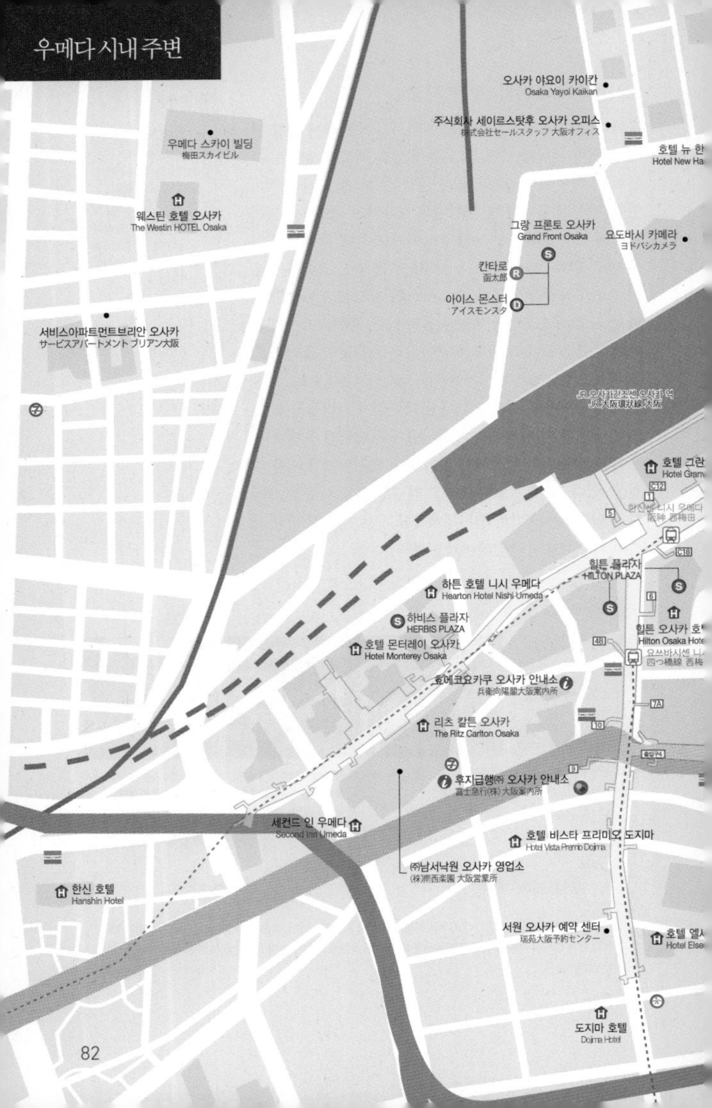
우메다 시내 주변
오사카 야요이 카이칸
Osaka Yayoi Kaikan
주식회사 세이르스탓후 오사카 오피스
株式会社セールスタッフ 大阪オフィス
우메다 스카이 빌딩
梅田スカイビル
웨스틴 호텔 오사카
The Westin HOTEL Osaka
그랑 프론토 오사카
Grand Front Osaka
요도바시 카메라
ヨドバシカメラ
칸타로
函太郎
아이스 몬스터
アイスモンスタ
서비스아파트먼트브리안 오사카
サービスアパートメント ブリアン大阪
JR 오사카칸조센 오사카 역
JR 大阪環状線 大阪
한신센 니시 우메다
阪神 西梅田
힐튼 플라자
HILTON PLAZA
하튼 호텔 니시 우메다
Hearton Hotel Nishi Umeda
하비스 플라자
HERBIS PLAZA
호텔 몬터레이 오사카
Hotel Monterey Osaka
효에코요카쿠 오사카 안내소
兵衛向陽閣大阪案内所
리츠 칼튼 오사카
The Ritz Carlton Osaka
후지급행㈜ 오사카 안내소
富士急行(株) 大阪案内所
세컨드 인 우메다
Second Inn Umeda
호텔 비스타 프리미오 도지마
Hotel Vista Premio Dojima
㈜남서낙원 오사카 영업소
(株)南西楽園 大阪営業所
한신 호텔
Hanshin Hotel
서원 오사카 예약 센터
瑞苑大阪予約センター
도지마 호텔
Dojima Hotel

다니마치센 나카자키초 역
谷町線 中崎町
한큐 3번가
阪急三番街
호텔 기타하치
Hotel Kitahachi
호텔 일 몬테
Hotel IL Monte
헵 나비오
HEP NAVIO
우메다 히가시도리 상점가
梅田東通り商店街
한큐 백화점
阪急百貨店
오사카 도큐 레이 호텔
Osaka Tokyu REI Hotel
화이티 우메다
WHITY 梅田
다니마치센 히가시 우메다 역
谷町線 東梅田
디가디가두
ディガ・ディガ・ドゥ
마루이치 호텔
Maruichi Hotel Hotel
오하텐도리
おはてん通り
호텔 호케 클럽 오사카
Hotel Hokke Club Osaka
우메다 OS 호텔
Umeda OS Hotel
오하쓰텐진
露天神社
리브라브에스템 임대 먼슬리관
リブラブ エステム賃貸マンスリー館
아나 크라운 플라자 호텔
ANAクラウンプラザホテル大阪

반나절 베스트 코스

약 5시간 소요

명품 쇼핑보다는 실용적인 쇼핑을 선호하는 이들을 위한 반나절 일정이다. 주어진 시간보다는 둘러볼 상점들이 상대적으로 많으니 잘 선별해서 시간을 조절하자.

HEP FIVE

20대 젊은 층을 위한 패션 쇼핑몰

도보 1분

HEP NAVIO

30대 이상 중·장년층을 위한 쇼핑몰

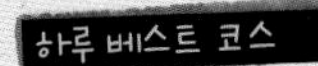

약 9시간 소요

우메다의 대부분을 둘러볼 수 있는 하루 코스다. 명품 쇼핑과 대중적이고 실용적인 쇼핑을 모두 즐길 수 있어 다양한 쇼핑을 원하는 이들에게 추천한다.

요도바시 카메라

오사카 최대의 전자 쇼핑센터

도보 10분

우메다 스카이 빌딩

오사카 북쪽을 한눈에 볼 수 있는 전망 좋은 곳

도보 15분

하비스 플라자

대표적인 명품 아케이드

1박 2일 베스트 코스

1일 – 약 9시간 소요

우메다의 대표 전자제품 쇼핑센터인 요도바시 카메라와 유명 명품 매장, 오사카를 대표하는 백화점을 중심으로 구성한 쇼핑 일정이다.

요도바시 카메라

오사카 대표 전자제품 할인 매장

도보 10분

우메다 스카이 빌딩

우메다 건축물의 상징

도보 15분

하비스 플라자

우메다 명품 쇼핑센터의 원조

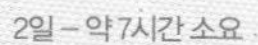

2일 – 약 7시간 소요

첫날이 명품 숍과 대형 백화점 위주의 쇼핑 코스였다면 둘째 날은 실용적인 쇼핑을 즐기고 우메다의 곳곳을 둘러보는 일정이다.

HEP FIVE

종합 엔터테인먼트 복합 쇼핑몰

도보 1분

HEP NAVIO

수입 브랜드 중심의 패션몰

도보 1분

장기 여행 계획을 세운다면 우메다 지역을 하루 정도 할애하여 일정에 넣자. 난바 지역 못지않게 볼거리와 먹거리가 풍부하다. 그러나 난바 지역과는 다르게 길이 헷갈려서 위치를 빨리 찾기 힘들고 사람들이 많아서 자칫 방향을 잃어버리기가 쉽다. 따라서 관광의 포인트를 잡아 정확한 위치를 확인 후 이동하는 것이 좋다.

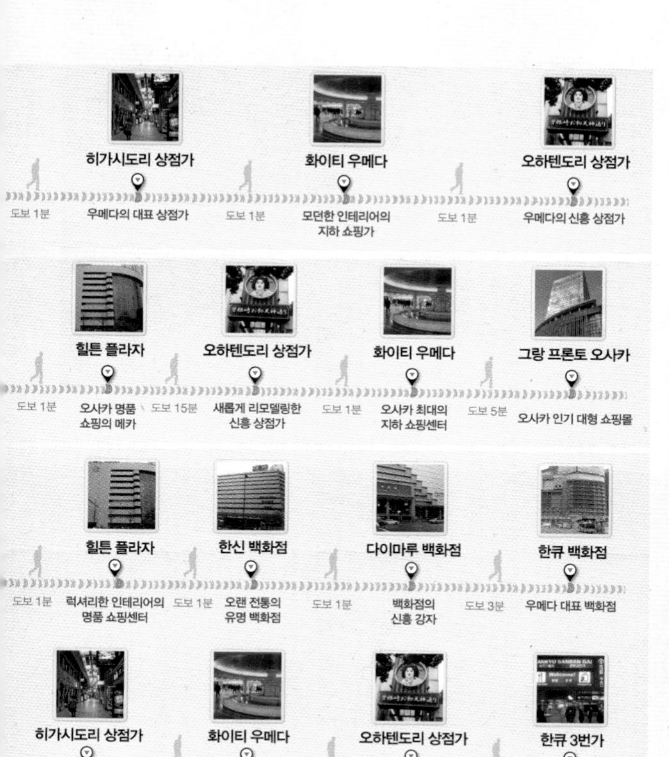

우메다 스카이 빌딩 梅田スカイ ビル

오사카 북쪽의 초고층 전망대

지상 40층 높이, 173m의 우메다 스카이 빌딩은 2개의 트윈 타워 최상층을 연결하여 공중 정원과 전망대를 만들어 일반인과 관광객들에게 유료로 개방하고 있다. 그 모양이 압도적이어서 한동안은 오사카의 랜드마크로 불렸다. 오사카 북쪽에서 오사카 시내를 제대로 볼 수 있는 전망대는 아직까지 이곳뿐이다. 1층에서 3층으로 에스컬레이터를 타고 올라가면 투명한 고속 엘리베이터가 보이는데 이 엘리베이터를 타면 35층까지 투명 통로를 통해 올라간다. 39층에서 티켓을 끊고 40층 공중전망대에 입장한 후 한 번 더 올라가면 사방이 탁 트인 최상층 공중 정원이 있다. 전망대뿐만 아니라 22층과 39층에 오사카 전망을 보면서 식사할 수 있는 레스토랑이 있고 40층에 분위기 좋은 스카이 바가 있어 데이트 코스로도 현지에서 유명하다. 또 스카이 빌딩 지하에는 일본의 옛 거리를 재현한 다키미코지滝見小路 식당가가 있어서 식사 해결도 가능하다. 오사카의 야경을 감상하고 싶다면 꼭 우메다 스카이 빌딩 전망대에 가 보자.

위치 미도스지(御堂筋)센 우메다(梅田) 역 5번 출구에서 도보 10분 / JR센 오사카(大阪) 역 북쪽 출구에서 도보 10분 시간 10:00~22:30 (입장 마감 22:00, 연말이나 크리스마스에는 연장 개방) 요금 17세 이상 700엔, 14~16세 500엔, 8~13세 300엔, 3~7세 100엔 / 오사카 주유 패스 소지자 무료 (39층 매표소에서 오사카 주유 패스와 쿠폰 제시) / 간사이 스루 패스 소지자 10% 할인 홈페이지 www.skybldg.co.jp

MAPECODE 02002

요도바시 카메라 ヨドバシカメラ

오사카 최대의 전자제품 매장

전자제품 전문 매장인 요도바시 카메라는 건물 외관부터 웅장하다. 오사카에서 요도바시 카메라와 빗쿠 카메라가 전자제품 매장의 양대 산맥이라고 하지만, 규모와 제품의 다양성을 볼 때 요도바시 카메라가 확실히 앞선다고 할 수 있다. 지하 2층부터 4층까지는 전자제품을 판매하고 5층부터 7층까지는 의류와 잡화를 판매한다. 그리고 8층에는 여러 식당이 자리 잡고 있다.

요도바시 카메라에서 전자제품을 구매할 때 주의할 점이 몇 가지 있는데, 일본은 110V의 전압을 사용한다는 점과 프로그램이 일본어로 되어 있어 이용이 불편하다는 점, 우리나라 제품과 호환되지 않는 경우도 있다는 점 등이다.

위치 미도스지(御堂筋)센 우메다(梅田) 역 5번 출구에서 도보 1분 / JR센 오사카(大阪) 역 북쪽 출구에서 도보 1분 / 한큐(阪急)센 우메다(梅田) 역 서쪽 출구에서 도보 1분 시간 전자제품・패션 전문 매장 09:30~22:00, 8층 레스토랑 11:00~23:00 홈페이지 www.yodobashi-umeda.com

MAPECODE 02003

하비스 플라자 Herbis Plaza

오사카 명품 매장 아케이드

오사카에서 명품 매장을 찾는다면 우메다로 가자. 난바의 미도스지도리御堂筋通에 몇 개의 명품 매장이 들어섰지만 우메다 지역에 비하면 많이 뒤처진다. 그 중에서도 최고의 명품 매장이라면 이 하비스 플라자를 꼽을 수 있다. 최고급 호텔인 리츠 칼튼 호텔과 오사카 가든 시티의 지하 2층부터 지상 2층까지 들어서 있는데, 지하 2층에는 여러 고급 레스토랑이, 지하1층부터 지상 2층까지는 다양한 명품 매장이 입점해 있다. 몇몇 매장은 입장 시 복장에 규제가 있으니 참고하자.

위치 요쓰바시(四つ橋)센 니시 우메다(西梅田) 역 북쪽 출구 바로 앞 / 한신(阪神)센 우메다(梅田) 역 서쪽 출구에서 도보 1분 시간 지하 1층~2층 매장 11:00~20:00, 지하 2층 레스토랑 11:00~22:30 홈페이지 www.herbis.jp

힐튼 플라자 HILTON PLAZA

오사카 최대의 명품 플라자

오사카 최대 규모의 명품 매장이 입점해 있는 멀티 아케이드다. 하비스 플라자 명품 매장의 규모에 뒤지지 않으며, 인테리어 또한 최고급이다.

힐튼 플라자는 동관과 서관으로 나뉘는데, 동관은 지하 2층부터 지상 8층까지 영업하며, 서관은 지하 2층부터 지상 6층까지 영업한다. 동관의 지하 2층과 7층에는 레스토랑이, 지하 1층부터 4층에는 명품 매장들이 입점해 있다. 서관의 지하 2층에 레스토랑이 있고, 지하 1층과 2층에는 명품 매장들이 입점해 있다. 동관에 명품 매장 수가 훨씬 많지만, 각 매장의 규모는 서관이 더 크다. 힐튼 플라자의 명품 매장은 하비스 플라자보다 복장의 규제가 더 까다롭다.

주소 大阪市北区梅田2-2-2 위치 요쓰바시(四つ橋)센 니시 우메다(西梅田) 역 4번 출구 바로 앞 / 한신(阪神)센 우메다(梅田) 역 서쪽 출구에서 도보 3분 시간 동관·서관 쇼핑 매장 11:00~20:00, 동관·서관 레스토랑 11:00~22:00 홈페이지 www.hiltonplaza.com

한신 백화점·한큐 백화점 阪神百貨店·阪急百貨店

한신 백화점

한큐 백화점

우메다 대형 백화점의 양대 산맥

한신센 우메다 역과 한큐센 우메다 역에 각각 위치한 이 두 대형 백화점은 우메다 한복판에서 각축전을 벌이고 있어 소비자를 고민케 한다. 여기에 다이마루 백화점도 뒤늦게 뛰어들었지만 아직은 못 미친다. 오사카 최대의 상업 지구에 자리한 이 두 백화점은 규모 또한 입이 벌어질 만큼 커 쇼핑을 제대로 하려면 엄청난 시간이 소요된다.

주소 한신 백화점 大阪市北区梅田1丁目13番13号, 한큐 백화점 大阪府大阪市北区角田町8番7号 위치 한신 백화점 JR센 오사카(大阪)역 중앙 출구에서 길 건너 바로 / 한신(阪神)센 우메다(梅田) 역에서 바로 연결 / 한큐 백화점 JR센 오사카 역 북쪽 출구에서 도보 2분 / 한큐센 우메다 역에서 바로 연결 시간 한신 백화점 10:00~20:00 (지정 날짜에 따라 다름), 한큐 백화점 10:00~21:00 (일·월·화요일은 20:00까지) 홈페이지 한신 백화점 www.hanshin-dept.jp, 한큐 백화점 www.hankyu-dept.co.jp

HEP Hankyu Entertainment Park

복합 엔터테인먼트 쇼핑몰

HEP는 'Hankyu Entertainment Park'의 약자로 한큐에서 운영하는 종합 엔터테인먼트 쇼핑몰이다. HEP은 HEP FIVE와 HEP NAVIO로 나뉘며 HEP FIVE는 젊은 층을 겨냥한 GAP이나 BEAMS 같은 브랜드가 입점해 있으며, 대관람차가 있어 오사카 전경을 보려는 관광객이 찾는 곳이기도 하다. 지하 1층부터 지상 6층까지는 쇼핑몰로 구성되어 있고 7층에는 대관람차 매표소와 레스토랑이, 8층과 9층에는 세가 조이폴리스(SEGA JOYPOLIS)가 입점해 있다. HEP NAVIO에는 수입 브랜드 매장이 많고 HEP FIVE보다 더 많은 레스토랑이 입점해 있다. 지하 2층부터 5층까지는 쇼핑 매장과 음식점이 있고, 6층과 7층에는 여러 레스토랑이 입점해 있어서 주로 HEP FIVE에서 즐기고 HEP NAVIO에서 먹는다.

주소 大阪府大阪市北区角田町5-15 위치 한큐(阪急)센 우메다(梅田) 역 중앙 출구에서 도보 2분 / JR센 오사카(大阪) 역 동쪽 출구에서 도보 5분 / 다니마치(谷町)센 히가시 우메다(東 梅田) 역에서 HEP NAVIO로 바로 연결 시간 HEP FIVE 쇼핑 매장 11:00~21:00, 레스토랑 11:00~22:30, 대관람차・조이폴리스11:00~23:00 HEP NAVIO 쇼핑 매장 11:00~21:00, 레스토랑 11:00~22:30 요금 대관람차 500엔, 오사카 주유 패스 소지자 무료 (매표소에서 오사카 주유 패스와 쿠폰 제시) 홈페이지 www.hepfive.jp

Travel Tips

우메다에서는 의외로 음식점이 눈에 띄지 않아 많은 고민을 하게 된다. 음식점의 숫자가 적은 것은 아니지만 상점가 중심으로 골목골목에 위치해 있기 때문이다. 따라서 히가시도리나 오하텐도리를 둘러보다 마음에 드는 음식점이 나타나면 식사를 하는 것이 좋다. 백화점과 HEP 같은 쇼핑몰에는 많은 음식점이 있어 가격은 조금 비싸지만 이곳을 이용하는 것도 좋은 방법이다. 백화점 1층 혹은 지하 1층에는 맛있는 델리 코너나 주전부리를 할 수 있는 먹거리가 있으니 이곳에서 간식을 준비해서 다니는 것도 여행을 즐겁게 하는 좋은 방법이 된다.

우메다 히가시도리 상점가 梅田東通り商店街

우메다의 음식점과 술집 밀집 지역

우메다 동쪽에 위치한 히가시도리 상점가에는 술집과 음식점 그리고 오락 시설이 밀집해 있다. HEP NAVIO에서 나오면 히가시도리 출입구가 보이는데, 난바 · 신사이바시 지역의 상점가보다 더 복잡하고 낮에는 술집들이 문을 많이 닫아 어둡다. 게다가 파친코와 성인 위락 시설이 많고, 길이 상당히 복잡해 둘러보기에 다소 어려움이 있다. 과거에는 술과 음식을 즐기기 위해 이곳을 많이 찾았으나 복합 상가들이 많이 들어서고 난바 지역이 관광의 중심지로 급부상하면서 지금은 쇠락해 가고 있다. 총 6개의 길고 짧은 골목으로 구성되어 있는데, 이중 가장 유동 인구가 많은 히가시도리 제1번 상점가를 추천한다.

위치 다니마치(谷町)센 히가시 우메다(東梅田) 역 HEP NAVIO 출구 앞 길 건너편 홈페이지 www.mydo.or.jp/hankyuhigashi

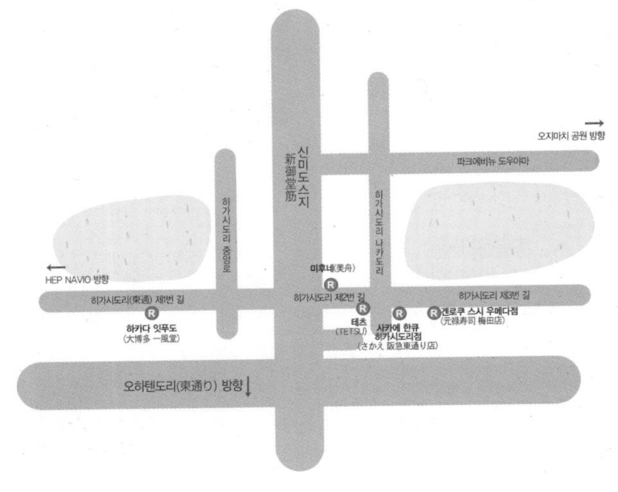

하카다 잇푸도 博多 一風堂

우메다 최고 인기 라멘 집

시오라멘 국물이 끝내주는 라멘 집이다. 방송에도 많이 나오는 곳이라 인기가 많다. 저녁에는 한참 줄을 서야 먹을 수 있지만 낮에는 한산한 편이다. 저녁에는 라멘에 시원한 생맥주를 한잔하면서 하루를 마무리하는 주변 샐러리맨들이 많아서이기도 하다. 돼지 뼈를 장시간 끓인 국물이 일품이며 돼지 비린내가 많이 나지 않아서 여성 고객들도 먹을 만하다.

주소 大阪府大阪市北区角田町6-7 角田町ビル 1F 위치 히가시도리 제1번 상점가에 위치 전화 06-6363-3777 시간 월~목, 일 11:00~03:00 / 금, 토 11:00~04:00 추천 메뉴 시로마루모또아지미꾸이리(白丸元味肉入り, 하얀 마늘이 통째로 들어간 라멘) 950엔, 시로마루 스페셜(白丸スペシャル) 980엔

테츠 TETSU

오사카에서 즐기는 독특한 곱창볶음

유명한 곱창 요리 전문점이다. 곱창 전골이나 곱창구이보다는 이곳만의 특별한 메뉴인 철판 곱창볶음을 맛보도록 하자. 일품요리나 세트 메뉴도 있어 저렴하게 술 한잔하기에 아주 좋은 음식점이다. 다코야키를 판매하는 매장도 있으나 가게 이름만 같은 것이므로 꼭 곱창 요리를 판매하는지 입구에서 확인하고 들어가자.

주소 大阪府大阪市北区堂山町4-15 위치 히가시도리 제2번 상점가에 위치 전화 06-6365-1696 시간 월~목, 일 17:00~24:00 / 금, 토 17:00~03:00 추천 메뉴 시로모츠나베(白もつ鍋, 흰색 국물의 냄비 요리) 780엔

Travel Tips

우메다 히가시도리의 상점가에는 많은 주점 가라오케 그리고 파친코 가게가 들어서 있다. 골목골목으로는 성인 이미지 숍들이 들어서 있는 데다가 낮에는 파친코를 제외하고는 대부분 영업을 하지 않아 골목에서 음산한 느낌마저 든다. 과거에는 많은 상점과 음식점으로 낮에도 관광객들이 북적거렸지만 지금은 저녁에만 우메다의 대표 거리라고 생각될 만큼 쇠락하고 있다. 몇몇 괜찮은 음식점이 있어 쇼핑보다는 식사를 추천한다. 회전초밥, 라멘, 오코노미야키 등 오사카의 맛을 느껴 보자!

사카에 한큐 히가시도리점 さかえ 阪急東通り店

점심 피크 타임에 신선한 초밥을 맛보자

우메다에는 회전 초밥으로 유명한 곳이 그다지 많지 않다. 그중에 좀 괜찮은 회전 초밥집이 사카에인데 식사 시간인 피크 타임을 제외하고는 자리 잡기가 어렵지 않다. 하지만 식사 시간이 지나면 스시의 종류도 적고 만들어 놓은 지 오래되어 맛이 떨어지므로 복잡하더라도 회전율이 높은 식사 시간대에 가는 것이 좋다. 특이한 것은 이 가게는 밤새도록 영업을 하기 때문에 늦은 시간에 오히려 사람들이 북적일 때도 있다. 가격은 한 접시당 130엔이다. 히가시도리 제3번 상점가에 위치해 있다.

주소 大阪府大阪市北区堂山町3-12 玄風ビル 1 F 위치 히가시도리 제3번 상점가에 위치 전화 06-6361-5505 시간 10:00~05:00 요금 한 접시당 130엔 홈페이지 www.sakae-sushi.com

겐로쿠 스시 우메다점 元禄寿司 梅田店

도톤보리 지점보다 덜 복잡한 초밥 전문점

도톤보리를 지날 때 저녁 시간이면 겐로쿠 스시를 먹기 위해 긴 줄을 서는데 우메다점은 점심 시간 혹은 저녁 시간 만 반짝 사람들이 몰려 상대적으로 여유있게 식사를 할 수 있다. 바로 옆에 오랫동안 자리한 사카에さかえ 보다 5엔 저렴하다. 겐로쿠 스시와 사카에 모두 맛의 차이는 크지 않아, 식사 시간에 줄이 길지 않다면 겐로쿠 스시를 선택하고 늦은 시간이거나 이곳의 줄이 길게 서 있다면 바로 옆 사카에를 이용하자.

주소 大阪府大阪市北区堂山町3-16 위치 히가시도리 제3번 상점가에 위치, 사카에 바로 옆 건물 전화 06-6312-1012 시간 11:00~22:30 요금 한 접시당 125엔 홈페이지 www.mawaru-genrokuzusi.co.jp

오하텐도리 おはてん通り

우메다에서 새롭게 떠오르는 쇼핑과 식도락 지역

우메다 히가시도리가 지는 별이라면 오하텐도리는 새롭게 떠오르는 별이다. 우메다의 중심지와는 조금 거리가 있어서 과거에는 이곳을 많이 찾지 않았지만 지금은 새롭게 단장을 해 많은 사람들이 찾고 있다. 쇼핑할 수 있는 상점은 적으나 맛집과 술집이 몇 군데 있으므로 우메다 지역을 관광하다 식사를 위해 가볍게 들르는 것이 좋다. 홈페이지에 한국어 약도가 대략적으로 나와 있으므로 참고하자.

위치 우메다 히가시도리(梅田 東通り) 중앙로 건너편 홈페이지 www.ohatendori.com

MAPECODE 02014

구우쿠우 くうーくうー

맛있는 가츠동 전문점

덮밥 전문점으로 돈카쓰 덮밥인 가츠동과 새우튀김 덮밥이 대표 메뉴다. 덮밥 위에 올라가는 튀김 등의 토핑, 그리고 카레나 하이라이스를 추가로 주문할 수 있고 밥의 양도 조절할 수 있다. 하지만 오오모리(밥 많이)로 주문을 하면 돈카쓰와 밥의 비율이 맞지 않아 자칫 맨밥을 먹을 수도 있으니 추가 토핑이나 카레를 같이 시켰을 경우에만 밥을 더 주문하자. 회나 꼬치구이도 팔지만 맛은 떨어지므로 여기서는 덮밥과 정식만 주문하자.

주소 大阪府大阪市北区曽根崎2-7-11 第一梅新会館 위치 오하텐도리 남쪽 입구에서 한 블록 지나 좌측에 위치 전화 06-6364-5130 시간 월~목 11:00~24:00, 금・토 17:00~01:00, 일 17:00~23:00 추천 메뉴 히가와데이쇼쿠(日替定食, 정식) 500엔

MAPECODE 02015

도리조우 鳥長

우메다에서 닭 요리로 가장 유명한 곳

닭 요리 전문점으로 이 지역에서 닭 요리로 가장 유명하고 맛있는 곳이다. 숯불구이 꼬치구이, 닭튀김이 대표 메뉴다. 닭고기 덮밥도 판매하고 있다. 점심 때는 과하지 않게 다른 곳에서 맛볼 수 없는 닭고기 덮밥을 추천한다. 닭고기를 좋아하는 사람이라면 꼭 한번 들러보자.

주소 大阪府大阪市北区曽根崎2-10-12 위치 오하텐도리 북쪽 입구에서 안쪽으로 좌측에 위치 전화 06-6315-8019 시간 월~토 17:30~23:30 일 17:00~23:00, 월~금 점심 11:30~14:30 추천 메뉴 코우틴베타 소리모리아와세(コーチン ペタ・ソリ盛り合わせ, 닭 요리) 800엔, 모모니쿠노타타키(もも肉のたたき, 조금 덜 익힌 닭고기) 1200엔

화이티 우메다 WHITY 梅田

우메다 지하 대형 쇼핑센터

우메다의 지상에는 명품 전문 매장이나 음식점이 즐비한 상점가, 그리고 상업 지구가 꽉꽉 들어차 있다면, 지하에는 화이티 우메다라는 쇼핑센터가 그물망처럼 연결되어 있다. 우리나라 고속터미널 지하상가와 비슷하다. 대부분의 지하철과 바로 연결이 되어 있어서 찾기 어렵지는 않지만, 출퇴근 시간에는 유동 인구가 많아 복잡한 편이다.

위치 미도스지(御堂筋)센 우메다(梅田) 역과 바로 연결 / 다니마치(谷町)센 히가시 우메다(東梅田) 역과 바로 연결 / 한큐(阪急)센 우메다 역과 지하로 연결 / JR센 오사카(大阪) 역과 지하로 연결 / 한신(阪神)센 우메다 역과 지하로 연결 시간 쇼핑 매장 10:00~21:00, 레스토랑 10:00~22:00 홈페이지 whity.osaka-chikagai.jp

한큐 3번가 阪急三番街

한큐 우메다 역사 내 종합 쇼핑센터

한큐 3번가의 쇼핑센터는 한큐 우메다 역의 역사와 함께한다. 한큐 우메다 역의 3층은 지하철 플랫폼이고 지상 2층부터 지하 2층까지 쇼핑 매장과 레스토랑으로 구성되어 있다. 과거에는 한큐 3번가가 가장 유명해서 많은 관광객이 쇼핑을 하기 위해 찾았지만 지금은 관광객들에게 외면을 받고 있다. 화이티 우메다와 마찬가지로 지하 매장이 형성되어 있지만 가격이 저렴하다는 것을 제외하고는 내세울 만한 특징이 없는 것이 사실이다. 최근 리모델링을 통해 다시 태어났지만 아직까지는 많은 현지인과 외국 관광객들에게 주목을 받지 못하고 있다.

위치 미도스지(御堂筋)센 우메다(梅田) 역과 바로 연결 / 한큐(阪急)센 우메다 역과 바로 연결 시간 쇼핑 매장 10:00~21:00, 레스토랑 10:00~23:00 홈페이지 www.h-sanbangai.com

MAPECODE 02018

그랑 프론토 오사카 Grand Front Osaka

우메다 최고 인기 대형 쇼핑몰

2013년 4월 26일 JR 오사카 역 북쪽에 새로 오픈한 그랑 프론토 오사카는 상업 시설관(타워 A), 남관(타워 B), 북관(타워 C)으로 나뉜 대형 쇼핑몰 겸 상업 시설 건물이다. 고급 명품 브랜드의 상점 때문에 많은 사람들이 찾고 있을 뿐만 아니라 빌딩의 7층에 위치한 다양한 음식점들로 저녁이 되면 많은 일본인과 관광객들이 찾아 북새통을 이루는 곳이다. 극장, 호텔, 여러 상업 시설들이 입주해 있으며 JR 오사카 역 남쪽 2층과 구름다리로 연결이 돼 있어 주말에는 빈 공간이 없을 정도로 많은 사람들이 찾는 곳이다. 한국 관광객들은 대부분 남관의 7층 레스토랑을 찾기 위해 많이 방문을 하는데 정오나 저녁 6시 이후에는 긴 줄을 서야 하므로 이 시간대를 피해서 방문하자. 최근에는 MONSTER ICE라는 빙수가게가 남관 7층에 오픈을 하면서 대기 줄이 50m까지 되는 경우도 있는데 Take Out 줄이 상대적으로 빨리 빠지므로 꼭 이곳을 방문하고 싶다면 줄 선택을 잘하도록 하자. 또한 상업 시설에 세계 맥주 & 와인 박물관이 있어 술에 관심이 있는 사람이라면 이곳도 재미있게 즐길 수 있는 곳이다.

주소 大阪市北区大深町4-1 위치 JR 오사카 역 북쪽 출구 2층과 구름다리로 연결 시간 쇼핑 매장 11:00~21:00, 레스토랑 11:00~23:00 홈페이지 www.grandfront-osaka.jp

---

칸타로 函太郎

우메다 지역에서 손꼽히는 회전 초밥

우메다의 그랑 프론토 오사카에 위치한 이곳은 회가 두껍고 식재료가 신선해 한 번 찾은 관광객이라면 잊을 수 없는 곳이다. 점심과 저녁 피크 타임만 지나면 매장이 넓어 오래 기다리지 않아도 된다. 자리에 앉으면 한국어로 된 전자식 메뉴판이 있어 일본어를 모르는 사람도 맘껏 편하게 맛있는 초밥을 먹을 수 있다. 단, 가격이 다른 회전 초밥집보다는 조금 더 비싸니 참고하도록 하자.

주소 大阪府大阪市北区大深町4-20 グランフロント大阪南館 7F 위치 그랑 프론토 오사카 남관 7층 전화 06-6485-7168 시간 11:00~23:00 요금 한 접시당 135엔~ 홈페이지 www.hk-r.jp

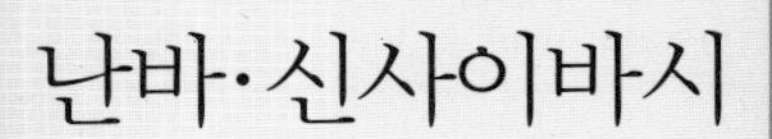

난바·신사이바시

難波·心斎橋

Nanba·Shinsaibashi

오사카 최고의 관광 지역

난바·신사이바시 지역은 쇼핑과 먹거리의 천국으로 오사카 최고의 관광 지역이다. 오사카 남부 교통의 중심지인 난바 역과 상업 지구가 발달한 신사이바시 역 주변에는 수많은 쇼핑 상점과 음식점이 늘어서 있다. 혼마치 역부터 신사이바시 역을 지나 도톤보리까지 이어지는 신사이바시스지 상점가, 도톤보리에서 난바 역까지 이어지는 에비스바시 상점가, 난바 동쪽에 위치한 난카이도리 상점가, 도톤보리에서 덴덴타운까지 이어지는 센니치마에 상점가는 최고의 인기 쇼핑 지역일 뿐 아니라 먹거리로도 아주 유명하다. 난카이센 난바 역 뒤쪽으로 전자제품과 프라모델로 유명한 덴덴타운까지 자리 잡고 있어 오사카 일정의 대부분을 이 지역에서 보내도 시간이 부족할 정도다. 최근에는 난카이센 난바 역에서 신사이바시 역까지 곧게 뻗은 미도스지도리에 해외 명품 숍 단독 매장이 줄줄이 오픈하면서 우메다 역 중심의 명품 쇼핑족들이 이곳을 찾고 있다. 또한 난카이센 난바 역 뒤쪽의 난바 시티와 난바 파크스의 공사가 완료되어 더욱 오사카 최고의 쇼핑가로서 자리를 굳히고 있다.

Access

1 간사이 공항에서 난카이南海센을 이용하여 난카이 난바南海難波 역 도착 (공항 급행 이용, 920엔, 소요 시간 50분)

2 우메다 역에서 미도스지御堂筋센을 이용하여 미도스지 난바御堂筋難波 역 도착 (빨간색 미도스지센, 240엔, 소요 시간 15분)

난바 · 신사이바시 BEST

1 ZARA나 H&M과 경쟁을 벌이는 신흥 SPA 패션 브랜드 GU

2 핫한 패션 아이템으로 떠오르는 바오바오백 이세이 미야케

3 가격은 조금 높지만 재료의 신선도와 맛으로 승부하는 이치바 스시

4 먹거리가 풍부한 난바·신사이바시의 대표 거리 도톤보리

Travel Tips

난바·신사이바시 지역은 낮에는 쇼핑 인파로 북적거리며 저녁에는 식당과 술집마다 늦은 시간까지 현지인과 관광객들이 붐비는 곳이다. 밤 늦도록 즐길 거리가 많으므로 이 주변으로 숙소를 예약하면 좋다. 초행길인 경우에는 대부분의 숙소에서 지도를 무료로 얻을 수 있으므로 꼭 지참하도록 하자.

아카창 혼포
アカチャンホンポ
혼마치 역
本町
사카이 스지센 혼마치 역
堺筋線 本町
미오르 탄바 키친
MIOR TANBA KITCHEN
신사이바시 북쪽 상점가
北心斎橋筋商店街
미도스지도리 御堂筋通
바오바오백 이세이 미야케
ELTTOB TEP Issey Miyake
나가호리도리
長堀通
빌라 폰테뉴 신사이바시
Villa Fontaine Shinsaibashi
호텔 트러스티 신사이바시
Hotel Trusty Shinsaibashi
하튼호텔 미나미 센바
Hearton Hotel Minami Senba
도큐 한즈
TOKYU HANDS
네스트 호텔
오사카 신사이바시
Nest Hotel Osaka
Shinsaibashi
신사이바시 역
心斎橋
나가호리바시 역
長堀橋
당케 신사이바시
ダンケ 心斎橋
B&C 호텔 선플레이 인 나가호리
B&C Hotel Sunplay Inn Nagahori
베스트 웨스턴 호텔 피노 오사카 신사이바시
Best Western Hotel Fino Osaka Shinsaibashi
아크 호텔 오사카
Ark Hotel Osaka
뉴 오사카 호텔 신사이바시
New Osaka Hotel Shinsaibashi
닛코 오사카 호텔
Nikko Osaka Hotel
플렉스테이 신사이바시 인
Flexstay Shinsaibashi
요쓰바시 역
四ツ橋
오테미치 역
大手町
르 프리미어 카페 인
Le Premier Cafe in ビギ・ファースト
다이마루 백화점
大丸百貨店
비타메이르

난바 · 신사이바시
구로몬 시장
黒門市場
비즈니스 호텔 닛세이
Business Hotel Nissei
덴덴타운
DENDENTOWN
다이닝 아지토
DINING あじと
센니치마에 도구야스지
알리오리 쿠치나
Alioli Cucina
피체리아 산트 안젤로
PIZZERIA SANT ANGELO
KYK 돈카쓰
KYKとんかつ
난바 시티
NAMBA CITY
난바 시티 지하
무지
MUJI
하브스 난바 파크스점
토리 노 마이
Tori no Mai
베이글 앤 베이글
난바 파크스
NAMBA PARKS
다카시마야 백화점
스위소텔 난카이 오사카
Swissotel Nankai Osaka
이치에이 호텔
Hotel Ichiei
마루이 백화점
난바 오리엔탈 호텔
Namba Oriental Hotel
빅쿠 카메라
미도스지 호텔
Midosuji Hotel
퍼스트 캐빈 미도스지 난바
First Cabin Midousuji-Namba
레드 루프 플러스 오사카 난바
Red Roof Plus Osaka Namba
비즈니스 인 센니치마에 호텔
Business Inn Sennichimae Hotel
호텔 선루트 오사카 난바
Hotel Sunroute Osaka Namba
크레페리아 신사이인
난바 힙스
NAMBA HIPS
미즈노
美津の
에비스바시
가네요시 료칸
Kaneyoshi Ryokan
지유오
야마토야 호텔
Yamatoya Hotel
크로스오버 호텔
Crossover Hotel
오사카 후지야 호텔
Osaka Fujiya Hotel
홀리데이 인 오사카 난바
Holiday Inn Osaka Namba
호텔 이비스 스타일 오사카
Hotel Ibis Styles Osaka
테이블 카페 크로스 호텔 오사카
TABLES CAFE CROSS HOTEL OSAKA
크로스 호텔 오사카
CROSS HOTEL OSAKA
섹스 머신
SEX MACHINE
도톤보리 호텔
Dotonbori Hotel
한국 총영사관
북극성
北極星
스탠다드 북 스토어
아로우 호텔 오사카
Arrow Hotel Osaka
오사카 테이코쿠 호텔
Osaka Teikoku Hotel
도미인 신사이바시
Dormy Inn Shinsaibashi
JR난바 역
호텔 몬터레이 그래스미어 오사카
Hotel Monterey Grasmere Osaka

반나절 베스트 코스

약 6시간 소요
난바·신사이바시 중심 상점가 위주의 짧은 일정으로 여행 일정이 짧은 관광객들에게 추천한다.

- **신사이바시스지 남쪽 상점가** – 오사카 남쪽 최대의 쇼핑 지역
- 도보 1분
- **도톤보리** – 먹거리 천국

하루 베스트 코스

약 9시간 소요
난바·신사이바시 지역을 대부분 둘러볼 수 있는 일정이다. 3박 4일 정도의 일정으로 오사카를 여행하는 이들에게 추천한다.

- **신사이바시스지 북쪽 상점가** – 먹거리가 풍부한 쇼핑 지역
- 도보 10분
- **신사이바시스지 남쪽 상점가** – 오사카 남쪽 최대의 쇼핑 지역
- 도보 15분
- **도톤보리** – 먹거리 천국
- 도

1박 2일 베스트 코스

1일 – 약 9시간 소요
4박 5일 이상의 여행이라면 난바·신사이바시 1박 2일 코스를 추천한다. 첫날에는 난바·신사이바시의 핵심 지역을 중심으로 관광하자.

- **신사이바시스지 북쪽 상점가** – 먹거리가 풍부한 쇼핑 지역
- 도보 1분
- **신사이바시스지 남쪽 상점가** – 오사카 남쪽 최대의 쇼핑 지역
- 도보 1

2일 – 약 8시간 소요
두 번째 날에는 백화점과 종합 쇼핑몰 위주로 쇼핑하며 난바·신사이바시 지역을 조금은 여유 있게 둘러보자.

- **다이마루 백화점** – 신사이바시 최대 규모의 백화점
- 도보 1분
- **미도스지도리** – 신흥 명품 거리
- 도보 1

난바·신사이바시 지역은 넓기 때문에 계획을 잘 세워야 빠놓지 않고 다 둘러볼 수 있다. 신사이바시 역부터 관광을 시작한다면 '신사이바시 상점가 → 도톤보리 → 센니치마에 → 난카이도리 → 에비스바시' 순으로 시계 방향으로 둘러보고 난바 지역부터 관광을 시작한다면 '난카이도리 → 센니치마에 → 도톤보리 → 신사이바시 상점가 → 미도스지도리 → 에비스바시' 순으로 반시계 방향으로 둘러보자.

MAPECODE 02101

신사이바시스지 心斎橋筋

남부 지역 최대의 쇼핑 지역

신사이바시스지 상점가心斎橋筋 商店街는 나가호리도리長堀通의 신사이바시心斎橋 역을 중심으로 혼마치本町 역까지 이어지는 북쪽 상점가와 도톤보리道頓堀까지 이어지는 남쪽 상점가로 구분된다.

남쪽 상점가는 유동 인구가 가장 많은 상점가로, 관광객들에게 가장 잘 알려져 있으며 대형 상점들과 백화점 그리고 신세대들이 좋아하는 브랜드 매장들이 자리잡고 있다.

북쪽 상점가는 오래된 상점이 많으며 관광객들에게는 잘 알려져 있지 않으나 몇몇 보석 같은 상점과 음식점들이 있다. 많은 한국 여행객이 신사이바시 역을 기점으로 난바 역 방향인 신사이바시스지 남쪽 상점가를 우선적으로 여행 일정에 넣지만 남쪽

상점가 못지않게 볼거리가 많으며, 마루가메세멘丸亀 製麺이나 아카창 혼포アカチャンホンポ와 같은 인기 음식점과 상점이 자리하고 있다.

위치 신사이바시 역 남 10번 출구로 나오면 신사이바시 남쪽 상점가가 도톤보리까지 이어진다. 북 8번 출구로 나오면 신사이바시 북쪽 상점가가 혼마치 역까지 이어진다.

남쪽 상점가

MAPECODE 02102

H&M

도톤보리에 위치한 초대형 건물의 SPA 브랜드

ZARA, 유니클로와 더불어 대표적인 SPA 브랜드인 H&M은 유동 인구가 많은 도톤보리 신사이바시 상점가에서 도톤보리로 가는 길목에 입점해 있다. 도톤보리 다리 양쪽의 대형 건물 전체가 모두 H&M이다. 최신 유행 아이템을 빠르게 구매할 수 있고 제품도 다양하며 비교적 저렴해 젊은이들에게 많은 사랑을 받고 있다.

주소 大阪市中央区心斎橋筋1丁目9番1号 위치 신사이바시 남쪽 상점가에서 도톤보리로 넘어가는 다리 양옆 건물 전화 06-6258-4113 시간 10:00~21:00 홈페이지 www.hm.com/jp

MAPECODE 02103

고쿠민 コクミン

일본의 대표적인 드러그 스토어

마쓰모토 키요시처럼 각종 미용, 화장품, 여성용품, 의약품을 판매하는 드러그 스토어이다. 가격은 마쓰모토 기요시보다 좀 더 저렴하지만 종류가 더 적고 제품마다 품질 및 용량에 따라 할인 폭의 차이가 있다. 가끔 헤어 제품, 기초 화장품, 에센스 등을 고쿠민 쇼핑백에 넣어 복불복 패키지도 판매하고 있으니 운 좋으면 대박 상품도 저렴하게 구입할 수 있다.

주소 大阪府大阪市中央区心斎橋筋2-8-5 위치 신사이바시 남쪽 상점가 남쪽 입구에서 세 번째 블록 중간 좌측에 위치 전화 06-6214-2030 시간 10:00~22:00 홈페이지 www.kokumin.co.jp

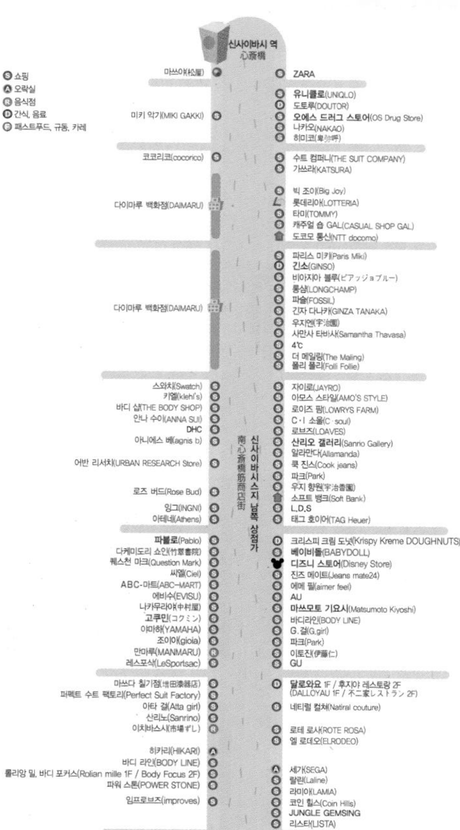

S 쇼핑
A 오락실
R 음식점
D 간식, 음료
F 패스트푸드, 규동, 카레
신사이바시 역
心斎橋
마쓰야(松屋)
ZARA
미키 악기(MIKI GAKKI)
유니클로(UNIQLO)
도토루(DOUTOR)
오에스 드러그 스토어(OS Drug Store)
나카오(NAKAO)
히미코(卑弥呼)
코코리코(cocorico)
수트 컴퍼니(THE SUIT COMPANY)
가쓰라(KATSURA)
다이마루 백화점(DAIMARU)
빅 조이(Big Joy)
롯데리아(LOTTERIA)
타미(TOMMY)
캐주얼 숍 GAL(CASUAL SHOP GAL)
도코모 통신(NTT docomo)
다이마루 백화점(DAIMARU)
파리스 미키(Paris Miki)
긴소(GINSO)
비아지아 블루(ビアッジョブルー)
롱샴(LONGCHAMP)
파슬(FOSSIL)
긴자 다나카(GINZA TANAKA)
우지엔(宇治園)
사만사 타바사(Samantha Thavasa)
4℃
더 메일링(The Mailing)
폴리 폴리(Folli Follie)
스와치(Swatch)
키엘(kiehl's)
바디 샵(THE BODY SHOP)
안나 수이(ANNA SUI)
DHC
아니에스 베(agnis b)
어반 리서치(URBAN RESEARCH Store)
로즈 버드(Rose Bud)
잉그(INGNI)
아테네(Athens)
자이로(JAYRO)
아모스 스타일(AMO'S STYLE)
로이즈 팜(LOWRYS FARM)
C·I 소울(C·soul)
로브즈(LOAVES)
산리오 갤러리(Sanrio Gallery)
알라만다(Allamanda)
쿡 진스(Cook jeans)
파크(Park)
우지 향원(宇治香園)
소프트 뱅크(Soft Bank)
L.D.S
태그 호이어(TAG Heuer)
南心斎橋筋商店街
신사이바시스지 남쪽 상점가
파블로(Pablo)
다케미도리 쇼인(竹翠書院)
퀘스천 마크(Question Mark)
씨엘(Ciel)
ABC-마트(ABC-MART)
에비수(EVISU)
나카무라야(中村屋)
고쿠민(コクミン)
야마하(YAMAHA)
조이아(gioia)
만마루(MANMARU)
레스포삭(LeSportsac)
크리스피 크림 도넛(Krispy Kreme DOUGHNUTS)
베이비돌(BABYDOLL)
디즈니 스토어(Disney Store)
진즈 메이트(Jeans mate24)
에메 필(aimer feel)
AU
마쓰모토 기요시(Matsumoto Kiyoshi)
바디라인(BODY LINE)
G.걸(G.girl)
파크(Park)
이토진(伊藤仁)
GU
마쓰다 칠기점(増田漆器店)
퍼펙트 수트 팩토리(Perfect Suit Factory)
아타 걸(Atta girl)
산리노(Sanrino)
이치바스시(市場ずし)
달로와요 1F / 후지야 레스토랑 2F
(DALLOYAU 1F / 不二家レストラン 2F)
네티럴 컬처(Natiral couture)
로테 로사(ROTE ROSA)
엘 로데오(ELRODEO)
히카리(HIKARI)
바디 라인(BODY LINE)
롤리앙 밀, 바디 포커스(Rolian mille 1F / Body Focus 2F)
파워 스톤(POWER STONE)
임프로브즈(improves)
세가(SEGA)
랄린(Laline)
라미아(LAMIA)
코인 힐스(Coin Hills)
JUNGLE GEMSING
리스타(LISTA)
세이카(Seika)
다이코쿠야(大黒屋)
다이코쿠야(大黒屋)
라자르 다이아몬드(THE LAZARE DIAMOND)
MPO
mpd
세실 맥비(CECIL McBEE)
맥도날드(McDONALD'S)
마쓰모토 기요시(Matsumoto Kiyoshi)
H&M
펫 파라다이스(PET PARADISE)
퀘스천 마크 제리 걸(Question Mark Jerry Girl)
나카누키야(ナカヌキヤ)
ZARA
말라이카(MALAIKA)
토키아(TOKIA)
파스텔(Pastel)
니시야마 마키(MISCH MASCH)
엑셀시오르 카페(EXCELSIOR CAFFE)
캐서린 로스(Katharine Ross)
시크(CHIC)
미쓰야(心斎橋ミツヤ)
아타 걸(atta girl)
에메 필(aimer feel)
NTT-도코모(NTT-DOCOMO)
러시(LUSH)
만화당(万華堂)
H&M
← 도톤보리 →
道頓堀

MAPECODE 02104

마쓰모토 기요시 Matsumoto Kiyoshi

도톤보리 최고 인기 드러그 스토어

마쓰모토 기요시는 각종 미용에 관련된 상품과 여성용품 그리고 간단한 의약품까지 판매하는 드러그 스토어다. 우리나라의 올리브영, 왓슨스와 비슷한 콘셉트인데, 매장 규모가 크고 상품의 종류도 훨씬 다양하다. 고쿠민도 비슷한 판매 형태의 상점인데 가격은 고쿠민이, 종류는 마쓰모토 기요시가 좀 더 다양하다. 신사이바시 역 쪽으로 올라가면 또 다른 지점이 있는데 이곳이 규모가 크고 더 다양한 화장품 및 잡화 제품을 저렴하게 구매할 수 있으니 참고하자.

주소 大阪市中央区心斎橋筋2-5-5 위치 신사이바시 남쪽 상점가에서 남쪽 입구에 위치 전화 06-6212-5355 시간 10:00~21:30 홈페이지 www.matsukiyo.co.jp

MAPECODE 02105

오에스 드러그 스토어 OS Drug Store

미용과 다이어트 제품을 판매하는 드러그 스토어

오사카에 가면 마쓰모토 기요시와 고쿠민 같은 대형 체인 드러그 스토어를 심심치 않게 볼 수 있는데 OS 드러스 스토어는 미용과 다이어트 제품에 초점을 맞춘 전문 스토어이다. 특히 다이어트 제품을 찾는 사람들이 많아 항상 사람들로 붐빈다. 제품의 종류는 많은데 수량이 많지 않으므로 오후에 가면 원하는 물건을 구매하기 어려울 수도 있다. 단점은 카드 결제가 되지 않고 무조건 현금만 결제 가능해 면세 해택을 받지 못한다는 점이다. 하지만 다른 드러그 스토어에선 볼 수 없는 전문 제품들이 많으므로 다이어트에 관심이 있다면 꼭 들러 보자.

주소 大阪市中央区心斎橋筋1丁目2-15 위치 신사이바시 남쪽 상점가 북쪽 입구에서 첫 번째 블록 좌측에 위치 전화 06-6251-2500 시간 09:30~20:30 홈페이지 www.osdrug.com

MAPECODE 02106

GU

새롭게 떠오르는 SPA 브랜드의 다크호스

ZARA, 유니클로, H&M이 주도하고 있는 저가의 대중적인 시장에 뛰어든 후발주자 GU는 더 저렴하고 다양한 아이템, 개성 있는 디자인으로 점차 시장성을 인정받고 있다. 아직까지는 대형 브랜드에 밀리고 있지만 점포를 확장해 가고 있으며 국내에서는 구매하기 힘든 브랜드여서 한국 관광객들에게도 점점 인기를 끌고 있다.

주소 大阪市中央区心斎橋筋2-1-17 위치 신사이바시 남쪽 상점가에서 남쪽 입구에서 세 번째 블록 입구에 위치 전화 06-6484-3304 시간 11:00~21:00 홈페이지 www.gu-japan.com

MAPECODE 02107

베이비돌 BABYDOLL

아이를 위한 센스쟁이 부모들의 선호 브랜드

스타베이션 브랜드는 우리나라에 매장이 없어 일본에서만 구입할 수 있는 제품인데 디자인과 실용성 둘 다 만족스러워 한국 부모들이 가장 관심 있어 하는 상품이다. 또한 디즈니 사와 계약하여 아이들 옷과 잡화 제품에 디즈니 캐릭터를 이용한 한정적인 특별 상품을 출시하였는데 이런 특별판들이 가장 인기를 끄는 요소는 우리나라에서는 구매를 직접 할 수 없어 우리 아이만의 특별한 옷을 준비하고 싶은 부모들의 심리 때문인 듯하다.

주소 大阪府大阪市中央区心斎橋筋2-1-24 マツバラビル1F 위치 신사이바시 남쪽 상점가 남쪽 입구에서 세 번째 블록 우측에 위치 전화 06-6121-6282 시간 11:00~21:00 홈페이지 www.starvations.com

MAPECODE 02108

유니클로 UNIQLO

신사이바시에서 고전하고 있는 SPA 브랜드

대중적으로 인기 있는 저가 브랜드 의류 전문 매장이다. 바로 앞에 ZARA가 생기기 전에는 가장 많은 사람이 찾는 매장이었지만 지금은 ZARA와 GU에 많은 고객을 내주었다. 하지만 최근에는 디즈니와 제휴를 하여 아이들 뿐만 아니라 여성을 타깃으로 한 디즈니 캐릭터 디자인 상품들을 출시해 다시 한 번 재도약을 노리고 있다. 일반 디즈니 매장의 의류보다 실용성이 더 뛰어나니 캐릭터에 관심 있는 관광객들은 들러 보자.

주소 大阪市中央区心斎橋筋1-2-17 B1-4F 위치 신사이바시 남쪽 상점가 북쪽 입구에서 두 번째 블록 좌측에 위치 전화 06-4963-9172 시간 11:00~21:00 홈페이지 www.uniqlo.com

MAPECODE 02109

ZARA

신사이바시 상점가의 얼굴

신사이바시 역이 있는 나가호리도리 대로변에 위치하고 있어 역에서 지상으로 올라오면 가장 먼저 보이는 대형 매장이다. 가격대는 다른 경쟁 브랜드보다 좀 더 비싼 편이지만 SPA 브랜드의 원조격이어서 마니아들이 많이 찾고 있다. 신사이바시 남쪽 상점가의 도톤보리 쪽에 작은 매장을 하나 더 오픈하였고 유니클로, GU 그리고 H&M과의 치열한 경쟁 속에서 꿋꿋이 버티고 있다. 신사이바시 입구 쪽에 위치하여 항상 사람들이 많으니 여유 있는 쇼핑을 즐기려면 오전에 방문하도록 하자.

주소 大阪市中央区心斎橋筋2-3-25 위치 신사이바시 남쪽 상점가 북쪽 입구 좌측에 위치 전화 06-4708-2131 시간 월~목, 일 11:00~20:30 / 금, 토 11:00~21:00 홈페이지 www.zara.com/jp

MAPECODE 02110

디즈니 스토어 DESNEY STORE

디즈니 캐릭터의 모든 것

월트디즈니의 모든 캐릭터 제품을 만날 수 있는 곳으로 의류, 잡화, 쿠키까지 많은 제품들을 다양하게 구입할 수 있어 어린 자녀를 둔 부모들에게 인기가 높다. 도쿄의 경우는 디즈니 리조트에서 많은 제품을 판매하지만 오사카에서는 이곳이 가장 큰 매장이다. 최근에는 〈겨울왕국〉 캐릭터가 큰 인기를 끌어 다양한 패키지 제품들이 나와 있으니 우리나라에서 구하지 못하는 특별 상품들을 만나볼 수 있다.

주소 大阪府大阪市中央区心斎橋筋 2-1-23 위치 신사이바시 남쪽 상점가 남쪽 입구에서 세 번째 블록 우측에 위치 전화 06-6213-3932 시간 11:00~21:00 홈페이지 www.disneystore.co.jp

MAPECODE 02111

산리오 갤러리 SANRIO GALLERY

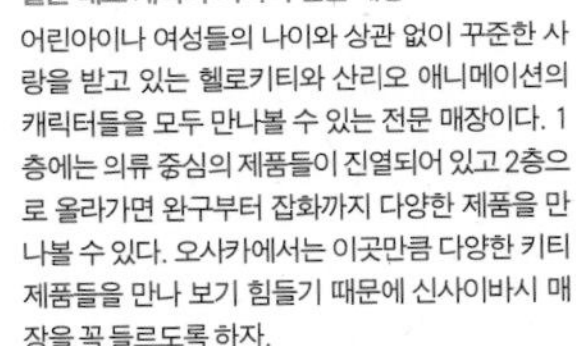

일본 대표 캐릭터 키티의 전문 매장

어린아이나 여성들의 나이와 상관 없이 꾸준한 사랑을 받고 있는 헬로키티와 산리오 애니메이션의 캐릭터들을 모두 만나볼 수 있는 전문 매장이다. 1층에는 의류 중심의 제품들이 진열되어 있고 2층으로 올라가면 완구부터 잡화까지 다양한 제품을 만나볼 수 있다. 오사카에서는 이곳만큼 다양한 키티 제품들을 만나 보기 힘들기 때문에 신사이바시 매장을 꼭 들르도록 하자.

주소 大阪市中央区心斎橋筋1-5-21 위치 신사이바시 남쪽 상점가 남쪽 입구에서 네 번째 블록 우측에 위치 전화 06-6258-9804 시간 11:00~20:30 홈페이지 www.sanrio.co.jp

MAPECODE 02112

파블로 Pablo

신사이바시 최고 인기의 치즈타르트를 맛보다

아침 오픈 시간을 제외하고는 줄을 서지 않으면 구매가 힘들 정도로 인기가 있는 치즈타르트 전문점 파블로는 오픈 키친으로 되어 있어 줄을 서도 지루하지 않게 기다릴 수 있다. 한 개를 구매하면 서너 명이서 나눠 먹을 수 있을 정도로 양이 충분하다. 구매하자마자 바로 먹는 것이 가장 맛있으며 남는 것은 다음날 아침 식사 대용으로도 좋으니 꼭 사서 맛보자.

주소 大阪府大阪市中央区心斎橋筋2-8-1 心斎橋ゼロワンビル 1F 위치 신사이바시 남쪽 상점가 남쪽 입구에서 세 번째 블록 좌측 끝 전화 0120-398-033 시간 10:00~23:00 홈페이지 www.pablo3.com

MAPECODE 02113

달로와요 DALLOYAU

달콤한 디저트를 다양하게 만날 수 있는 곳

달콤한 디저트를 먹은 어린아이 얼굴의 캐릭터가 인상적인 이곳은 수제 쿠키, 케이크, 각종 음료를 판매하는 베이커리다. 수제 초콜릿으로도 유명해서 화이트 데이나 발렌타인 데이에는 더 다양한 특별 상품을 판매한다. 하지만 가격이 비싸고 양이 적은 편이다. 또한 여름에는 초콜릿 포장 판매를 하지 않을 때도 있으니 참고하자.

주소 大阪府大阪市中央区心斎橋筋2-2-23 위치 신사이바시 남쪽 상점가 남쪽 입구에서 두 번째 블록 북쪽 끝에 위치 전화 06-6211-1155 시간 월~토 10:00~22:00 / 일 10:00~21:00 홈페이지 www.dalloyau.co.jp

MAPECODE 02114

긴소 GINSO

부드러운 카스테라와 아이스크림으로 유명한 곳

카스테라와 롤케이크, 생크림 빵이나 아이스크림이 든 모찌가 인기 있는 곳이다. 앙고모찌를 선물용으로 많이들 사 가는데, 유통 기한이 짧고 아이스크림이 들어간 제품은 살 수 없으니 사서 바로 먹어야 한다. 여름에는 아이스크림이 들어간 제품은 냉동실에 따로 보관을 하므로 점원에게 이야기해야만 구입할 수 있다.

주소 大阪府大阪市中央区心斎橋筋1-4-24 위치 신사이바시 남쪽 상점가에서 남쪽 입구에서 다섯 번째 블록 우측 끝에 위치 전화 06-6245-0021 시간 월~금 11:00~19:30 / 토,일 10:00~19:30 홈페이지 www.ginso.co.jp

MAPECODE 02115

엑셀시오르 카페 EXCELSIOR CAFFE

도토루 커피 전문점의 야심작

오사카에서는 스타벅스보다 많은 체인점을 보유한 커피 전문점이다. 원두 맛이 강한 에스프레소나 아메리카노보다는 달콤한 커피 메뉴가 인기가 좋다. 오전에는 브런치 세트도 판매하며, 파니니가 인기가 좋으므로 커피 한잔과 맛있는 파니니를 곁들인 브런치를 즐겨 보자.

주소 大阪府大阪市中央区心斎橋筋2-3-23 위치 신사이바시 남쪽 상점가 남쪽 입구에서 도보 1분 전화 06-6214-5440 시간 월~금 07:30~22:30, 토 08:00~23:00, 일 08:00~22:30 홈페이지 www.doutor.co.jp/exc

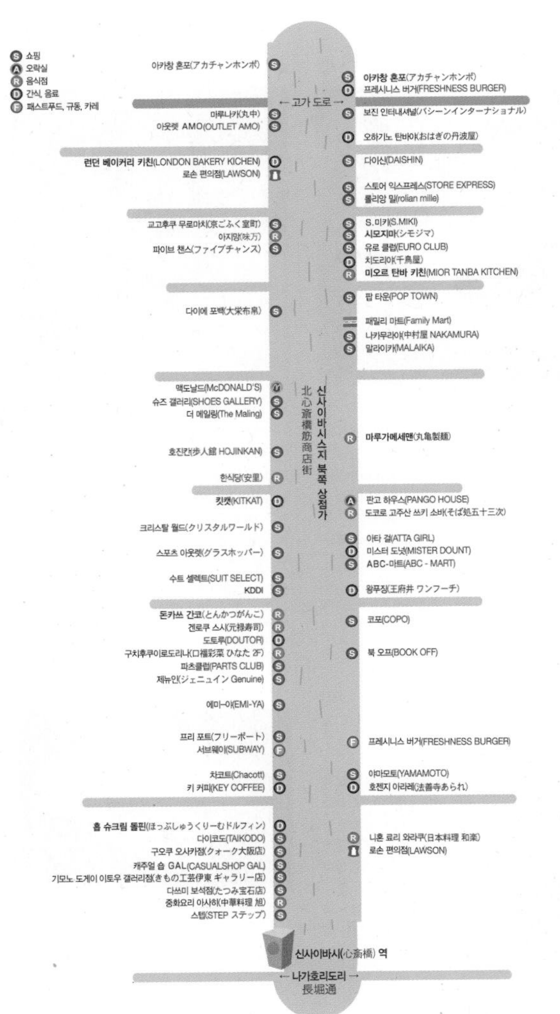

S 쇼핑
A 오락실
R 음식점
D 간식, 음료
F 패스트푸드, 규동, 카레
아카창 혼포(アカチャンホンポ)
아카창 혼포(アカチャンホンポ)
프레시니스 버거(FRESHNESS BURGER)
← 고가 도로 →
마루나카(丸中)
아웃렛 AMO(OUTLET AMO)
보진 인터내셔널(バシーンインターナショナル)
오하기노 탄바야(おはぎの丹波屋)
런던 베이커리 키친(LONDON BAKERY KICHEN)
로손 편의점(LAWSON)
다이신(DAISHIN)
스토어 익스프레스(STORE EXPRESS)
롤리앙 밀(rolian mille)
교고후쿠 무로마치(京ごふく室町)
아지망(味万)
파이브 챈스(ファイブチャンス)
S.미키(S.MIKI)
시모지마(シモジマ)
유로 클럽(EURO CLUB)
치도리야(千鳥屋)
미오르 탄바 키친(MIOR TANBA KITCHEN)
팝 타운(POP TOWN)
다이에 포백(大栄布帛)
패밀리 마트(Family Mart)
나카무라야(中村屋 NAKAMURA)
말라이카(MALAIKA)
맥도날드(McDONALD'S)
슈즈 갤러리(SHOES GALLERY)
더 메일링(The Maling)
신사이바시스지 북쪽 상점가
北心斎橋筋商店街
마루가메세멘(丸亀製麺)
호진칸(歩人館 HOJINKAN)
한식당(安里)
킷캣(KITKAT)
판고 하우스(PANGO HOUSE)
도코로 고주산 쓰키 소바(そば処五十三次)
크리스탈 월드(クリスタルワールド)
아타 걸(ATTA GIRL)
스포츠 아웃렛(グラスホッパー)
미스터 도넛(MISTER DOUNT)
ABC-마트(ABC - MART)
수트 셀렉트(SUIT SELECT)
KDDI
왕푸징(王府井 ワンフーチ)
돈카쓰 간코(とんかつがんこ)
겐로쿠 스시(元禄寿司)
도토루(DOUTOR)
구치후쿠이로도리나(口福彩菜 ひなた 2F)
파츠클럽(PARTS CLUB)
제뉴인(ジェニュイン Genuine)
코포(COPO)
북 오프(BOOK OFF)
에미-야(EMI-YA)
프리 포트(フリーポート)
서브웨이(SUBWAY)
프레시니스 버거(FRESHNESS BURGER)
차코트(Chacott)
키 커피(KEY COFFEE)
야마모토(YAMAMOTO)
호젠지 아라레(法善寺あられ)
홉 슈크림 돌핀(ほっぷしゅうくりーむドルフィン)
다이코도(TAIKODO)
구오쿠 오사카점(クォーク大阪店)
캐주얼 숍 GAL(CASUALSHOP GAL)
기모노 도게이 이토우 갤러리점(きもの工芸伊東 ギャラリー店)
다쓰미 보석점(たつみ宝石店)
중화요리 아사히(中華料理 旭)
스텝(STEP ステップ)
니혼 료리 와라쿠(日本料理 和楽)
로손 편의점(LAWSON)
신사이바시(心斎橋) 역
← 나가호리도리 →
長堀通

MAPECODE 02116

킷캣 KITKAT

일본의 대중적인 초콜릿 브랜드

누구나 다 아는 초콜릿인 킷캣의 모든 제품을 저렴하게 구입할 수 있는 곳이다. 공항 면세점에서도 판매를 하고 있지만 다소 비싸기 때문에 가족이나 친지들 선물용으로 이곳에서 구입하는 것이 좋다. 또한 번들 상품을 더욱 싸게 살 수 있고 선물용 포장으로 된 묶음 제품도 구입할 수 있다.

주소 中央区南船場3-10-1 心斎橋筋商店街 위치 신사이바시 북쪽 상점가 남쪽 출구에서 세 번째 블록 끝 좌측에 위치 전화 06-6241-9124 시간 10:00~21:00 홈페이지 www.kitkat.com/jp

MAPECODE 02117

시모지마 シモジマ

신사이바시 지역에서 가장 큰 문구 잡화점

신사이바시 일대에서 가장 큰 문구 잡화점으로 우리나라의 아트박스 정도를 생각하면 된다. 제품의 종류도 다양하고 시모지마 만의 기획 상품도 준비가 되어 있어 보기만해도 즐거운 곳이다. 문구 및 잡화 그리고 인테리어 소품까지 모두 판매하고 있어 학생들과 함께 여행을 할 때 이곳에 들른다면 아마도 지갑이 가벼워질 것이다.

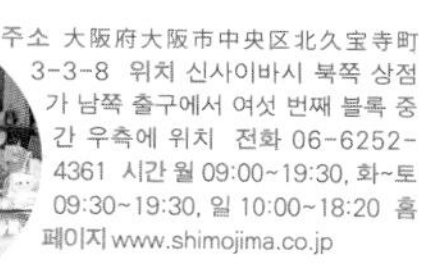

주소 大阪府大阪市中央区北久宝寺町3-3-8 위치 신사이바시 북쪽 상점가 남쪽 출구에서 여섯 번째 블록 중간 우측에 위치 전화 06-6252-4361 시간 월 09:00~19:30, 화~토 09:30~19:30, 일 10:00~18:20 홈페이지 www.shimojima.co.jp

MAPECODE **02118**

아카창 혼포 アカチャンホンポ

일본 최고의 유아용품 전문 백화점

우리나라 아기 엄마들에게도 잘 알려져 있는 아기 용품 전문 매장이다. 오사카에서 가장 큰 규모의 아기용품 매장으로 본관과 별관으로 나누어져 있다. 환율이 많이 떨어질 때에는 사재기하는 일이 많아서 한국어로 구매 수량 제한을 표기해 두기도 한다. 가격이 많이 저렴하여 쇼핑을 과하게 하는 경우도 있는데 한국으로 들고 가야 하는 어려움도 감안하여 필요한 물건들을 구입하도록 하자.

주소 大阪市中央区南本町3-3-21 위치 신사이바시 북쪽 상점가를 지나 고가도로 건너 다음 블록 양옆으로 위치 전화 06-6258-7300 시간 10:00~19:00 홈페이지 www.akachan.jp

MAPECODE **02119**

돈카쓰 간코 とんかつ がんこ

일본식 돈가스의 정석

난바·신사이바시 지역을 관광할 때 적어도 다섯 곳 이상의 지점을 볼 수 있었던 간코 스시가 돈가스 집로 변신했다. 1층에는 돈가스 매장, 2층에는 회전 초밥집을 운영하다가 최근에는 모두 돈가스 판매점으로 바꾸고 간판도 돈카쓰 간코로 다시 걸었다. 두꺼운 고기에 바삭하고 고소한 식감까지 여느 돈가스 전문점과 크게 다르지는 않지만, 빠르고 간편하게 일본식 돈가스를 맛보기에 적당한 곳이다.

주소 大阪市中央区 南船場 3-11-1 위치 신사이바시 북쪽 상점가 남쪽 출구에서 두 번째 블록 끝 좌측에 위치 전화 06-6281-2941 시간 11:00~22:00 추천 메뉴 로스카스_대(ロースカツ_大) 1,382엔 홈페이지 www.gankofood.co.jp

MAPECODE **02120**

마루가메세멘 丸亀製麺

신사이바시스지 북쪽 지역 최고의 맛집이다. 체인점임에도 면발을 점포에서 즉석으로 뽑아 조리하기 때문에 냉동면과는 비교할 수 없는 쫄깃함을 느낄 수 있다. 가격도 비교적 저렴한 편이고 우동 위에 원하는 튀김을 골라 얹어 먹을 수도 있다. 점심과 저녁 식사 시간에는 사람이 많아 줄을 서야 하므로 여유 있게 식사하려면 이 시간대는 피하는 것이 좋다.

주소 大阪府大阪市中央区南船場3-8-14 戎ビル1階 위치 신사이바시 북쪽 상점가 남쪽 출구에서 네 번째 블록 중간 우측에 위치 전화 06-6282-1150 시간 11:00~22:00 추천 메뉴 마루가메세멘 도로타마우동(とろ玉うどん) 380엔, 카시와텐(かしわ天) 100엔, 카마타마우동(釜玉うどん) 330엔 홈페이지 www.marugame-seimen.com

MAPECODE 02121

홉 슈크림 돌핀 ほっぷしゅうくりーむドルフィン

최근 떠오르는 인기 디저트

이탈리아식 슈크림 빵을 판매하는 곳이다. 많은 종류가 있는데, 가장 인기 있는 메뉴는 차가운 슈크림 빵과 녹차 생크림 빵이다. 신사이바시에 처음 매장을 오픈했을 때에는 항상 한가하여 언제든지 쉽게 구매할 수 있었지만 살살 녹는 슈크림과 생크림의 맛 때문에 소문이 퍼져 지금은 오픈 시간을 제외하고는 줄을 서야 한다. 항상 많은 사람들로 붐비지만 만드는 과정이 간단하여 생각보다는 오래 기다리지 않아도 된다.

주소 大阪府大阪市中央区南船場3-12-3 위치 신사이바시 북쪽 상점가 남쪽 출구에서 첫 번째 블록 끝 좌측에 위치 전화 06-6244-5788 시간 10:00~22:00 추천 메뉴 녹차 생크림(ほっぷシューアイス 抹茶) 240엔 홈페이지 www.hop-shu-kuri-mu.com

MAPECODE 02122

미오르 탄바 키친 MIOR TANBA KITCHEN

달콤한 크림의 롤케이크가 유명한 베이커리

외부 인테리어가 오래돼 좀 허름해 보이지만, 달콤한 크림이 듬뿍 들어간 롤케이크로 유명한 베이커리다. 부드러운 빵보다는 입에 착착 감기는 찰진 빵과 부드럽고 달콤한 크림의 조화가 일품이다. 최근에는 이곳에서 직접 만든 요구르트가 인기를 얻고 있어 건강을 중요시하는 현지 일본인들이 즐겨 찾는다. 그 외에도 다양한 디저트 메뉴가 준비되어 있으니 쇼핑하다 쉬어갈 겸 한번쯤 들러 보자.

주소 大阪府大阪市中央区南久宝寺町3-4-14 위치 신사이바시 북쪽 상점가 남쪽 출구에서 여섯 번째 블록 시작점 우측 전화 06-6120-6571 시간 08:30~20:00 추천 메뉴 초코로르(チョコロール, 초코롤케이크) 850엔 홈페이지 www.mior.jp

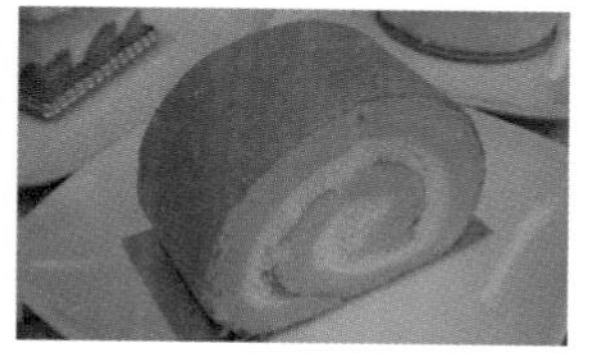

MAPECODE 02123

런던 베이커리 키친 LONDON BAKERY KICHEN

평범하고 서민적인 베이커리

이름만큼이나 유럽풍의 인테리어를 갖춘 베이커리이며 대표적인 상품은 없지만 종류도 다양하고 맛이 골고루 다 괜찮은 편이다. 오사카 현지에서 만나는 평범하고 서민적인 베이커리를 가 보는 것도 좋다. 오랫동안 이 자리를 지키고 있고 매장도 제법 커서 미팅 장소로 많이 찾는다. 빵이나 음료의 가격도 저렴한 편이어서 중장년층 손님이 많은 편이다.

주소 大阪府大阪市中央区久太郎町3-6-8 大和ビル 1F 위치 신사이바시 북쪽 상점가 남쪽 출구에서 일곱 번째 블록 끝 좌측에 위치 전화 06-6251-6449 시간 월~금 07:30~20:00, 토・일 08:00~19:30 추천 메뉴 토로리 타마고&야끼소바(とろーり卵&焼きそば) 147엔, 프랑스 앙팡(フランスあんぱん) 147엔 홈페이지 www.oisis.co.jp

에비스바시 戎橋

도톤보리와 난카이센 난바 역을 잇는 상점가

신사이바시 상점가에서 난카이센 난바 역까지 이어지는 에비스바시 상점가에는 대중적인 브랜드 매장과 몇몇 인기 있는 음식점들이 들어서 있다. 최근에 파친코 업소들이 많이 들어서면서 과거보다는 상점이 줄어들었지만 OIOI 백화점 뒤편에 카페 골목이 형성되기 시작하면서 관광객들도 점차 늘고 있다.

위치 난카이센 난바 역 북쪽 출구 건너편부터 도톤보리까지 길게 이어지는 거리

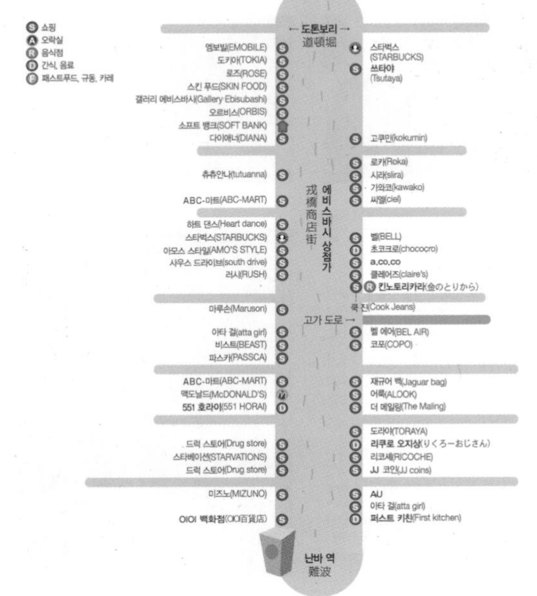

MAPECODE 02125

쓰타야 TSUTAYA

오사카를 대표하는 대형 서점

대형 서점으로 에비스바시와 도톤보리가 만나는 위치에 있다. 바로 옆에 스타벅스가 있어서 이 지역 만남의 장소로도 유명하여 항상 사람들이 북적이는 곳이다. 일본어를 모른다면 서점에 갈 일이 없겠지만 일본 잡지나 애니메이션에 관심이 있다면 들러 보자.

주소 大阪府 大阪市浪速区難波中3-1-15 위치 도톤보리와 에비스바시가 만나는 지점에 위치. 1층에 스타벅스가 있음 전화 06-6634-7433 시간 10:00~04:00 홈페이지 tsutaya.tsite.jp

MAPECODE 02126

퍼스트 키친 First kitchen

다양한 메뉴의 패스트푸드점

햄버거부터 각종 도시락, 스파게티까지 판매하는 패스트푸드점으로 우리나라의 한솥도시락 체인점과 비슷하다. 맛도 있고 다양한 메뉴를 빠르게 만들어 준다는 것이 장점이다. 난카이센 난바 역 건너편에 위치해 있어 외곽으로 여행을 떠나는 관광객들은 여기서 간단하게 도시락을 준비해서 출발하는 것도 좋다.

주소 大阪府大阪市中央区難波3-2-20 위치 난카이센 난바 역 건너편 에비스바시 남쪽 입구에 위치 전화 06-4397-5221 시간 월~토 05:00~01:00, 일 04:30~24:00 추천 메뉴 야사이포토후세토(野菜ポトフセット) 890엔 홈페이지 www.first-kitchen.co.jp

MAPECODE 02127

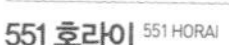

551 호라이 551 HORAI

오사카의 인기 중국식 만두 전문점

오사카 명물로 불리는 중국식 만두 전문 체인점이다. 지점이 많으나, 어느 지점을 가든 식사 시간에는 줄을 서서 기다려야 할 만큼 인기가 많다. 중국식 만두이면서도 속 재료는 일본 사람의 입맛에 맞게 개선이 돼 덜 느끼하고 담백하다. 라멘과 아이스캔디, 만주 등의 디저트도 판매한다.

주소 大阪府大阪市中央区難波3-6-3 위치 난카이센 난바 역 건너편 에비스바시 남쪽 입구에서 세 번째 블록 입구 좌측에 위치 전화 06-6641-0551 시간 11:00~22:00 추천 메뉴 부타만(豚まん, 고기만두) 2개 340엔, 에비슈마이(エビ焼売, 새우만두) 12개 600엔 홈페이지 www.551horai.co.jp

MAPECODE **02128**

킨노토리카라 金のとりから

인기 있는 튀김 테이크아웃 전문점

먹거리가 풍부한 오사카에서 다코야키를 이어 닭튀김(카라아게からあげ)도 인기를 끌고 있는데, 이곳 킨노토리카라는 한입 크기의 치킨 스틱을 판매하고 있다. 매장 앞에 치킨 소스, 핫 소스, 마요네즈, 간장 소스 등 여러 가지 소스들이 준비되어 있어 입맛에 맞게 먹을 수 있다. 첫 번째 인기 소스는 소금과 후추로 만든 소스인데, 아무 생각 없이 많이 뿌렸다가는 너무 짜서 먹지 못하므로 주의하자.

주소 大阪府大阪市中央区難波1-5-12 위치 에비스바시 중간 고가도로 바로 뒷골목 입구 전화 090-7556-6972 시간 평일 12:00~22:30, 토~일, 공휴일 11:00~22:30 요금 싱글 사이즈 260엔 홈페이지 www.kinnotorikara.jp

MAPECODE **02129**

리쿠로 오지상 りくろーおじさん

수플레 치즈케이크로 오사카를 평정

과거에는 산바시라는 이름으로 난카이도리 입구에 자리를 잡고 있었는데, 지금은 간판을 교체하고 에비스바시로 이사하였다. 근처의 인기 있는 파블로보다 더 부드럽고 뽀송뽀송한 수플레 치즈케이크를 판매하고 있으며, 케이크를 바로 만들어 판매하고 있다는 점이 특징이다. 매장 앞에는 줄이 둘로 서 있는데 상대적으로 짧은 우측 줄은 미리 만든 치즈케이크를 판매하고, 지그재그로 길게 늘어선 좌측 줄은 바로 만든 뽀송뽀송한 치즈케이크를 판매하는 줄이니 착오 없도록 하자.

주소 大阪市中央区難波3-2-28 위치 에비스바시 남쪽 입구에서 두 번째 블럭 오른쪽 전화 0120-57-2132 시간 09:30~21:30 요금 치즈케이크 685엔 홈페이지 www.rikuro.co.jp

MAPECODE 02130 02131

난카이도리·센니치마에 南海通, 千日前

먹거리 천국! 난카이도리와 센니치마에

난카이센 난바 역 북쪽 출구에서 바로 보이는 난카이도리 상점가와 난카이도리부터 이어지는 센니치마에 상점가는 주변 여러 상점가 중 먹거리가 가장 많은 지역이다. 골목골목 선술집도 많고 라멘집, 다코야키집, 초밥집 등 다양한 음식점이 많이 분포되어 있으니 출출할 때에는 이쪽 지역을 꼭 들러 보자. 최근에는 센니치마에의 가장 남쪽에 위치한 주방용품 전문 거리인 센니치마에 도구야스지千日前道具屋筋가 큰 인기를 끌고 있으니, 관심이 있다면 한번쯤 가 보자.

위치 난카이도리는 난카이센 난바 역 북쪽 출구에서 2시 방향 길 건너 스타벅스를 낀 골목이다. 난카이도리 안쪽으로 들어가 첫 번째 사거리에서 좌우로 나 있는 거리가 센니치마에이다.

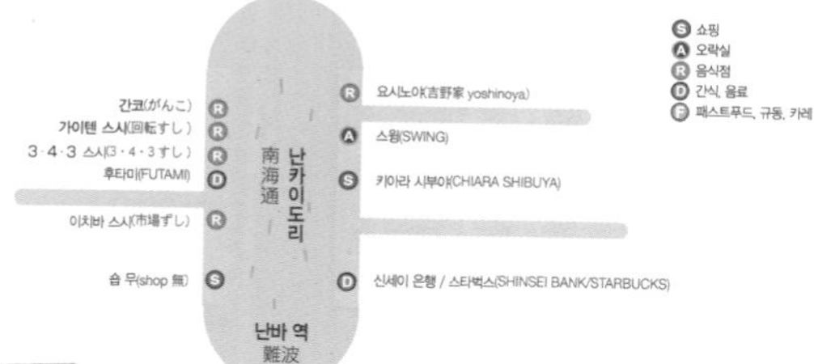

난카이도리

MAPECODE 02132

가이텐 스시 回転すし

대중적인 인기 회전초밥 전문점

저렴한 비용으로 많은 종류의 초밥을 맛보고 싶다면 이곳을 추천한다. 식사 시간이 아니어도 줄을 서서 먹을 정도로 많은 사람이 찾는다. 또한 고객들이 원하는 초밥을 주문하여 먹을 수 있도록 한국어 메뉴도 갖추고 있다. 이 지역 여러 지점 중 난카이도리 지점이 가장 인기 있다.

주소 大阪府大阪市中央区難波千日前12-41 위치 난카이도리 서쪽 입구에서 우측에 위치. 도보 1분 전화 06-6643-7130 시간 10:00~22:45 요금 1접시당 130엔

간코(회 정식) がんこ

대중적인 일본 정식 전문점

난카이도리에 위치한 간코는 1층에는 단품 메뉴 중심의 식사를 판매하며 2층에는 스시뿐 아니라 각종 회 요리를 판매한다. 이 지점은 회전초밥집이 아니며 회 정식 요리집에 가깝다. 1층 식당에는 간단하게 식사를 하려는 사람들이 많이 찾는데 흡연석과 금연석의 구분이 없어 어린 아이들을 동반한 가족들은 이곳을 피하도록 하자. 참고로 간코がんこ 앞에 있는 가이텐 스시回転すし가 회전초밥을 판매하는 곳이다.

주소 大阪府大阪市中央区難波3-1-15 1F 위치 난카이도리 서쪽 입구에서 좌측에 위치. 도보 1분 전화 06-6644-6396 시간 11:30~23:00 추천 메뉴 코도모고젠노아소비(子供午前ののあそび) 1480엔 홈페이지 www.gankofood.co.jp

Ⓢ 쇼핑
Ⓐ 오락실
Ⓡ 음식점
Ⓓ 간식, 음료
Ⓕ 패스트푸드, 규동, 카레

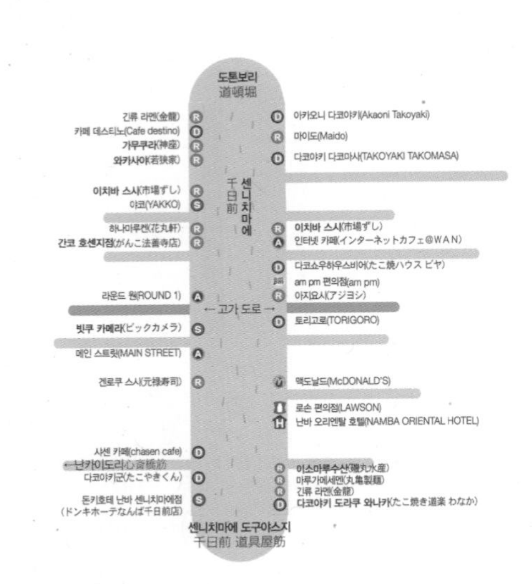

MAPECODE 02134

센니치마에 도구야스지 千日前 道具屋筋

오사카 최대의 주방용품 매장 밀집 지역

센니치마에 가장 남쪽에 위치한 주방용품 전문 매장들이 밀집한 골목이다. 예전에는 관광객이 많이 찾지 않았지만 음식점 창업자나 일본의 길거리 음식을 들여와 판매하려는 사업가, 또는 일본 음식을 가정에서 만들어 먹으려는 한국인들이 이곳을 찾고 있다. 같은 제품이라도 매장마다 가격 차이가 있으므로 처음에는 가격 조사를 하면서 아이쇼핑을 하고 거꾸로 돌아오는 길에 구입하도록 하자.

주소 大阪市中央区難波千日前周辺 위치 센니치마에 남쪽 끝에 위치 시간 매장에 따라 다름

MAPECODE 02135

빗쿠 카메라 ビック カメラ

일본의 대표 전자제품 전문 매장

전자제품을 전문적으로 판매하는 우리나라의 하이마트와 같은 곳으로 오사카의 북쪽은 요도바시 카메라가, 남쪽은 빗쿠 카메라가 대표하고 있다. 이름만 보면 카메라를 전문적으로 판매하는 것 같지만 모든 소형 전자제품을 판매하고 있다. 제품을 구매하면 빗쿠 카메라 포인트 카드를 만들어 적립해 주는데 이 포인트는 바로 사용할 수 있으므로 소품을 구매할 때 요긴하게 사용하도록 하자.

주소 大阪府大阪市中央区千日前2-10-1 위치 센니치마에 중간 고가도로 남쪽 첫 번째 블록 입구에 위치 전화 06-6634-1111 시간 10:00~21:00 홈페이지 www.biccamera.co.jp

MAPECODE 02136

무지 MUJI 無印良品

생활 잡화, 액세서리 천국

최근 우리나라에도 많은 매장이 있는 무지는 생활 인테리어, 액세서리, 패션 소품, 신발까지 다양한 물건들을 판매하고 있으며 디자인 또한 심플하고 산뜻하여 젊은 구매자들의 눈길을 사로잡는다. 우리나라에서 보기 힘든 디자인의 제품을 다양하게 갖추고 있으며 가격도 상대적으로 저렴하다. 오사카를 여행하다 보면 무지 매장을 간간히 볼 수 있는데 난카이센 난바 역 밖에 자리 잡은 무지 매장이 크고 제품이 잘 구비되어 있으니 꼭 둘러보자.

주소 大阪府大阪市中央区難波千日前12-22 難波センタービルB2 위치 난카이센 난바 역 타카시마야백화점 북쪽 출구에서 오른쪽 길 건너 위치. 도보 1분 전화 06-6648-6461 시간 11:00~20:00 홈페이지 www.muji.com/jp

MAPECODE 02137

이치바 스시 市場ずし

난바 일대에서 가장 신선한 재료를 사용하는 곳

여러 군데 지점을 둔 초밥 체인점으로 회전초밥집은 아니지만 많은 관광객이 찾는 곳이다. 가격은 회전초밥집보다 비싼 편이지만 재료가 정말 신선하다. 도톤보리 쪽 센니치마에 출구에서 들어가 오른쪽에 있는 첫 번째 이치바 스시가 가격은 조금 더 비싸지만 가장 맛이 뛰어나다. 오사카 주재 영사관 직원이 추천한 최고의 초밥 맛집이다.

주소 大阪府大阪市中央区道頓堀1-7-5 위치 센니치마에 북쪽 입구(도톤보리 쪽)에서 첫 번째 블록 우측 중간에 위치 전화 06-6213-4419 시간 12:00~05:00 요금 한 접시당 100엔~400엔 홈페이지 ichibazushi.com

MAPECODE 02138

다코야키 도라쿠 오나카 たこ焼き道楽 わなか

센니치마에에서 가장 인기 있는 다코야키 전문점

센니치마에에서 가장 긴 줄을 자랑하는 다코야키 전문점이다. 바로 앞 다코야키군 손님과 뒤엉켜 길목이 항상 북적인다. 2층에 생각보다 넓은 공간이 있어서 번잡한 시간을 피한다면 여유롭게 먹을 수 있다. 이곳의 다코야키는 여러 가지 토핑이 올라간 메뉴들도 다양하게 갖추고 있지만 뭐니뭐니해도 기본을 먹어 봐야 맛을 평가할 수 있으니 무조건 기본 메뉴를 먹어 보자.

주소 大阪府大阪市中央区難波千日前11-19 1F・2F 위치 센니치마에 남쪽 끝에 위치. 센니치마에 입구 앞 전화 06-6631-0127 시간 월~금 10:00~23:30, 토・일 09:00~23:00 추천 메뉴 다코야키(たこやき) 8개 400엔 홈페이지 takoyaki-wanaka.com

MAPECODE 02139

다코야키군 たこやきくん

다코야키 오코노미야키 전문점

다코야키 전문점으로 간판에 대형 문어 모형이 붙어 있어 찾기 쉽다. 오코노미야키도 판매하고 있다. 2층 테이블에서도 먹을 수 있지만 워낙 사람이 많아서 자리 잡기가 어렵다. 다른 다코야키 전문점보다 문어의 크기가 커서 정말 문어가 제대로 들어간 것 같다. 상대적으로 오코노미야키는 맛이 떨어지므로 이곳에서는 다코야키만 먹도록 하자.

주소 大阪府大阪市中央区難波千日前10-13 위치 센니치마에 남쪽 끝에 위치. 센니치마에 입구 앞 전화 06-6632-8899 시간 월~금 11:00~20:00, 토・일 11:00~19:00 요금 기본 7개 280엔 홈페이지 www.takoyakikun.co.jp

MAPECODE 02140

이소마루 수산 磯丸水産

신선한 해산물을 먹을 수 있는 핫 플레이스

저렴한 비용으로 사시미나 해산물 요리를 맛볼 수 있는 곳으로, 우리나라의 조개구이 전문점과 비슷하다. 최근 여행객이 밤늦게까지 술 한 잔을 기울일 때 많이 찾는 곳이다. 조개, 굴, 소라, 물고기 등을 석쇠에 올려 자신만의 조리 방식으로 먹을 수 있으며, 메뉴가 다양하고 재료가 신선하여 인기가 좋다. 또한 일본어를 모르는 관광객도 주문하는 데 어려움이 없다. 나카이도리와 센니치마에가 만나는 곳에 있어 밤새도록 손님이 가장 많은 장소이기도 하다.

주소 大阪府大阪市中央区難波千日前11-22 위치 난카이도리와 센니치마에가 만나는 사거리 모퉁이 전화 06-6630-6801 시간 24시간 추천 메뉴 게 등딱지(カニの甲羅) 499엔 홈페이지 www.sfpdining.jp

MAPECODE 02141

와카사야 若狭家

덮밥 요리 전문 체인점

덮밥 전문점으로 각종 회덮밥이 가장 인기있다. 저렴한 가격에 신선하고 푸짐한 회덮밥을 먹을 수 있는 유일한 곳이며 한국 사람들에게도 인기가 좋다. 우리가 흔히 먹는 초고추장이 아닌 간장 소스에 비벼 먹는 것이지만 의외로 깔끔하고 맛있다.

주소 大阪府大阪市中央区道頓堀1-7-5 위치 센니치마에 북쪽 입구(도톤보리 쪽)에서 첫 번째 블록 우측 중간에 위치 전화 06-4708-1750 시간 11:00~23:00 추천 메뉴 와카사야 아리소동(荒磯丼) 980엔

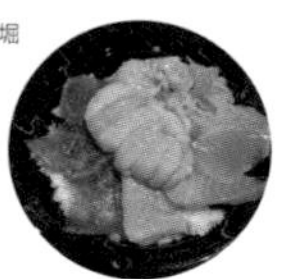

MAPECODE 02142

가무쿠라 神座

한국인 입맛에 잘 맞는 진국의 라멘집

가무쿠라는 우리나라 배우 장근석이 방문해서 더욱 유명해진 라멘집이다. 다양한 토핑과 주먹밥이나 공기밥을 추가할 수 있다. 자판기를 이용하기 때문에 일본어를 못하는 사람도 편리하게 주문할 수 있다. 작은 사이즈를 시켜도 양이 많은 편이며, 시오라멘의 육수가 진국이다. 눈으로 보기에는 기름이 떠 있어 느끼할 것 같지만 생각보다 담백하고, 함께 먹을 수 있는 양념 부추도 제공된다.

주소 大阪府大阪市中央区道頓堀1-6-32 위치 센니치마에 북쪽 출구(도톤보리)에서 첫 번째 블록 우측에 위치. 도보 1분 전화 06-6213-1238 시간 11:00~07:00 홈페이지 www.kamukura.co.jp

도톤보리 道頓堀

오사카 최고의 인기 지역!

난카이센 난바 역과 신사이바시 역 중간 정도에 위치한 도톤보리는 한국 관광객이 꼭 들르는 관광 명소 중 하나다. 음식점, 기념품 가게 그리고 수많은 술집이 모두 여기에 있다. 특히 온갖 음식점이 다 모여 있어 맛의 거리라 해도 과언이 아니다. 누구나 사진을 한번쯤 찍는 쿠리코 러너 간판, 쿠쿠루 도톤보리 대형 문어 간판을 비롯해 화려한 간판들도 도톤보리의 즐길 거리다.

도톤보리 지역은 과거 물자 수송을 위해 만들어진 인공 수로였지만 지금은 개발을 통해 오사카 최고의 관광 명소가 되었다.

위치 미도스지센(御堂筋線) 신사이바시(心斎橋) 역과 난카이센(南海電鉄) 난바(難波) 역 중간, 신사이바시스지 상점가에서 에비스바시 상점가로 이어지는 곳에 위치

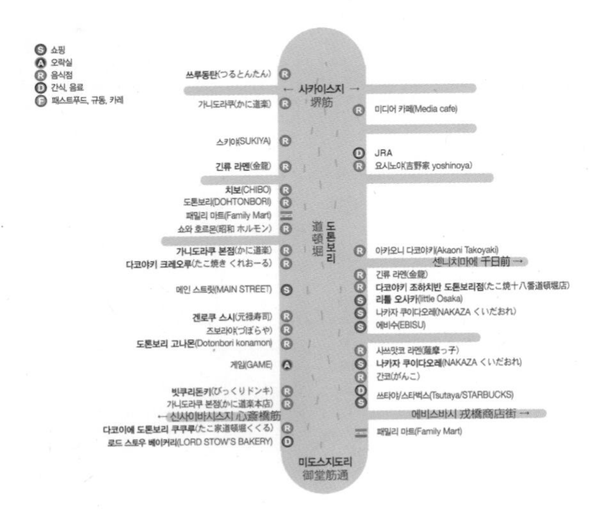

MAPECODE 02144

나카자 쿠이다오레 NAKAZAくいだおれ

오사카 도톤보리의 상징이 된 북 치는 아저씨

오사카 도톤보리에서는 고깔모자를 쓰고 북 치는 마네킹을 쉽게 볼 수 있는데 이 캐릭터를 상품화한 열쇠고리, 핸드폰 줄 등 액세서리와 쿠키나 젤리 같은 간식 상품을 판매한다. 특별한 선물이나 기념품을 사려고 한다면 이곳에서 구입하도록 하자.

주소 大阪市中央区道頓堀1-7-21 中座くいだおれビル1F 위치 도톤보리 다리와 만나는 사거리에서 동쪽 방향으로 도보 1분. 우측에 위치 시간 10:00~22:00 홈페이지 nakaza-cuidaore.com

MAPECODE 02145

리틀 오사카 little Osaka

일본 스타일의 기념품을 구매할 수 있는 곳

기념품이나 선물을 전문적으로 판매하는 매장이며 다양한 제품들이 있어 보는 것만으로도 재미있는 곳이다. 하지만 제품의 가격이 생각보다 비싸 선뜻 쉽게 손이 가지 않는다. 오사카의 각 지역들, 대표 관광지, 교토, 고베, 나라의 관광지들을 형상화한 쿠키 세트가 가장 눈에 들어오지만 이 역시 가격이 만만치 않다.

주소 大阪市中央区道頓堀 1-7-21 위치 도톤보리 다리와 만나는 사거리에서 동쪽 방향으로 도보 1분. 우측에 위치 전화 06-6484-0240 시간 10:00~22:00 홈페이지 www.ezaki-glico.net/glicoya/shop10.html

MAPECODE 02146

다코이에 도톤보리 쿠쿠루 たこ家道頓堀くくる

용두사미가 된 유명 다코야키 전문점

도톤보리 서쪽 끝에 위치하고 있어 유동 인구가 적은 탓에 우리나라 사람들에게는 많이 알려져 있지 않지만 일본 사람들이 많이 찾는 유명한 다코야키 전문점이다. 오픈 초기에는 많은 사람들이 줄을 서 직원들이 메뉴판을 미리 보여주며 주문을 받았지만 최근에는 줄이 부쩍 줄어서 크게 기다리지 않아도 된다.

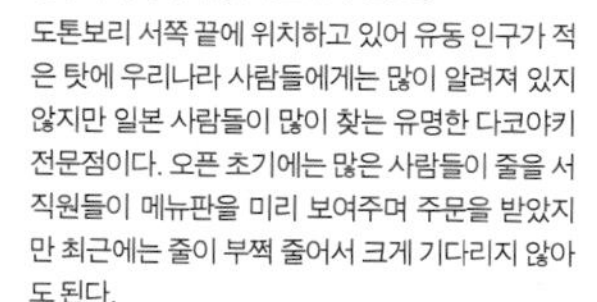

주소 大阪市中央区道頓堀1-10-5 白亜ビル1階 위치 도톤보리 메인 거리 서쪽 입구 앞 좌측에 위치 전화 06-6212-7381 시간 월~금 12:00~23:00, 토 11:00~23:00, 일 11:00~22:00 홈페이지 www.shirohato.com/kukuru

MAPECODE 02147

가니도라쿠 본점 かに道楽本店

도톤보리 터줏대감 게 요리 전문점

게에 관련해서는 이 음식점을 절대 따라올 수 없다. 오사카의 명물인 이곳은 도톤보리 3개의 점포 모두 성황일 정도로 손님이 끊이지 않는다. 가격이 다소 비싸지만 오사카에서 특별한 요리를 맛보고 싶다면 눈 딱 감고 이곳을 찾아가자. 게 요리 뿐만 아니라 게맛 과자, 쿠키, 전병들도 가게 입구에서 판매한다.

주소 大阪府大阪市中央区道頓堀1-6-18 위치 도톤보리 다리와 만나는 사거리에 위치 전화 06-6211-8975 시간 11:00~23:00 홈페이지 www.douraku.co.jp

MAPECODE 02148

도톤보리 고나몬 Dotonbori konamon

다코야키보다는 오코노미야키가 더 인기 있는 곳

도톤보리의 다코야키 전문점 중에서 간판이 눈에 가장 빨리 들어오는 곳이다. 원래는 메인 요리가 오코노미야키였지만 최근에는 다코야키를 간판으로 내걸고 있다. 그래서인지 다코야키를 구매하는 사람들은 적고 오코노미야키 구매 고객이 아직 많은 편으로 다른 곳에 비해서는 맛도 인지도도 조금은 떨어지는 편이다.

주소 大阪府大阪市中央区道頓堀1-6-12 위치 도톤보리 다리와 만나는 사거리에서 동쪽 방향으로 도보 1분. 좌측에 위치 전화 06-6214-6678 시간 11:00~23:00 홈페이지 www.shirohato.com/konamon-m

MAPECODE 02149

빗쿠리돈키 びっくりドンキ

대중적인 스테이크 전문 체인점

스테이크 전문점으로 오랫동안 일본 사람들과 관광객에게 사랑을 받아 온 곳이다. 데이트하기에 적당한 장소이며 가격도 그다지 비싸지 않아 스테이크를 먹고 싶은 관광객들이 부담없이 찾을 수 있는 곳이다. 당연히 인기 있는 레스토랑이라 저녁에는 예약을 하지 않으면 대기를 오래 해야 한다는 점을 참고하자.

주소 大阪市中央区道頓堀1-6-15 ドウトンビル 1階 위치 도톤보리 다리와 만나는 사거리에서 동쪽 방향 좌측에 위치 전화 06-6484-2301 시간 07:00~다음 날 05:00 홈페이지 www.bikkuri-donkey.com

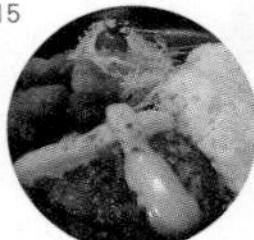

MAPECODE 02150

겐로쿠 스시 元禄寿司

한국인이 가장 많이 찾는 회전 초밥집

주변 다른 상점가에도 있지만 유독 도톤보리 지점은 사람이 많다. 눈에 워낙 잘 띄어서 쉽게 찾을 수 있다. 친절하게 한국어 메뉴판이 있고 메뉴도 다양하지만 맛은 평범하다. 많은 사람들로 북적여 여유 있게 식사하기에는 좀 불편하다. 하지만 초밥은 먹고 싶은데 일본어가 능숙하지 않다면 이곳만큼 편한 음식점은 없을 것이다.

주소 大阪府大阪市中央区道頓堀1-6-9 위치 도톤보리 다리와 만나는 사거리에서 동쪽 방향으로 도보 1분. 좌측에 위치 전화 06-6211-8414 시간 11:00~22:30 요금 1접시당 130엔 홈페이지 www.mawaru-genrokuzusi.co.jp

MAPECODE 02151

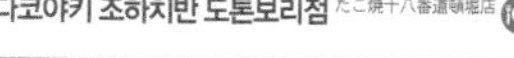

다코야키 조하치반 도톤보리점 たこ焼十八番道頓堀店

과거 도톤보리 대표 다코야키 전문점

한때 이곳을 따라올 다코야키 집이 없었다. 도톤보리 다코야키의 명성은 이 점포부터 시작되었다고 해도 과언이 아니다. 맛은 옛날 그대로라 아직까지도 많은 사람이 찾고 있다. 이곳도 다른 매장처럼 여러 토핑이 올라간 제품들을 판매하지만 오히려 기본보다 맛이 떨어지므로 담백한 맛이 일품인 토핑 없는 기본 맛을 즐기도록 하자.

주소 大阪府大阪市中央区道頓堀1-7-21 中座くいだおれビル 1F 위치 도톤보리 다리와 만나는 사거리에서 동쪽 방향으로 도보 2분. 우측에 위치 전화 06-6211-3118 시간 11:00~21:30 홈페이지 d-sons18.co.jp

MAPECODE 02152

다코야키 크레오루 たこ焼きくれおーる

도톤보리에서 가장 인기 있는 다코야키 전문점

오사카 남쪽 지역의 다코야키 전문점 중 가장 많은 사람이 찾는 곳이다. 여러 가지 토핑을 다양하게 추가할 수 있는데 토핑에 따라 가격이 달라진다. 이곳에서는 무조건 다코야키만 먹도록 하자. 너무 많은 사람이 줄을 서서 저녁 시간에는 보통 30분에서 1시간은 기다려야 먹을 수 있다.

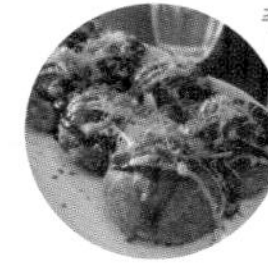

주소 大阪府大阪市中央区道頓堀1-6-4 위치 도톤보리 다리와 만나는 사거리에서 동쪽 방향으로 도보 2분. 좌측에 위치 전화 06-6212-9195 시간 11:00~23:30 홈페이지 creo-ru.com

MAPECODE 02153

치보 CHIBO

분위기 좋은 오코노미야키 전문 체인점

오코노미야키가 대표 메뉴이고 야키소바도 판매한다. 우리나라 배우 이승기가 방문하면서 인기가 높아졌다. 테이블에 넓은 사각 철판이 있어서 주문한 요리가 나오면 원하는 대로 토핑을 넣어서 가열하며 먹는다. 세트 메뉴도 있고 분위기도 좋아서 오코노미야키를 좋아하는 여행객에게는 적극 추천하고 싶은 음식점이다.

주소 大阪府大阪市中央区道頓堀1-5-5 千房道頓堀ビル 1~4 F 위치 도톤보리 다리와 만나는 사거리에서 동쪽 방향으로 도보 3분. 좌측에 위치 전화 06-6212-2211 시간 11:00~03:00 추천 메뉴 란치 A코스(ランチAコース) 1800엔 홈페이지 www.chibo.com

MAPECODE 02154

긴류 라멘 金龍

한국인 입맛에 가장 잘 맞는 일본 라멘

긴류 라멘은 한국인에게 가장 인기 있는 라멘집이다. 총 6개의 지점이 있는데 사람들이 가장 많이 찾는 곳은 센니치마에 북쪽 도톤보리와 만나는 모서리에 위치한 지점이지만 맛은 도톤보리 동쪽에 위치한 본점이 가장 뛰어나다. 밥과 김치를 마음껏 먹을 수 있고 한국의 곰탕 국물과 비슷한 맛이어서 우리 입맛에도 잘 맞는다.

주소 大阪府大阪市中央区道頓堀1-1-18 위치 도톤보리 다리와 만나는 사거리에서 동쪽 방향으로 도보 3분, 좌측에 위치 전화 06-6211-3999 시간 24시간 영업 추천 메뉴 챠슈라멘(チャーシューメン) 900엔

MAPECODE 02155

쓰루동탄 つるとんたん

도톤보리를 대표하는 우동 맛집

단체 관광객이 빼놓지 않고 들르는 우동 전문점으로 면발과 다양한 메뉴가 준비되어 있으며 아주 큰 그릇에 양이 푸짐하게 나와 여행객을 만족시킨다. 식사 시간에는 한국과 중국 관광객들의 단체 식사 예약이 많아서 자리를 잡기가 쉽지 않다. 따라서 11시 30분 이전이나 14시 이후에 방문하면 좀더 편하게 식사할 수 있다.

주소 大阪府大阪市中央区宗右衛門町3-17 위치 도톤보리 동쪽 끝에서 좌회전해서 조금 올라간 곳에 위치 전화 06-6211-0021 시간 11:00~08:00 추천 메뉴 쓰루동삼마이(つるとん三昧) 1680엔, 오오반키츠래노오우동(大判きつねのおうどん) 720엔 홈페이지 www.tsurutontan.co.jp

MAPECODE 02156

로드 스토우 베이커리 LORD STOW'S BAKERY

마카오 대표 에그타르트 전문점

마카오의 명물인 에그타르트 전문점이 2010년 오사카의 먹거리 중심지 도톤보리에 진출했다. 한국 사람들은 도톤보리의 다른 음식에 빠져 에그타르트까지 돌아볼 겨를이 없지만 이곳을 찾는 일본인들은 점점 늘고 있다. 마카오의 대표 에그타르트를 맛보지 못했다면 이곳에서 대신 마카오의 맛을 느껴 보자.

주소 大阪府大阪中央区道頓堀1-10-6 위치 도톤보리 메인 거리 서쪽 입구 앞 좌측에 위치 전화 06-6214-3699 시간 10:00~24:00 홈페이지 www.eggtart.jp

미도스지도리 御堂筋通

떠오르는 명품 신흥 지역

과거 미도스지도리御堂筋通는 난바 역과 신사이바시 역 사이를 있는 주요 도로로만 인식되어 왔다. 한국 대사관을 찾거나 은행 업무를 보기 위해 찾는 경우를 제외하고는 이 지역을 찾을 일이 거의 없었지만 최근에는 많은 명품 숍이 들어서면서 젊은 명품족들이 몰리고 있다. 복장의 규정이 있는 상점들이 많아서 편하게 옷을 입고 갔다가는 출입이 거절될 수도 있으니 참고하자.

위치 난카이센(南海電鉄) 난바(難波) 역 북쪽 출구로 나와 OIOI 백화점을 바라보고 좌측에 북쪽으로 쭉 뻗은 길

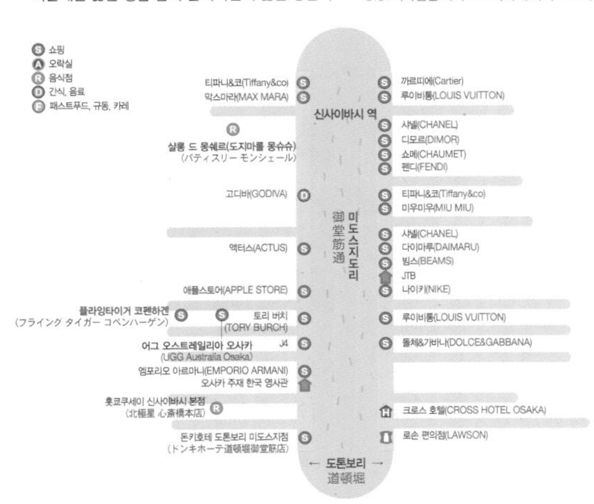

MAPECODE 02158

바오바오백 이세이 미야케

ELTTOB TEP Issey Miyake

이세이 미야케의 다양한 제품을 만나다

이세이 미야케의 바오바오백은 요즘 우리나라에서 핫한 패션 아이템으로 떠올라 일명 '강남백'으로 불린다. 오사카에서도 원하는 제품을 쉽게 구하기 힘들다. 우리나라 사람들은 대부분 백화점에서 사는데 그 인기는 현지에서 더 뜨겁다. 이곳은 단독 매장으로 제품의 수와 종류가 가장 많고, 다양한 디자인 상품을 만날 수 있으며 할인하는 품목도 있다. 바오바오백의 경우는 매월 초에 물량이 입고되므로 조금만 늦으면 구매하는 데 어려움이 있으니 참고하자.

주소 大阪市中央区南船場4-11-28 위치 신사이바시 역 3번 출구로 나가 북쪽으로 두 블록을 간 후 좌측 골목으로 두 블록을 더 들어가면 좌측에 세븐일레븐 바로 맞은 편 전화 06-6251-8887 시간 11:00~20:00 홈페이지 www.isseymiyake.com/ELTTOB_TEP

MAPECODE 02159

플라잉타이거 코펜하겐

フライング タイガー コペンハーゲン

북유럽 대표 잡화 백화점

다이소가 저렴한 가격과 다양한 제품들로 승부를 한다면 이곳은 산뜻하고 깨끗한 디자인의 제품들을 합리적이고 저렴하게 판매하고 있어 최근 오사카에서 가장 핫한 매장이다. 2012년 7월에 오픈할 당시 너무 많은 사람들이 몰려 휴업을 해야 할 정도였으며 1개월치 판매 물량을 3일만에 모두 판매해 버릴 정도로 많은 사람들의 사랑을 받고 있다.

주소 大阪市中央区西心斎橋 2-10-24 プレヴュービル1F・2F 위치 신사이바시 역 7번 출구로 나와 직진하다 두 번째 블록에서 좌회전하여 두 블록을 지나 조금 더 내려가면 좌측에 위치 전화 06-4708-3128 시간 11:00~20:00 홈페이지 www.flyingtiger.jp

MAPECODE 02160

어그 오스트레일리아 오사카

UGG Australia Osaka アグ オーストラリア 大阪

오리지널 어그부츠를 다양하게 만날 수 있는 곳

우리나라 여행객들이 오스트레일리아로 여행을 가면 양모로 만들어져 따뜻한 어그부츠를 많이 구매하는데 어그부츠 오리지널 매장인 UGG가 도톤보리에 문을 열었다. 실제로 미국이나 오스트레일리아 전역에서 판매되는 어그부츠의 신상과 이월 상품들을 이 매장에 만날 수 있으며 우리나라보다 좀 더 저렴한 가격에 구매가 가능하여 여성 여행객들에게 인기가 좋다. 참고로 UGG는 오스트레일리아 회사로 알고 있으나 실제로는 미국 브랜드의 회사이다.

주소 大阪府大阪市中央区西心斎橋2-10-1gc 위치 신사이바시 역 7번 출구로 나와 바로 앞 작은 사거리에서 우회전한 후 두 블록 지나 길 건너 위치 / 미도스지 도로변 애플 스토어 골목으로 들어가 한 블록 지나 대각선에 위치 전화 06-6214-2290 시간 11:00~20:00 홈페이지 www.uggaustralia.jp

MAPECODE 02161

샬롱 드 몽쉐르 (도지마롤 몽슈슈)

パティスリー モンシェール

크림 가득한 롤케이크 판매 베이커리

오사카의 명물 중의 명물 디저트인 도지마롤 케이크를 먹을 수 있는 곳으로 그 맛은 먹어보기 전에는 상상조차 할 수 없을 정도로 맛있다. 롤케이크의 빵보다 크림이 더 두껍게 들어갔지만 느끼하지 않으며 부드럽고 달콤함이 최고이다. 각종 과일 및 견과류가 들어간 롤케이크도 있지만 꼭 기본 생크림 케이크를 먹어야 한다. 롤케이크 외에도 아이스크림과 각종 디저트 쿠키도 판매하고 있어 오사카 여행에서 꼭 방문해야 할 장소라 할 수 있다.

주소 大阪府大阪市中央区西心斎橋1-13-21 위치 신사이바시 역 남쪽 15번 출구로 나와서 뒤로 돌면 바로 보임 전화 06-6241-4499 시간 10:00~21:00 추천 메뉴 도지마 프린세스 롤(堂島プリンセスロール) 2,160엔, 도지마 프린스 롤(堂島プリンスロール) 1680엔 홈페이지 www.mon-cher.com

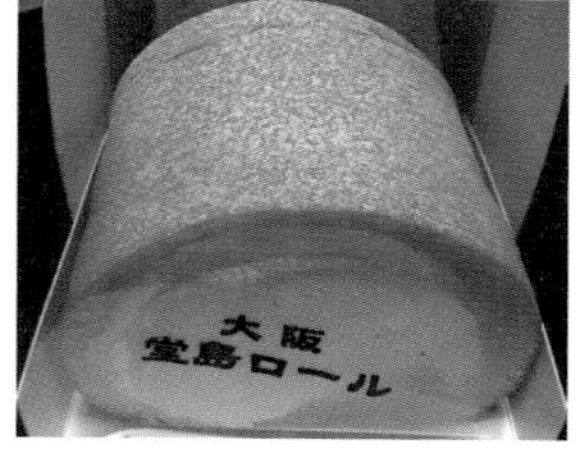

호리에 堀江

여유로운 카페와 소호 상점들의 만남

우리나라의 신사동 가로수길처럼 오사카에도 대표적인 카페촌이 있으니 그곳이 호리에堀江 지역이다. 카페촌이라고 해서 카페들만 즐비한 것이 아니라 오렌지 스트리트를 중심으로 이색적인 카페가 듬성듬성 곳곳에 분포되어 있고 아기자기한 소호 상점도 많아서 젊은 현지인이나 관광객들에게도 인기가 높다. 카페를 창업하려는 사람들이나 사업 아이템을 얻으려는 사람들이 찾아오기도 한다. 주거 지역 곳곳에 자리 잡고 있어 북적이는 난바 지역보다 여유 있게 쇼핑과 달콤한 디저트를 즐기기에 안성맞춤이다.

위치 요쓰바시(四つ橋) 역 6번 출구로 나와 남쪽으로 약 100미터 직진하면 좌측에 오렌지 스트리트가 보인다. 난바 지역에서 도보로 움직일 경우에는 미도스지도리의 애플스토어 골목으로 계속 직진, 도보 10분 소요

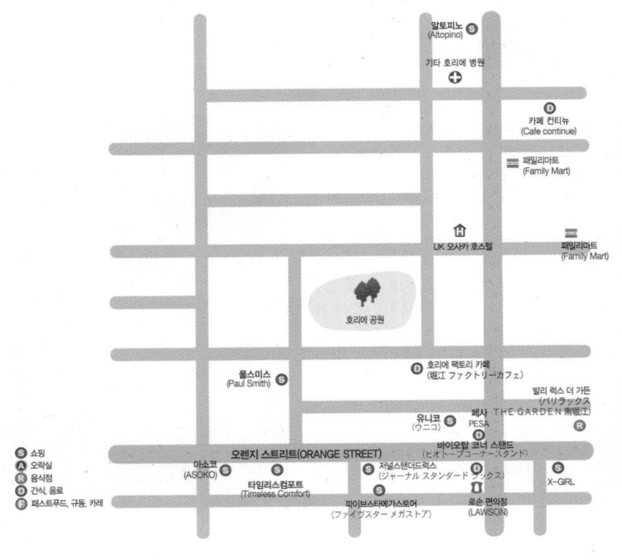

MAPECODE 02163

타임리스 컴포트 Timeless Comfort

고급스러운 주방용품들이 눈길을 끄는 곳

북유럽의 고급스러운 인테리어 소품과 주방용품들을 전문적으로 판매하는 매장으로 1층부터 고급스럽고 깨끗한 제품의 디스플레이와 인테리어로 기분을 들뜨게 한다. 일본의 아기자기함과 북유럽풍의 고급스러움을 동시에 느낄 수 있는 제품이 많으며 특히 주방용품이 인기가 높다. 크기가 큰 제품은 한국까지 배송을 해 주지만 운송비와 인건비가 만만치 않으므로 여행 가방에 넣을 수 있을 정도의 소품을 구매하자.

주소 大阪府大阪市西区南堀江1-19-26 ASPLUND BLDG 위치 미나미 호리에 지역 오렌지 스트리트 입구에서 안쪽으로 도보 2분 전화 06-6533-8620 시간 11:00~20:00 홈페이지 www.timelesscomfort.com

MAPECODE 02164

아소코 ASOKO

저렴하고 산뜻한 잡화 백화점

외관부터가 모던하고 깨끗한 인기 잡화 매장인 아소코는 제품의 진열까지도 모던하고 깨끗하게 정리되어 있어 물건을 사러 온 사람들의 기분을 산뜻하게 해 준다. 1000여 종이 넘는 다양한 제품들을 구비하고 있으며 가격 또한 합리적으로 책정해서 관광객들에게 인기가 높은 곳이다. 일본풍의 디자인과 북유럽풍의 고급스러운 디자인을 갖춘 제품들이 다양하므로 구매를 하지 않더라도 보는 즐거움이 있다.

주소 大阪府大阪市西区南堀江1-19-23 前衛的ビルヂング1F 위치 미나미 호리에 지역 오렌지 스트리트 입구에서 안쪽으로 도보 3분 전화 06-6535-9461 시간 11:00~20:00 홈페이지 www.asoko-jpn.com

MAPECODE 02165

유니코 ウニコ

원목 가구와 인테리어 소품이 고급스러운 상점

타임리스 컴포트가 북유럽풍의 고급스러움을 지향한다면 유니코는 원목 제품과 가죽 제품의 중후함과 세련됨을 동시에 보여 주는 인테리어 상품들로 가득하다. 원목 가구에 맞춰 진열된 소품들 또한 고급스러움과 어울림을 강조하였다. 소품을 제외하고는 가격도 비싸고 상품의 부피가 커서 여행자가 구입하기는 어렵지만 실내 인테리어에 관심이 있는 사람이라면 꼭 들러 보자.

주소 大阪府大阪市西区南堀江1-15-28 위치 미나미 호리에 지역 오렌지 스트리트 입구에서 첫 번째 우측 골목으로 돌아 들어가 북쪽 두 번째 사거리 좌측에 위치. 도보 2분 전화 06-4390-6155 시간 11:00~20:00 홈페이지 www.unico-fan.co.jp

MAPECODE 02166

폴스미스 Paul Smith

캐주얼한 영국 명품 의류

영국의 인기 디자이너가 자신의 이름을 걸고 론칭한 의류 브랜드로 일본에서 대중적인 사랑을 받고 있다. 우리나라에도 일부 멀티 숍이나 백화점에 입점이 되어 있지만 다양한 제품을 보고 싶다면 호리에 매장을 찾아보자. 의류가 메인이지만 오히려 가방과 손수건 신발 등이 한국 관광객들에게는 인기가 높다.

주소 大阪府大阪市西区南堀江1-20-1 日通南堀江ビル 위치 미나미 호리에 지역 오렌지 스트리트 입구 위쪽 골목으로 쭉 들어가 막다른 곳에서 우회전을 해서 조금만 가면 좌측에 위치 전화 06-6536-1233 시간 월~금 11:30~20:00, 토・일 11:00~20:00 홈페이지 www.paulsmith.co.jp

MAPECODE 02167

알토피노 Altopino

재미있는 디자인의 어린이 옷 전문점

깨끗하고 산뜻한 디자인보다는 화려하고 재미있는 디자인의 어린이 옷 전문 매장으로 입구에 걸려 있는 옷들만 봐도 웃음이 난다. 원색 디자인의 깨끗한 옷도 있지만 평범한 옷보다는 화려한 옷을 구입해야 알토피노의 옷인지를 알 수 있다.

주소 大阪府大阪市西区北堀江1丁目10番2号 クレストGIZA 1F 위치 미나미 호리에 지역 오렌지 스트리트 입구에서 첫 번째 우측 골목으로 돌아 들어가 북쪽으로 다섯 블록을 지나 올라가서 좌측에 위치. 도보 10분 전화 06-6536-3388 시간 12:00~21:00 홈페이지 www.altopino.com

MAPECODE 02168

바이오탑 코너 스탠드 BIOTOP

화원 같은 이색적인 카페

기계가 아닌 직접 바리스타가 내려 주는 원두 커피의 맛이 일품인 곳이다. 각종 다양한 허브차도 판매하고 있어 호리에 지역을 쇼핑하다 지친 몸을 풀어 주기에 안성맞춤이다. 또한 카페 내부의 인테리어가 각종 꽃과 아기자기한 소품들로 꾸며져 있어 화원에서 차를 마시는 듯한 느낌을 받는다. 모던한 우리나라의 카페와는 또 다른 신선함을 느낄 수 있다.

주소 大阪府大阪市西区南堀江

1-16-1 メブロ16番館 1F 위치 미나미 호리에 지역 오렌지 스트리트 입구에서 안쪽으로 도보 1분 전화 06-6531-8226 시간 09:00~23:00 홈페이지 www.biotop.jp

MAPECODE 02169

페사 PESA

먹음직스러운 빵의 천국

규모는 크지 않지만 건강한 재료와 부드러운 도우를 사용하여 젊은 여성이 좋아할 빵들이 가득하다. 비주얼도 모두 먹음직스러워 어떤 것을 선택해야 할지 망설여질 때는 이곳에서 가장 인기 있는 메뉴인 소금 크로와상과 마론 식빵을 꼭 먹어 보자. 저녁에는 인기 있는 메뉴들이 동이 나기 때문에 평일에는 직장인이 퇴근하는 18:00 전에 방문하자.

주소 大阪府 大阪市西区 南堀江 1-15-5 위치 미나미 호리에 지역 오렌지 스트리트 입구에서 안쪽으로 도보 1분, 우측에 있음 전화 06-6575-9680 시간 10:00~20:00

추천 메뉴 마론 식빵(マロン食パン) 300엔, 소금 팥빵(塩あんぱん) 90엔, 소금 크로와상(塩クロワッサン) 100엔 홈페이지 northobject.com/pesa

나가호리도리 長堀通

신사이바시스지 상점가의 입구

나가호리도리는 신사이바시스지 북쪽 상점가와 남쪽 상점가 중간의 신사이바시 역 가까이에 자리한다. 큰 볼거리는 없지만 생활용품이나 DIY 전문 매장인 도큐 한즈와 몇몇 괜찮은 상점이 있으니 아래 약도를 참고해 둘러보자. 도큐 한즈와 호텔 그리고 몇몇 소호 점포들이 위치해 있다.

위치 나가호리도리는 신사이바시 역에서 나가호리바시 역까지의 도로

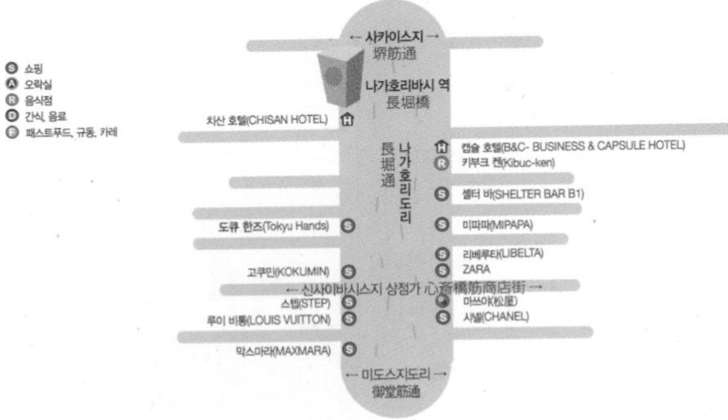

MAPECODE 02171

도큐 한즈 TOKYU HANDS

나가호리도리의 가장 큰 볼거리

나가호리도리는 신사이바시 상점가의 입구에 해당하는 길목이지만 딱히 이 지역에 인기 있는 곳은 별로 없다. 하지만 오사카 관광 중 주요 관광지에서는 보기 힘든 이색적인 생활용품 쇼핑몰이 있는데 바로 도큐 한즈다. 이케아와 닛토리 같은 생활용품 전문 매장이며 다른 곳에 비해 여러 아이디어 상품을 많이 선보이는 곳이다. 인기는 예전 만하지 못하지만 볼거리가 상당히 많으므로 신사이바시 상점가를 관광할 때 꼭 묶어서 보도록 하자.

주소 大阪府大阪市中央区南船場3-4-12 위치 신사이바시 역 8번 출구로 나와 대로를 따라 도보 2분 전화 06-6243-3111 시간 10:30~21:00 홈페이지 hands.net

난바 역 難波駅

오사카 남쪽의 출입구

오사카 여행에서 대부분의 한국인들이 첫 번째 목적지로 선택하는 곳이 바로 오사카 남쪽의 핵심 지역인 난바 역이다. 가장 대표적인 곳이 난카이센 난바 역이고 JR센, 미도스지센, 요도바시센, 긴테쓰센이 지나가는 교통의 요충지다. 오사카 간사이 공항으로 이동할 때는 난카이센을 이용하고 나라奈良로 이동할 때는 긴테쓰 급행이나 일반 열차를, 나고야名古屋로 이동할 경우에는 긴테쓰 특급을 이용하는데 출발지가 모두 긴테쓰 난바 역이다. 난카이센 난바 역사의 북쪽에는 다카시마야 백화점이 자리 잡고 있고 남쪽으로는 난바 시티와 난바 파크스가 있어 최근에는 교통의 중심지보다는 쇼핑의 중심지로 더 알려져 있다. 교통편이 매우 복잡하고 늘 사람들로 북적이는 곳이니 길을 잃지 않게 안내판을 잘 보고 다니자.

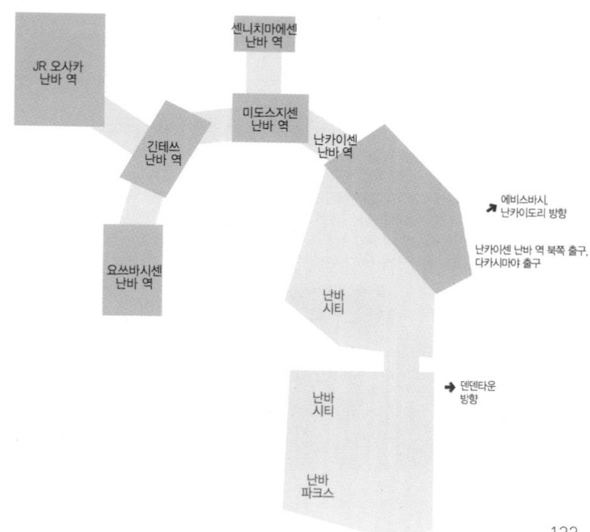

MAPECODE 02173

난바 시티 NAMBA CITY

쇼핑보다는 먹거리

난바 시티는 난카이센 난바 역 내에 본관이 있고 남쪽 출구 건너편에 별관이 있다. 특히 난바 역 남쪽 출구 횡단보도 건너 위치한 난바 시티 별관에는 인기 있는 음식점과 술집들이 모여 있어 꼭 가 봐야 한다. 식사 시간에는 긴 줄을 서야 먹을 수 있을 정도로 인기가 많은 음식점을 몇 개 추천하면, 태국과 베트남식의 볶음밥 요리를 주로 판매하는 사무로(SAMURO), 이탈리아 정통 피자 요리 전문점으로 너무도 긴 줄을 서다가 배가 더 고파지는 피제리아(PIZZERIA), 그리고 기린 맥주의 모든 종류를 다 마셔 볼 수 있는 기린시티(KIRIN-CITY)를 꼽을 수 있다. 그 밖에 많은 음식점이 있으므로 가기 전에 홈페이지를 꼭 확인하자.

주소 大阪市中央区難波5-1-60 위치 난카이(南海)센 난바(難波) 역 시간 상점 10:00~ 21:00, 음식점 10:00~22:00 홈페이지 www.nambacity.com

MAPECODE 02174

난바 파크스 難波 PARKS

떠오르는 명품 신흥 지역

난카이센 난바 역 남쪽에 위치한 난바 파크스는 탁 트인 인공 숲을 조성해 놓아 도심 속 숲이라는 또 다른 볼거리를 제공한다. 다양한 쇼핑 매장, 음식점, 영화관, 오락실 등이 들어서 있는 종합 엔터테인먼트 쇼핑몰이다. 여러 상점 중 가장 대표적인 곳은 1층에 있는 토이저러스(Toysrus)인데 유아나 어린 자녀를 둔 부모에게는 정말 쇼핑의 천국이다. 난바 파크스를 방문하기 전에 미리 홈페이지를 통해 많은 정보를 알아보자.

주소 大阪府大阪市浪速区難波中二丁目10番70号 위치 난카이(南海)센 난바(難波) 역 남쪽에 바로 위치 시간 상점 11:00~21:00, 음식점 11:00~23:00 홈페이지 www.nambaparks.com

MAPECODE 02175

덴덴타운 DENDENTOWN

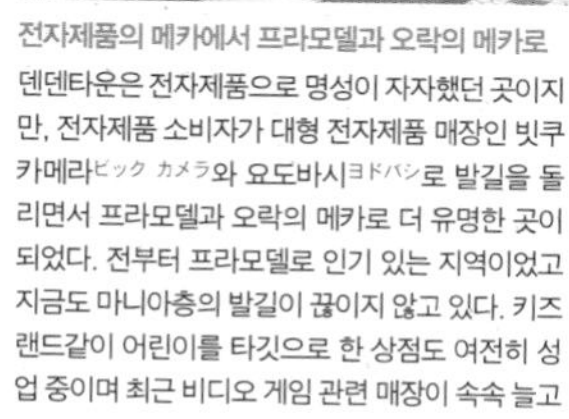

전자제품의 메카에서 프라모델과 오락의 메카로

덴덴타운은 전자제품으로 명성이 자자했던 곳이지만, 전자제품 소비자가 대형 전자제품 매장인 빗쿠카메라ビックカメラ와 요도바시ヨドバシ로 발길을 돌리면서 프라모델과 오락의 메카로 더 유명한 곳이 되었다. 전부터 프라모델로 인기 있는 지역이었고 지금도 마니아층의 발길이 끊이지 않고 있다. 키즈랜드같이 어린이를 타깃으로 한 상점도 여전히 성업 중이며 최근 비디오 게임 관련 매장이 속속 늘고 있으니 관심 있다면 한번 들러 보자. 단, 일본어로 된 게임이라는 것을 유념하자.

주소 大阪市浪 速区日本橋3-7-7 위치 난카이(南海) 센 난바(難波) 역 북쪽 출구 오른쪽 / 긴테쓰(近鉄) 센 닛폰바시(日本橋) 역 4번 출구에서 직진, 도보 5분 시간 10:00~21:00 (상점마다 차이가 있음) 홈페이지 denden-town.or.jp

MAPECODE 02176

구로몬 시장 黒門市場

오사카 남부의 대표 재래시장

오사카 남부에는 쓰루하시鶴橋 시장이 한국 상인들과 한국어 간판이 많은 것으로 잘 알려져 있지만, 관광지와 가까이에 있는 한국 음식을 파는 시장은 이 구로몬 시장이다. 주변에 한국인이 많이 거주해 한국 음식을 판매하고, 각종 식자재가 저렴해 조리가 가능한 숙소에 머무는 여행객이라면 이곳에서 재료를 사서 직접 요리해 먹는 것도 좋다.

주소 大阪府大阪市中央区日本橋2丁目4番1号 위치 긴테쓰(近鉄)센 닛폰바시(日本橋) 역 3번 출구에서 직진, 도보 1분 시간 10:00~20:00 (상점마다 다름) 홈페이지 www.kuromon.com

덴노지

天王寺
Tennogi

조용하고 서민적인 지역

덴노지 지역은 오사카의 주거 지역으로 한국 교포들이 많이 살고 있는 곳이다. 과거 신세카이, 쓰텐카쿠, 페스티벌 게이트 등 여러 곳이 관광 지역으로 주목받았으나 지금은 신세카이 정도에만 관광객들이 몰리고 있다. 하지만 현재 JR 덴노지 역 남쪽으로 거대 상업 지구 공사가 한창이어서 곧 주요 상업 지구로 급부상할 전망이다. 나라와 일본 동남쪽으로 갈 수 있는 JR센 덴노지 역과 긴테쓰센 덴노지 역이 있어, 난바 역이 오사카 남쪽 교통의 중심이라면 덴노지 역은 오사카 남쪽의 교통 요충지라 할 수 있다. JR센 신이마미야 역 근처에는 오사카에서 가장 저렴한 숙박 시설들이 밀집해 있어서 많은 배낭여행객이 비용을 절약하기 위해 찾는데 시설이나 주변 환경이 열악하다는 점을 미리 알아두자.

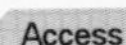

Access

1. 히가시 우메다東梅田 역에서 다니마치谷町센을 이용하여 시텐노지마에유히가오카四天王寺前夕陽ヶ丘 역에 도착 (보라색 다니마치센 280엔, 소요 시간 20분)
2. 난바 역에서 미도스지御堂筋센을 이용하여 덴노지 역 도착 (빨간색 미도스지센 240엔, 소요 시간 15분)
3. JR 난바 역에서 JR센을 이용하여 JR 신이마미야 역 도착 (JR센 170엔, 소요 시간 10분)

Travel Tips

덴노지 지역의 큰 볼거리들은 시텐노지와 신세카이 지역에 모여 있다. 시텐노지, 신세카이를 관광한 후 난바로 걸어서 이동하면서 전자제품 상가인 덴덴타운까지 둘러보자. 이 지역을 여행할 때 가장 주의할 점은 저녁에는 신이마미야 역부터 덴노지 역에 이르기까지 많은 노숙자와 걸인들이 있으니 늦은 저녁에는 조심해야 한다는 것이다. 만약 늦은 시간에 신세카이를 가게 되었다면 역에서 지하철을 타고 바로 다른 지역으로 이동하거나 택시를 타고 이동하자. 3박 4일 이하의 짧은 일정이라면 덴노지를 굳이 선택하지 않아도 괜찮다.

과거의 대표적인 유흥 지역이자 관광 지역이었던 만큼 볼거리와 먹거리가 풍부한 곳이다. 난바 지역과 그다지 멀지 않아 묶어서 일정을 계획하는 것도 좋다. 덴덴타운에서 도보로 이동할 수 있는 거리이기도 하다. 일본적인 정취를 흠뻑 느낄 수 있는 서민적인 지역이다.

2시간 베스트 코스

약 2시간 소요

세카이 상점가에서 맛집 투어를 한 후 전망대에서 오사카의 남쪽을 내려다보며 짧게 덴노지를 느껴 보는 코스다.

신세카이 상점가

과거 오사카 최대의 상권

도보 1분

쓰텐카쿠

일본 최초의 엘리베이터가 설치된 전망대

반나절 베스트 코스

약 5시간 소요

역사가 살아 숨 쉬는 시텐노지를 시작으로 덴노지의 대부분을 둘러보는 코스다. 주유패스 소지자가 할인 혜택을 받을 수 있는 곳이 많다.

시텐노지

백제의 숨결이 살아 있는 사찰

도보 20분

덴노지 공원

오사카의 가장 오래된 공원

도보 1분

덴노지 동물원

오사카 남쪽 최대의 동물원

도보 1분

신세카이 상점가

과거 오사카의 최대 상권

도보 1분

쓰텐카쿠

일본 최초의 엘리베이터가 설치된 전망대

시텐노지 四天王寺

백제의 숨결이 숨 쉬는 사찰

시텐노지는 일본의 가장 오래된 사찰로 과거 오사카 지역을 방문하는 사찰단을 영접하는 장소로 이용됐다. 593년 쇼토쿠 태자聖德 太子가 백제 기술자 3명을 일본에 데려와 지은 사찰이라 우리에게도 역사적인 의미가 있는 곳이다. 남대문, 5층탑, 금당을 일렬로 배치한 것을 시텐노지 양식이라고 하는데, 사실은 백제의 건축 양식이다. 사찰의 규모는 제법 크지만 제2차 세계대전 때 파괴되어 1971년 재건한 것이라 과거의 흔적이 많이 사라졌다. 시텐노지에는 2가지 큰 볼거리가 있는데, 바로 금당과 오쿠텐奧伝 지하에 있는 2만 2천 개의 작은 불상들이다. 금당 바로 앞에는 높이 약 40m의 5층탑이 있는데 과거에는 이 5층탑 꼭대기에서 오사카 시내를 볼 수 있었다고 한다. 매달 21일, 22일에는 한국의 장날처럼 많은 노점상이 시텐노지 앞에 들어서는데, 이 날짜에 여행한다면 들러 볼 만하다.

주소 大阪市天王寺区四天王寺1 丁目11 番18 号 **위치** 다니마치(谷町)센 시텐노지마에유히가오카(四天王寺前夕陽ヶ丘) 역 4번 출구에서 도보 5분 **시간** 4월~9월 08:30~16:30, 10월~3월 08:30~16:00 **요금** 성인 300엔, 대학생·고등학생 200엔, 중학생 이하 무료. 오사카 주유 패스 소지자 무료 (매표소에서 오사카 주유 패스와 쿠폰 제시), 간사이 스루 패스 소지자 단체 요금으로 할인 적용 **홈페이지** www.shitennoji.or.jp

덴노지 공원·덴노지 동물원 天王寺公園, 天王寺動物園

오사카의 가장 오래된 공원

오사카에서 가장 오래된 공원이자 일본 남부 지역에서 가장 큰 공원이다. 얼마 전 새롭게 단장해 조경은 더욱 화려해지고, 시설도 깔끔해져 많은 사람이 방문하고 있다. 봄꽃 놀이 시즌이면 발 디딜 틈이 없을 만큼 많은 사람으로 붐빈다. 덴노지 공원 서쪽에 동물원이 있어 주말에는 가족 단위 인파로 북새통을 이룬다. 2014년에 정문 입구를 새롭게 조성해 기존에
상주하던 노숙자들은 거의 없고 아이들이 놀 수 있는 넓은 잔디밭, 유료 실내 놀이방, 레스토랑 등으로 단장했다. 아이들과 함께하는 여행이라면 이곳을 적극 추천한다.

주소 大阪府大阪市天王寺区茶臼山町1-108 위치 다니마치(谷町)센 덴노지(天王寺) 역 4번 출구 바로 앞. JR센 덴노지 역 공원 출구에서 도보 3분 시간 덴노지 공원 09:30~17:00 / 7월 1일~ 8월 31일, 5월과 9월 주말 및 휴일 09:30~20:00 덴노지 동물원 09:30~17:00 / 5월과 9월 주말 및 휴일 09:30~18:00 요금 덴노지 공원 150엔 덴노지 동물원 성인 500엔, 중학생 이하 200엔 / 오사카 주유 패스 소지자 덴노지 공원, 동물원 무료 (매표소에서 오사카 주유 패스와 쿠폰 제시) 홈페이지 오사카 공원 관리 공단 www.osgf.or.jp, 덴노지 동물원 www.jazga.or.jp/tennoji

MAPECODE 02204 02205

신세카이·쓰텐카쿠 新世界 · 通天閣

오사카 남쪽의 과거 유흥 밀집 지역

덴노지 지역 어느 곳이든 높은 철탑을 볼 수 있는데 이것이 쓰텐카쿠다. 허름해 보이지만 남쪽에서 오사카 시내를 볼 수 있는, 일본 최초로 엘리베이터를 설치한 전망대다. 쓰텐카쿠 상단에 설치된 네온사인은 날씨에 따라 색이 변하며, 그 아래에는 일본에서 가장 큰 시계가 설치되어 있다.

쓰텐카쿠 주위로 그물망처럼 수많은 상점과 음식점이 얽혀 있는 신세카이가 있는데, 제2차 세계대전이 일어나기 전에는 오사카 최고의 유흥가였다. 아직도 많은 음식점과 술집이 밀집되어 있어 다양한 먹거리를 즐길 수 있는 덴노지의 핵심 관광 지역이다. 홈페이지에 들러 다양한 정보들을 체크한 후, 여행 계획을 세워 보자.

주소 大阪市浪速区恵美須東1-18-6 위치 미도스지(御堂筋)센 도부쓰엔마에(動物園前) 역 5번 출구에서 도보 5분 / JR센 신이마미야(新今宮) 역 남쪽 출구 왼쪽 계단에서 도보 5분 시간 쓰텐카쿠 09:00~21:00 요금 쓰텐카쿠 성인 700엔, 대학생 500엔, 중학생·고등학생 400엔, 초등학생 이하 300엔 / 오사카 주유 패스 소지자 무료 (매표소에서 오사카 주유 패스와 쿠폰 제시), 간사이 스루 패스 소지자 100엔 할인 홈페이지 쓰텐카쿠 www.tsutenkaku.co.jp

MAPECODE 02206

아베노하루카즈 あべのハルカス-

오사카 최대 쇼핑몰

오사카 관광의 변방이라고 할 수 있는 덴노지 지역에 자리 잡은 오사카 최대 규모의 복합 상업시설인 아베노하루카즈는 일본에서 세 번째로 높은 건축물이자 높이 300m에 자리 잡은 전망대로 일본에서 가장 비싼 건물로 손꼽힌다. 아베노하루카즈의 지하 2층부터 14층까지는 오사카 최대 규모의 킨테츠 백화점이 있으며 16층 미술관 상층부에는 고급 호텔과 이곳의 자랑인 전망대가 자리 잡고 있다. 또한 많은 인기 레스토랑이 있어 점심을 해결하기에도 적당한 곳이고 아이와 함께 일본을 방문한다면 덴노지 공원-동물원, 아베노하루카즈, 신세카이로 연결되는 일정을 준비하도록 하자. 아베노하루카즈는 엄청난 하드웨어를 가지고 있음에도 오사카 전통 관광 지역인 남바-신사이바시 그리고 우메다 지역에 밀려 아직까지는 많은 관광객이 찾고 있지는 않지만 남쪽에서 오사카 시내를 바라볼 수 있는 유일한 고층 전망대이므로 늦은 저녁 오사카의 멋진 야경을 감상하기 위해 들러 보자.

주소 大阪府大阪市阿倍野区阿倍野筋1丁目1番43号 위치 JR 미도스지센덴노지(御堂筋線天王寺) 역과 바로 연결 시간 쇼핑 매장 10:00~20:30, 레스토랑 11:00~23:00, 전망대 09:00~22:00 요금 전망대 어른1,500엔(18세 이상), 중고생 1,200엔(12~17세), 초등학생 700엔(6~11세), 어린이 500엔(4~5세) 홈페이지 www.abenoharukas-300.jp

간사이 지역의 벼룩시장 탐험

오사카 여행 중 빼놓을 수 없는 곳이 바로 벼룩시장蚤の市이다. 많은 중고 물품을 개인이 직접 가지고 나와 판매를 하기도 하고 중고 물품만 전문적으로 판매하는 업자가 좌판을 깔기도 한다. 생활용품, 옷, 신발 등을 주로 파는데 심지어 골동품까지 볼 수 있다. 굳이 물건을 사지 않아도 볼거리가 많으므로 날짜와 시간이 허락한다면 꼭 한번 들러 보자.

오하쓰텐진 벼룩시장* 露天神社

우메다 역 남쪽의 쇼핑 거리인 오하텐도리 남쪽 끝에 위치하고 있어 찾기 어렵지 않다. 약 40개의 좌판이 깔리는데 골동품이나 서예품 등 생각보다 진기한 물품을 많이 볼 수 있다. 둘러보는 데 많은 시간이 걸리지 않으므로 우메다를 갈 때 시간이 맞는다면 한번쯤 들러 볼 만하다.

날짜 매월 첫째, 셋째 금요일 주소 大阪府大阪市北区曾根崎2丁目5-4 위치 지하철 다니마치(谷町線)센 히가시우메다(東梅田) 역 HEP NAVIO 출구로 나와서 남쪽의 오하텐도리 끝에 위치. 도보 20분 전화 06-6311-0895

시텐노지 벼룩시장* 四天王寺

시텐노지의 정문에서 매월 21일과 22일에 벼룩시장이 열리는데, 해당 날짜가 주말인 경우 더 많은 좌판이 깔리고 사람들이 몰린다. 장이 열리는 날짜는 시텐노지의 역사와 관련이 있는데 21일은 코우보 대사의 기일이고 22일은 쇼토쿠 태자의 기일이다. 약 500개의 좌판이 들어서 정말 볼거리, 살 거리가 많고 먹거리 포장마차도 줄지어 들어서 있어 먹는 즐거움도 선사한다. 저녁까지 장이 열리니 오사카에서 가장 크고 재미있는 벼룩시장인 시텐노지 벼룩시장에 꼭 들러 보자.

날짜 매월 21일, 22일 주소 大阪府大阪市天王寺区四天王寺1丁目11-18 위치 지하철 다니마치(谷町線)센 시텐노지마에유우비가오카(四天王寺前夕陽ヶ丘) 역 4번 출구에서 도보 5분 전화 06-6771-0066

난코 101 벼룩시장* 南港 101 Flea マーケット

매월 첫째, 셋째 일요일에 열리는 난코 벼룩시장은 시텐노지 다음으로 규모가 큰 시장이다. 350여 개의 매장이 코스모스퀘어 역 광장 앞을 가득 메우는데 저녁에는 인디 밴드들의 라이브 무대도 열려 신나는 공연까지 함께 즐길 수 있다. 개인 판매보다는 벼룩시장 협회에 가입된 전문 판매상이 많아서 종류는 다양하지만 가격이 많이 저렴하지 않은 것이 조금 아쉽다.

날짜 매월 첫째, 셋째 일요일 위치 지하철 주오(中央線)센 코스모스퀘어(コスモスクエア) 역 앞 광장

난코 WTC 시민 마켓* 南港 WTC 市民マーケット

매주 일요일 WTC 앞에서 열리는 벼룩시장은 개인이 물품을 판매한다. 중고 물품뿐만 아니라 개인이 창작한 새로운 아이디어 상품도 많으며 가격도 저렴하다. 날짜와 날씨에 따라 좌판의 수가 다르지만 평균적으로 100여 개 좌판이 참여한다. 다른 행사로 취소가 되는 경우도 있으니 미리 홈페이지에서 확인하자.

날짜 매주 일요일 주소 大阪府大阪市住之江区南港北1丁目14-16 위치 난코 포트타운(南港ポートタウン線)센, 트레이드센터마에(トレードセンター前) 역 2번 출구에서 도보 3분 전화 06-6615-6127 홈페이지 www.wtc-cosmotower.com

도지 벼룩시장* 東寺

교토에서 열리는 가장 큰 벼룩시장으로 역사 유물을 비롯해 볼거리가 가득하다. 매월 21일 100여 개의 좌판들이 도지 입구에서 장사진을 이룬다. 연장자들이 주로 많이 오는데 JR 교토 역부터 길거리에 온통 어르신의 행렬이 이어지는 것을 볼 수 있다. 다른 벼룩시장과 달리 전문적으로 물품을 판매하는 사람들이 많으며 먹거리가 상대적으로 많아서 여러 가지 간식을 맛볼 수 있는 즐거움이 있다. 대부분 버스를 타고 가지만 JR 교토 역에서도 20분만 걸으면 된다.

날짜 매월 21일 주소 京都府京都市南区九条町1 위치 도지히가시몬마에(東寺 東門前) 버스정류장에서 도보 1분 전화 075-691-3326

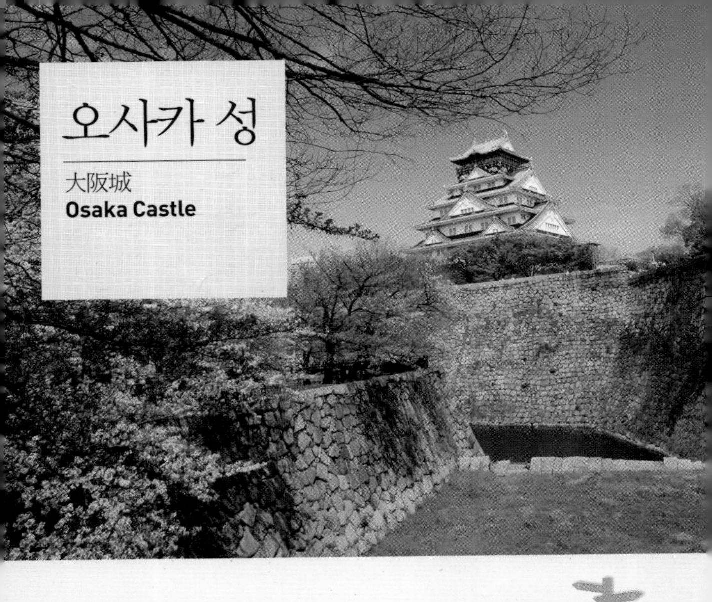

오사카 성

大阪城
Osaka Castle

오사카를 상징하는 거대한 성

1583년 도요토미 히데요시가 건립한 오사카 성은 16세기 당시에는 요도가와 강에 이를 정도로 상당히 큰 규모였지만 대부분이 소실되어 1950년대에 재건된 일부 성채만 남아 있다. 지금은 일부의 성채를 중심으로 공원을 조성하여 많은 사람이 쉬어 갈 수 있는 휴식 공간이 되었다. 특히 여름에는 많은 행사가 열려 내 · 외국인 관광객들에게 즐거운 볼거리와 먹거리를 선사한다. 매주 주말에는 도쿄 하라주쿠의 메이지 진구바시처럼 코스프레 의상을 입은 사람들이 공연을 하니 이왕이면 주말에 가는 것이 좋다. 오사카 성 주변으로는 역사 박물관이 있고 여러 전시관 및 콘서트홀 등도 자리하고 있다. 이 밖에도 오사카 성 주변에는 신문, 금융, 방송국 등 많은 기업이 자리하고 있어 경제, 정치적 중심지라고도 할 수 있다.

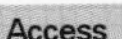

Access

1. JR 오사카大阪 역에서 JR센을 이용하여 JR 오사카조코엔大阪城公園 역 도착, 서쪽 출구에서 도보 10분 (JR센 170엔, 9분 소요)
2. 히가시우메다東梅田 역에서 다니마치谷町센을 이용하여 다니마치욘초메谷町四丁目 역 도착, 1-B 출구에서 도보 7분 (보라색 다니마치센 240엔, 13분 소요)
3. 난바難波 역에서 미도스지御堂筋센을 이용하여 혼마치本町 역으로 이동, 주오中央센으로 환승하여 다니마치욘초메 역 9번 출구에서 도보 7분 (빨간색 미도스지센 · 녹색 주오센 240엔, 19분 소요)

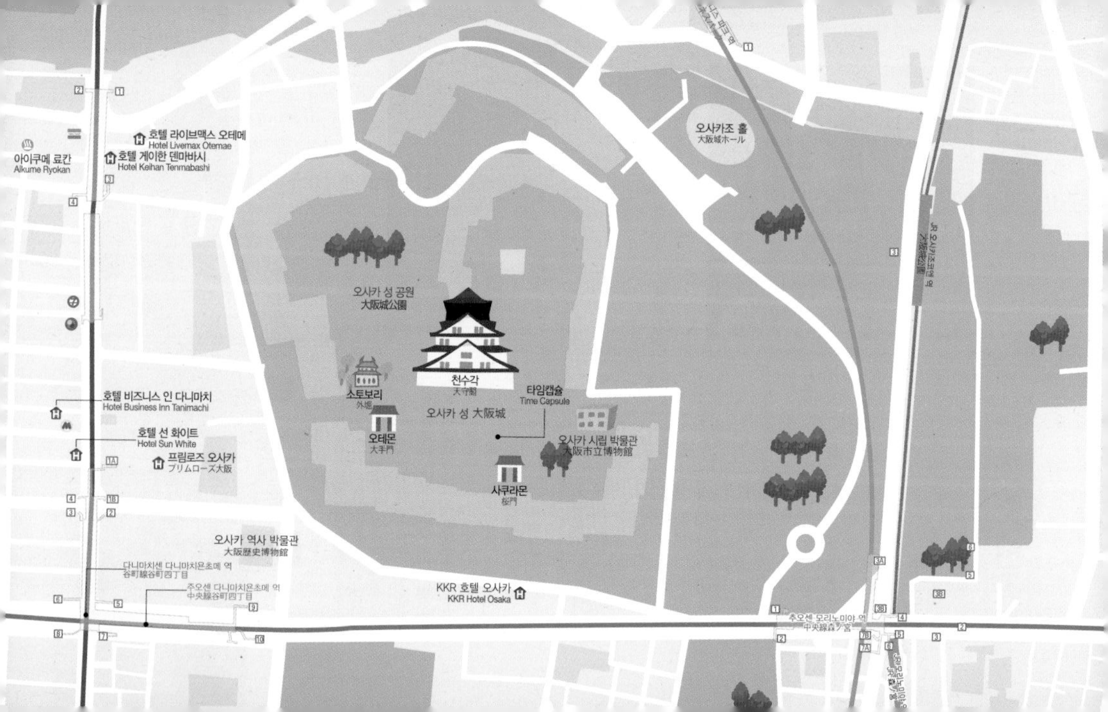

아이쿠메 료칸
Aikume Ryokan
호텔 라이브맥스 오테메
Hotel Livemax Otemae
호텔 게이한 덴마바시
Hotel Keihan Tenmabashi
호텔 비즈니스 인 다니마치
Hotel Business Inn Tanimachi
호텔 선 화이트
Hotel Sun White
프림로즈 오사카
プリムローズ大阪
오사카 역사 박물관
大阪歴史博物館
다니마치센 다니마치욘초메 역
谷町線谷町四丁目
주오센 다니마치욘초메 역
中央線谷町四丁目
오사카 성 공원
大阪城公園
천수각
天守閣
소토보리
外堀
오테몬
大手門
오사카 성 大阪城
타임캡슐
Time Capsule
오사카 시립 박물관
大阪市立博物館
사쿠라몬
桜門
KKR 호텔 오사카
KKR Hotel Osaka
오사카조 홀
大阪城ホール
JR 오사카조코엔 역
大阪城公園
주오센 모리노미야 역
中央線森ノ宮
JR 모리노미야 역
JR 森ノ宮

오사카 성 大阪城

일본의 상징이자 자부심

도요토미 히데요시에 의해 축성되었고, 두 번의 전쟁과 천재지변을 겪은 뒤 1983년 재건을 시작하여 지금의 모습을 되찾았다. 그렇지만 처음 규모에 비하면 지금은 성터라고 할 정도로 많이 유실된 상태이다.

오사카 성의 볼거리 중 가장 대표적인 것으로는 천수각을 꼽을 수 있다. 35m 높이의 5층 구조물로 원래는 목조 건물이었으나 콘크리트 건물로 재건되었다. 3층에는 황금 다실을 만들어 놓아 관광객들에게 화려한 볼거리를 제공한다.

주소 大阪市中央区大阪城 위치 JR 오사카조코엔(大阪城公園) 역 서쪽 출구에서 도보 10분 / 다니마치(谷町)센 다니마치욘초메(谷町四丁目) 역1-B 출구에서 도보 7분 / 주오(中央)센 다니마치욘초메(谷町四丁目) 역 9번 출구에서 도보 7분 시간 09:00~17:00 (특정 계절과 날짜에 따라 폐관 시간 연장) 요금 고등학생 이상 600엔, 중학생 이하 무료, 간사이 스루 패스 소지자 100엔 할인, 오사카 주유 패스 소지자 무료 관람 홈페이지 www.osakacastle.net

오사카 성 공원 大阪城公園

폐허에서 도시의 산소 탱크로

전쟁으로 폐허가 된 성터를 커다란 규모의 공원으로 조성하였다. 야구장과 콘서트홀 등 여가·문화 공간과 호수와 산책로 등 자연 체험 공간을 조성하여 다목적으로 이용하고 있다. 여름철이나 특정 행사가 있는 날에는 다양한 먹거리를 판매하는 노점상이 들어서 또 다른 재미를 준다.

주소 大阪市中央区大阪城公園 위치 JR 오사카조코엔(大阪城公園) 역 서쪽 출구에서 도보 10분 / 다니마치(谷町)센 다니마치욘초메(谷町四丁目) 역1-B 출구에서 도보 7분 / 주오(中央)센 다니마치욘초메 역 9번 출구에서 도보 7분 시간 상시 개원 요금 무료

오사카 역사 박물관 大阪歴史博物館

일본의 상징이자 자부심

오사카 성 인근에 위치한 오사카 역사 박물관은 총 10층 규모로, 오사카와 오사카 성의 역사를 체험할 수 있다. 관람 코스는 크게 두 가지로 실물 크기의 재현 전시물과 영상 등을 통해 오사카 역사를 알 수 있는 코스가 있고, 축소 모형으로 시대별 오사카 역사를 상세히 알아보는 코스가 있다. 각 층마다 간이 전망대가 설치되어 있어 오사카 시내를 한눈에 내려다볼 수 있다.

주소 大阪府大阪市中央区大手前4-1-32 위치 주오(中央)센 다니마치욘초메(谷町四丁目) 역 9번 출구 바로 앞 시간 09:00~17:00 (특정 계절과 날짜에 따라 폐관 시간 연장) 요금 일반 600엔, 고등학생 • 대학생 400엔, 중학생 무료, 오사카 주유 패스 소지자 무료 관람 홈페이지 www.mus-his.city.osaka.jp

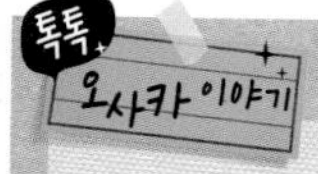

오사카 성大阪城의 역사 들여다보기

우리나라의 역사와 가장 밀접한 일본인을 꼽으라면 열에 아홉은 도요토미 히데요시豊臣秀吉를 떠올릴 것이다. 도요토미 히데요시는 하급 무사의 집안에서 태어났다. 한 시대를 풍미한 무사 오다 노부나가織田信長의 하인이었다. 추운 겨울 오다 주군의 신을 가슴에 품고 있는 충성스러움이 오다 노부나가의 눈에 들었고, 관직에 오를 수 있었다.

승승장구하던 도요토미 히데요시는 1582년 오다 노부나가가 죽은 후, 정권을 잡고 이듬해인 1583년 11월 오사카로 본거지를 이전하는데 이때부터 오사카의 찬란한 역사가 시작되면서 오사카 성 축성이 이루어졌다. 1년 반에 걸친 대규모 공사로 완성된 오사카 성은 성벽 앞에 강물이 흘러 난공불락의 요새로 만들어졌으며, 규모 또한 지금의 요도가와 강까지 이를 정도로 큰 성이었다(현재 요도가와 강을 건널 때 오사카 성의 일부 잔재를 볼 수 있다.). 도요토미 히데요시는 1592년 4월 12일 조선을 침략하려 했지만 이순신 장군과 조선 의병들의 저항에 밀려나 1598년 병사하였다. 도요토미 히데요시는 죽기 전, 도쿠가와 이에야스徳川家康에게 아들인 도요토미 히데요리豊臣秀頼를 맡겨 그 세력을 유지하려 했다.

도쿠가와 이에야스는 도요토미 가문의 정권을 이어간다는 명목 하에 많은 권력을 쌓았다. 1600년 패권을 잡은 그는 대부분의 지방 세력을 편입시키고 도요토미 가문과 추종 세력을 완전히 꺾고자 1614년 오사카 성을 공격하기 시작했다. 하지만 난공불락의 오사카 성에서 공성전을 준비한 도요토미 히데요리에게 패하고 말았다. 하지만 절치부심하던 중 강화조약을 내세워 도요토미 히데요리의 관심을 돌리고, 그 틈을 타 성벽 앞의 강을 메운 후 성을 공략해 드디어 1615년 오사카 성을 점령하고 도요토미 가문의 항복을 받았다.

전쟁으로 폐허가 된 오사카 성은 1620년 도쿠가와 이에야스의 셋째 아들인 도쿠가와 히데타다徳川秀忠가 재건을 시작하여 1629년 완성되었다. 하지만 도요토미 가문이 축성한 이전의 오사카 성의 잔재를 없애고자 규모를 4분의 1로 축소해서 처음의 거대한 규모는 찾아볼 수 없게 되었다.

1615년 전쟁과 함께 유실된 천수각天守閣은 1626년에 도쿠가와 가의 정권 교체 상징으로 도요토미의 천수각보다 더 큰 규모로 구축하였으나, 1665년 낙뢰로 인해 불타 또 한 번 유실되고 말았다. 이후 세 번째 천수각은 1931년 오사카 시민들이 도요토미의 것을 본떠 재건하였다. 하지만 제2차 세계대전에서 미국의 공격 목표가 되어 일부 소실되었다가 1958년 재건되어 지금의 모습을 갖추게 되었다.

1983년부터 재건이 시작돼 오사카 성을 복원하였고, 오사카 공원을 조성하였다. 많은 관광객이 찾는 주요 명소가 된 오사카 성은 나고야 성名古屋城과 구마모토 성熊本城과 더불어 일본의 3대 성으로 일본인의 상징이자 자부심으로 자리 잡았다.

베이 에어리어

ベイエリア

오사카 해양 개발 계획 도시

베이 에어리어의 덴포잔은 오사카 도심 서쪽을 해안 운하 공사를 통해 개발해서 만든 관광 지구다. 1990년대에 들어 오사카 국제 페리 터미널을 중심으로 개발하여 쇼핑센터와 대형 빌딩, 그리고 55층의 WTC 코스모 타워가 들어오면서 새로운 관광 지역으로 급부상했다. 베이 에어리어 지역은 크게 두 군데로 나눌 수 있는데 가이유칸, 덴포잔 마켓 플레이스가 있는 덴포잔 지역과 WTC 코스모 타워, ATC 아시아 태평양 무역센터, 오사카 국제 페리 터미널이 있는 난코 지역이다. 부산에서 배편으로 오사카를 방문하는 여행객은 이곳에 가장 먼저 도착하므로 도착하거나 다시 돌아갈 때 둘러보자.

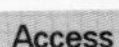

Access

1. 혼마치本町 역에서 추오센中央을 이용하여 오사카코大阪港 역에 도착 (녹색 추오센, 240엔, 소요 시간 20분 ⇨ 텐포잔 지역 관광)
2. 오사카코大阪港 역에서 추오센 이용하여 코스모스퀘어コスモスクエア 역에 하차한 후 난코 포트타운南港 ポートタウン센으로 환승하여 트레이드센터마에トレードセンター前 역 도착 (녹색 추오센+난코포트타운센, 210엔, 소요 시간 5분)

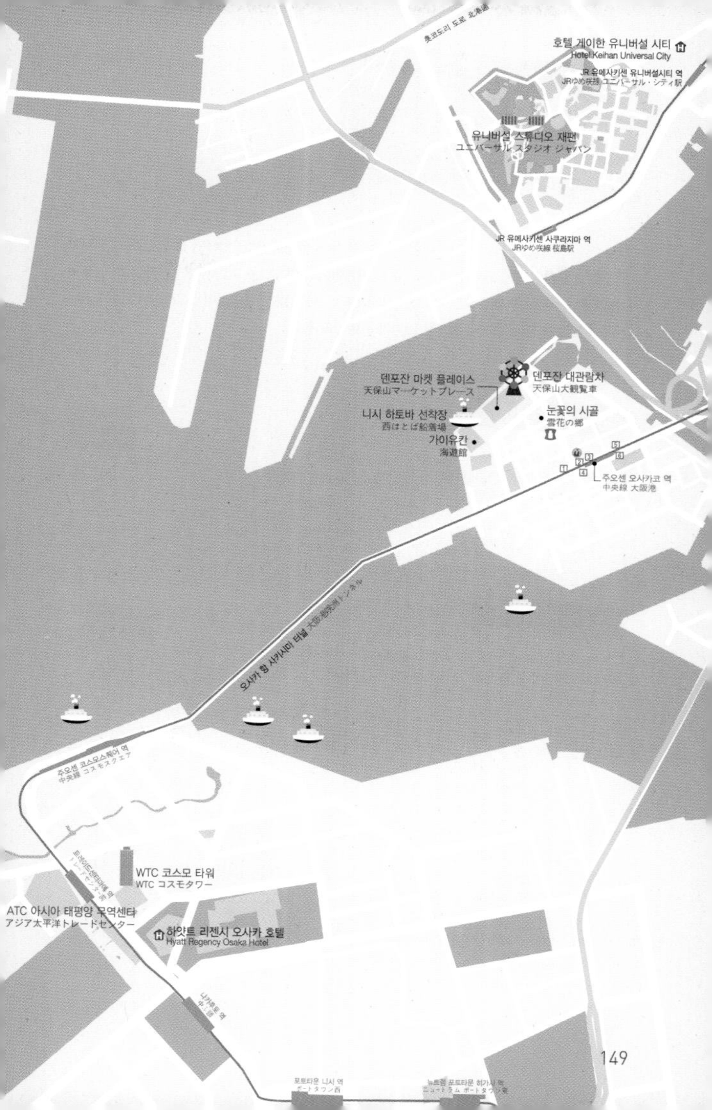
호코도리 도로 北港通
호텔 게이한 유니버설 시티
Hotel Keihan Universal City
JR 유메사키센 유니버설시티 역
JRゆめ咲線 ユニバーサル・シティ駅
유니버설 스튜디오 재팬
ユニバーサル スタジオ ジャパン
JR 유메사키센 사쿠라지마 역
JRゆめ咲線 桜島駅
덴포잔 마켓 플레이스
天保山マーケットプレース
덴포잔 대관람차
天保山大観覧車
니시 하토바 선착장
西はとば船着場
눈꽃의 시골
雪花の郷
가이유칸
海遊館
주오센 오사카코 역
中央線 大阪港
오사카 항 사키시마 터널 大阪港咲洲トンネル
주오센 코스모스퀘어 역
中央線 コスモスクエア
WTC 코스모 타워
WTC コスモタワー
ATC 아시아 태평양 무역센터
アジア太平洋トレードセンター
하얏트 리젠시 오사카 호텔
Hyatt Regency Osaka Hotel
나카후토 역
中ふ頭
포트타운 니시 역
ポートタウン西
뉴트램 포트타운 히가시 역
ニュートラム ポートタウン東

베이 에어리어 베스트 코스

가족 단위의 여행객이나 연인과의 여행 일정을 잡고 있다면 베이 에어리어 지역에서도 덴포잔 지역을 추천하고 싶다. 특히 어린아이와 함께하는 여행이라면 세계 최대 규모의 가이유칸 방문을 꼭 추천한다. 2000년 후반까지만 해도 많은 관광객이 찾았으나 쇼핑이나 먹거리에 특별한 점이 없어서 지금은 인기가 조금 떨어졌다.

3시간 베스트 코스

약 3시간 소요

어린 자녀들과 동행한다면 추천하고 싶은 베이 에어리어의 핵심 일정이다.

덴포잔 마켓 플레이스

엔터테인먼트 종합 쇼핑몰

도보 1분

가이유칸

세계 최대 규모의 수족관

반나절 베스트 코스

반나절 소요

4박 5일 이상의 장기 일정으로 오사카를 여행할 때 추천하는 코스다. WTC의 전망대에 오를 계획이라면 오후 3시 이후부터 이 반나절 코스를 따라 둘러보고 저녁에 WTC에 가자. 멋진 야경을 볼 수 있을 것이다.

덴포잔 마켓 플레이스

엔터테인먼트 종합 쇼핑몰

도보 1분

가이유칸

세계 최대 규모의 수족관

지하철 7분

WTC 코스모 타워

오사카의 가장 높은 건물

도보 5분

ATC 아시아 태평양 무역센터

대형 종합 쇼핑센터

덴포잔 마켓 플레이스 天保山 マーケット プレース

덴포잔 종합 레저 타운

덴포잔 지역을 관광할 때 가장 먼저 만나게 되는 덴포잔 마켓 플레이스는 다양한 쇼핑 매장뿐만 아니라 대관람차, 음식점, 오락실 등이 있는 종합 엔터테인먼트 쇼핑몰이다. 1층은 주차장이고 2층과 3층은 여러 레스토랑과 쇼핑 매장이 입점해 있다. 3층에는 세리아(Seria)라는 저가 생활용품점이 있다. 식사는 덴포잔 마켓 플레이스에서 해결하는 것이 좋다. 3층에 몇몇 괜찮은 음식점이 있고 2층에는 1950년대 음식점 골목을 재현한 나니와쿠이신보요코초なにわ食いしんぼ町가 있어서 맛은 물론 보는 즐거움도 느낄 수 있다.

이곳의 대관람차는 오사카 항과 오사카를 한눈에 볼 수 있는 아주 좋은 전망대이기도 하다. 저녁에 대관람차를 이용하면 오사카와 저 멀리 고베 항, 아카시 대교의 멋진 야경을 감상할 수 있다.

주소 大阪府大阪市港区築港 3丁目1-1-10 위치 추오(中央)센 오사카코(大阪港) 역 1번 출구에서 5분 시간 쇼핑 매장 11:00~20:00, 레스토랑 11:00~21:00, 대관람차 10:00~22:00 요금 대관람차 700엔, 오사카 주유 패스 소지자 무료 (매표소에서 오사카 주유 패스와 쿠폰 제시), 간사이 스루 패스 소지자 10% 할인 홈페이지 www.kaiyukan.com/thv/marketplace(마켓 플레이스) / www.senyo.co.jp/tempozan(대관람차)

옛 음식점 골목을 재현한 나니와쿠이신보요코초

생활용품 전문점 100엔숍 세리아

가이유칸 海遊館

세계 최대 규모의 수족관

가이유칸은 츄라우미 수족관(오키나와)에 이어 아시아에서 두 번째로 큰 수족관이다. 깊이 9m, 넓이 34m에 물 5,400톤인 초대형 수조는 태평양을 그대로 옮겨 놓은 듯하다. 14개의 전시 수조로 구성되어 있는데 580종, 약 4만 마리의 해양 생물과 바닷가 조류, 파충류를 볼 수 있다. 가이유칸의 구조는 특이한데, 입구에서 에스컬레이터를 타고 꼭대기까지 올라가 초대형 수조를 중심으로 나선형으로 내려오면서 관람하게 조성되어 있다. 어린아이를 동반한 가족 여행객에게 적극 추천한다.

주소 大阪府大阪市港区築港 3丁目1-1-10 위치 추오(中央)센 오사카코(大阪港) 역 1번 출구에서 5분 시간 10:00~20:00 요금 고교생 이상 2,300엔 , 중학생·초등학생 1,200엔, 유아(4세 이상) 600엔, 60세 이상 2,000엔 홈페이지 www.kaiyukan.com

MAPECODE 02212

WTC 코스모 타워 WTC コスモ タワー

오사카에서 가장 높은 건물

WTC 코스모 타워WTC コスモ タワー는 지상 55층의 초고층 건물이다. 꼭대기층에 오르면 오사카뿐만 아니라 간사이 지방 전역을 볼 수 있다. 46층과 47층에는 오사카의 아름다운 전망을 배경으로 한 고급 레스토랑이 있으며 52층에는 애니메이션 작품을 전시한 코스모 월드가 있다. 처음에 전망대가 생겼을 때에는 방문객이 많았으나, 전망대를 제외하고는 기반 시설이 부족하여 점점 그 수가 줄고 있다. 1층에서 가끔 벼룩시장이 열리기도 하는데 볼거리가 꽤 많으므로 홈페이지를 통해 벼룩시장이 열리는지 여부를 미리 확인하고 방문하자.

주소 大阪市住之江区南港北1-14-16 위치 난코 포트타운(南港ポートタウン)센 트레이드센터마에(トレードセンター前) 역 2번 출구에서 도보 3분 시간 11:00~22:00 (월요일 휴무) 요금 고교생 이상 700엔, 중학생 이하 400엔, 오사카 주유 패스 소지자 무료 (매표소에서 오사카 주유 패스와 쿠폰 제시) 전망대 고교생 이상 510엔, 중학생 이하 210엔 홈페이지 www.wtc-cosmotower.com

MAPECODE 02213

ATC 아시아 태평양 무역센터 アジア 太平洋トレードセンター

쇠퇴하는 대형 종합 쇼핑몰

ATC는 대형 복합 쇼핑몰로 1994년 개점하였다. 3개의 동으로 이루어져 있는데 아웃렛 매장과 의류, 잡화, 액세서리 등이 입점해 있는 동은 ITM동이다. O's동에는 오락 시설이 들어서 있다. ATC동에는 각종 행사와 전시회 등이 열린다. ATC 개점 당시 오사카 관광의 한 축을 담당할 것이라고 점쳤지만, 점점 방문객 수가 줄어들면서 매장이 줄어들고 있다. 시간이 여유롭다면 잠시 들러 쇼핑도 하고 건물 안에서 바깥 전경도 구경하자.

주소 大阪府大阪市住之江区南港北2-1-10 위치 난코 포트타운(南港ポートタウン)센 트레이드센터 마에(トレードセンター 前) 역과 바로 연결 시간 쇼핑센터 11:00~20:00, 레스토랑 11:00~22:00 홈페이지 www.atc-co.com

MAPECODE 02214

유니버설 스튜디오 재팬

UNIVERSAL STUDIOS JAPAN

환상의 테마파크 유니버설 스튜디오 재팬

유니버설 스튜디오 재팬은 할리우드 영화와 애니메이션을 테마로 한 글로벌 테마파크로, 2001년 3월에 개장하여 지금까지 많은 사랑을 받고 있다. 테마는 할리우드, 뉴욕, 샌프란시스코, 쥐라기 공원, 유니버설 원더랜드, 라군, 워터월드, 애머티 그리고 2014년 7월 15일 만들어져 많은 사람들의 기대를 저버리지 않은 위저딩 월드 오브 해리포터 구역 이렇게 9개로 구성되어 있다.

흥미진진한 어트랙션과 각종 오락 시설, 쇼 등 신나는 즐길거리로 가득한 이곳은 영화 세계 그 자체다. 어트랙션은 놀이기구를 이용한 라이드 어트랙션과 영상을 이용한 쇼 어트랙션으로 나뉜다. 라이드 어트랙션은 10개, 쇼 어트랙션은 16개로 구성된다(원더랜드 에어리어의 어트랙션은 제외). 특히 어린이들을 위한 테마 타운인 원더랜드 에어리어와 환상과 미지의 세계를 체험할 수 있는 해리포터 에어리어는 새로운 즐거움을 선사하고 있다.

Access

1. JR 오사카 역에서 JR 오사카 순환선을 이용하여 JR 니시쿠조西九条 역에 도착한 후 JR 유메사키센으로 환승하여 유니버설시티ユニバーサルシティ 역 하차. 소요 시간 15분.
2. 한신 난바 역에서 아마가사키尼崎행 한신 난바센을 이용하여 니시쿠조西九条 역에 도착한 후 JR 유메사키센으로 환승해 유니버설시티ユニバーサルシティ 역에서 하차. 소요 시간 20분.

유니버설 스튜디오 재팬 Best

© Universal Studios Japan

1 환상적인 3D 사이버 어트랙션인 '터미네이터2 3-D'

2 원더랜드 에어리어의 '스누피 사운드 스테이지 어드벤처'

3 현실과 구별하기 힘들 정도로 흥미진진하고 박진감 넘치는 '더 어메이징 어드벤처 오브 스파이더맨 더 라이드'

4 유니버설 스튜디오 재팬 최고 인기의 어트랙션 '더 위저딩 월드 오브 해리포터 에어리어'

티켓의 종류와 요금

자유이용권	소인 (4~11세)	일반 (12~64세)	경로자 (65세~)
1일 자유이용권	5,100엔	7,600엔	6,700엔
2일 자유이용권	9,000엔	13,400엔	

단체 요금 및 기타 입장 요금에 대해서 홈페이지 참고

홈페이지 www.usj.co.kr(한국어) **입장 시간** 10:00~18:00 (매월 날짜와 요일에 따라 폐장 시간이 바뀌므로 홈페이지 참고 필수) **입장권 구매 장소** **당일권**(당일 입장 가능 티켓, 당일 수용 인원에 따라 입장의 제한이 따름) 현장 티켓 부스 **예매권**(입장 날짜 지정, 현장 입장권 교환 없이 바로 입장 가능) 현장 티켓 부스, 웹사이트(3개월 전 예약 필수), 제휴 호텔 **입장 예약권**(입장 날짜 지정, 현장 입장권 교환 후 입장 가능) JR 미도리노마도구치(みどりの窓口) 기차 티켓 예약센터 90일 전 예약 필수), 편의점 로손(3개월 전 예약 필수), 제휴 여행사(3개월 전 예약 필수)

Travel Tips

유니버설 익스프레스 티켓

유니버설 스튜디오 재팬은 평일, 주말 구분 없이 입장객이 많아 어트랙션을 이용하기 위해서는 오랫동안 줄을 서서 기다려야 한다. 특히 최근에 오픈한 '해리포터 앤드 더 포비드 저니'의 경우 줄을 늦게 선다면 반나절까지도 감수해야만 입장이 가능할 정도이다. 이런 불편함과 혼잡을 줄이기 위해 유니버설 익스프레스 티켓을 별도로 판매하고 있는데 이것은 몇 개의 인기 어트랙션을 긴 줄을 서지 않고 익스프레스 통로를 따라 빠르게 관람할 수 있어 시간을 절약할 수 있다는 장점이 있다. 하지만 별도의 많은 요금을 지불해야 하고 해리포터 어트랙션과 함께 패스로 묶인 다른 어트랙션의 대기 시간이 그리 길지 않아 해리포터를 위한 티켓이라 할 수 있다. 티켓 구매는 유니버설 스튜디오 재팬 지정 한국 여행사에서 사전 예약이 가능하며(홈페이지 참고), 현장 정문 입구를 지나 좌측에 있는 파크 상점에서도 구매가 가능하다. 해당 어트랙션의 종류와 입장일에 따라 가격이 달라지므로 홈페이지나 현장에서 가격을 미리 체크하도록 하자.

유니버설 익스프레스 티켓 7	유니버설 익스프레스 티켓 4	유니버설 익스프레스 티켓 3
7,600엔	5,200엔	4,200엔

홈페이지를 참고하여 자신과 맞는 익스프레스 티켓을 구매하도록 하자.

SERVICE

게스트 서비스	미아보호소	보관함	화장실 (휠체어 대응 완비)
퍼스트 에이드 (의무실)	패밀리 서비스	홈 딜리버리	화장실 (여성 전용)
이벤트 센터	휠체어/유모차 렌탈	메일 서비스	포토 서비스
흡연 구역	현금자동인출기		

안전을 위해 재떨이를 일시적으로 철거하거나 이동하는 경우가 있습니다.

ATTRACTIONS

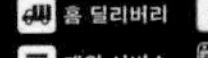
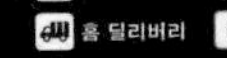
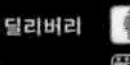
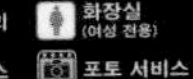

신장제한

차일드스위치 (교대 승선)

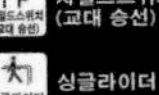
싱글라이더

격한 어트

어린이 동

우비 필

유니버 대상 ㅇ

임산부 고객 서비스, 장애가 있으신 분

어트랙션의 특성상, 임신중인 분의 이용을 제한하는 것이 있습니다.
임신 중이신 분은 ♡ 이외의 어트랙션은 이용하실 수 없습니다.

할리우드 에어리어

08 할리우드 드림더 라이드
08 할리우드 드림 더 라이드 백드롭
10 유니버설 몬스터 라이브 로큰롤 쇼
20 세서미 스트리트 4-D 무비 매직
20 슈렉 4-D 어드벤처
24 스페이스 판타지 더 라이드
26 이터널 위쉬, 모든 이의 소망의 별
27 애니메이션 셀레브레이션

뉴욕 에어리어

31 터미네이터
34 어메이징 어드벤처 오브 스파이맨 더 라이드
65 할리우드 로즈 오브 페임
66 할리우드 로즈 오브 페임(유료)

퍼레이드

30 매지컬 스타라이트 퍼레이드

샌프란시스코 에어리어

42 백 투 더 퓨처 더 라이드
47 백 드래프트

쥐라기 공원

50 쥐라기 공원 더 라이드

애머티 빌리지

59 애머티 보드워크 게임(유료)
61 죠스

유니버설 원더랜드

스누피 스튜디오 존

69 날아라 스누피
71 스누피 사운드 스테이지 어드벤처
72 스누피의 그레이트 레이스

헬로 키티 패션 애버뉴 존

74 헬로키티 리본 컬렉션
75 헬로키티 컵케이크 드림

세서미 스트리트 펀 월드 존

78 빅 버드 비드 탑 서커스
79 엘모 리틀 드라이브
80 버트 & 어니 프롭숍 게임플레이스(유료)
81 엘모의 이미지네이션 플레이랜드
82 세서미 센트럴파크

55 워터 월드

할리우드 에어리어 Hollywood Area

할리우드보다 더 할리우드다운 곳

미국 영화의 본고장 할리우드를 그대로 재현한 곳으로, 동쪽 입구 바로 왼쪽에 위치해 유동 인구가 많고 복잡하다. 가장 많은 어트랙션이 있는 구역으로 라이드 어트랙션 2종, 쇼 어트랙션 3종이 있다. 인기 있는 레스토랑도 몇 군데 있다.

스페이스 판타지 더 라이드
Space Fantasy The Ride

Ride Attraction ★★☆

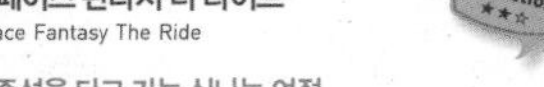

© Universal Studios Japan

우주선을 타고 가는 신나는 여정

태양을 구하기 위해 우주선 '솔라 셔틀호'에 탑승하여 우주로 향하는 신나는 여정을 테마로 한 어트랙션이다. 지구와 토성 그리고 수많은 행성과 혜성을 지나며 압도적인 우주의 아름다움을 즐길 수 있다. 탑승자의 체중에 따라 회전의 횟수와 스피드가 매번 달라지며 클라이맥스에 이르렀을 때의 환상적인 우주의 아름다움은 탄성을 자아낸다.

할리우드 드림 더 라이드
Hollywood Dream The Ride

Ride Attraction ★★☆

© Universal Studios Japan

상공을 나는 듯한 스릴 넘치는 어트랙션

이 어트랙션은 5가지 장르의 배경 음악 중 원하는 음악을 선택한 다음 시작된다. 할리우드 에어리어 상공을 날아다니는 듯한 경험을 만끽하는 스릴 넘치는 어트랙션으로, 아름다운 풍경을 음악과 함께 감상할 수 있다. 중력에서 해방되어 그 어떤 어트랙션보다도 짜릿하고 유쾌한 기분을 느낄 수 있다. 특히 열차에 설치된 LED 조명이 아름다워 지켜보는 사람들은 마치 별똥별이 떨어지는 것 같은 느낌을 받기도 한다. 낮과 밤에 타는 기분이 전혀 다르니 두 번 탑승해 보길 적극 추천한다.

슈렉 4-D 어드벤처 Shrek's 4-D Adventure

Show Attraction ★★☆

슈렉과 함께하는 모험의 세계

슈렉과 동키가 새로운 모험을 위해 등장한다! 드림웍스의 아카데미상 수상 영화 〈슈렉〉이 탄생시킨 '슈렉 4D 어드벤처 오리지널 3D 무비'는 새로운 차원의 특수효과를 더하여 모험의 세계로 초대한다. 좌석에 앉은 채 놀라운 스릴과 4D 영상을 피부로 느낄 수 있는 흥미로운 어트랙션이다.

유니버설 몬스터 라이브 로큰롤 쇼
Univasal Monster Live Lock and Roll Show

Show Attraction ★★☆

몬스터와 함께 펑키한 로큰롤 음악을 즐겨 보자

유니버설 스튜디오에서 탄생한 괴물들! 드라큘라, 프랑켄슈타인, 프랑켄슈타인의 부인, 비틀주스 등 무시무시한 그들이 뭉쳤다. 지금까지 사람들에게 무서운 존재였던 그들이 이번에는 펑키한 로큰롤 음악으로 흥분과 즐거움을 선사한다. 남다른 파워와 퍼포먼스는 역시 할리우드 스타일!

© Universal Studios Japan

매지컬 스타라이트 퍼레이드 Magical Starlight Parade

Show Attraction ★★☆

대표 캐릭터들의 환상적인 퍼레이드

유니버설 스튜디오의 대표적인 캐릭터인 엘모, 스누피, 헬로키티를 시작으로 꿈 같은 전래동화 이야기가 펼쳐진다. 신밧드의 모험, 아라비안나이트, 이상한 나라의 앨리스 그리고 피날레를 장식하는 사랑스런 신데렐라까지! 수천 개의 LED가 환상의 세계로 인도하고 세계 최고의 엔터테이너들이 눈이 커질 정도로 빛나고 환상적인 퍼레이드를 보여준다. 이동 경로는 할리우드 구역을 출발하여 라군의 호수 앞을 지나 뉴욕 구역까지인데 사람들이 많이 몰리므로 좋은 자리에서 관람을 하려면 퍼레이드 시간보다 일찍 자리를 잡아야만 제대로 즐길 수 있다.

© Universal Studios Japan

맬스 드라이브 인 Mel's Drive in

영화 속 레스토랑을 그대로 재현

영화 〈청춘 낙서(American Graffiti)〉에 등장하는 레스토랑을 그대로 재현한 곳으로 외관은 물론 주차해 둔 자동차들까지 1950년대 미국의 분위기가 물씬 풍긴다. 150g이나 되는 어마어마한 크기의 타워 버거를 비롯해 미국식 정통 클래식 햄버거와 디저트를 판매한다.

© Universal Studios Japan

© Universal Studios Japan

스튜디오 스타즈 레스토랑 Studio Stars Restaurant

어트랙션과 관련된 테마 음식 판매

유명 감독과 스타들이 즐겨 찾는 영화 스튜디오 안의 카페테리아를 모티브로 한 레스토랑이다. 햄버거와 도리아 종류 그리고 같은 구역에 위치한 스페이스 판타지 더 라이드 어트랙션과 관련된 테마 음식도 판매한다.

아즈라 디 카프리 Azzurra di Capri

화덕 피자 전문점

이탈리아의 카프리 섬에 위치한 '푸른 동굴'을 테마로 한 레스토랑으로 이탈리아 와인과 함께 여유로운 시간을 보내기에 좋은 곳이다. 문어, 꽃게 등의 신선한 해산물과 수제 햄 등의 엄선된 재료를 얹어 돌 가마에 구워 낸 화덕 피자 전문점으로 칸초네를 비롯한 다양한 피자가 인기 있다.

© Universal Studios Japan

Travel Tips

식사는 어디에서 할까?

유니버설 스튜디오 재팬은 음식물을 들고 입장할 수 없고 외부에서 먹는 것보다 비용이 2배로 많이 든다. 좀 더 저렴하고 여유롭게 식사를 즐기고 싶다면 유니버설 스튜디오 재팬 밖으로 나와서 식사를 하자. 이때 유의할 점은 나올 때 반드시 확인 도장을 받아야 재입장을 할 수 있다는 것이다. 유니버설 스튜디오 재팬 밖으로 나오면 유니버설 시티 워크 오사카에 많은 음식점이 있는데 그다지 저렴하지는 않지만 안에서 먹는 것보다는 비용이 저렴하고 좀 더 편하게 식사를 할 수 있다. 또한 음식 선택의 폭이 넓어 하루 종일 유니버설 스튜디오 재팬에 머무는 여행객에게는 이 방법을 추천한다.

뉴욕 에어리어 New York Area

스파이더맨과 터미네이터를 만날 수 있는 곳

1930년대의 뉴욕을 그대로 재현한 곳으로 할리우드 영화에 많이 등장하는 뉴욕 시의 길을 그대로 만들어 놓았다. 최고 인기를 누리고 있는 스파이더맨 어트랙션과 실감 나는 특수 효과로 눈길을 끄는 터미네이터 어트랙션이 대표적이다.

© Universal Studios Japan

© Universal Studios Japan

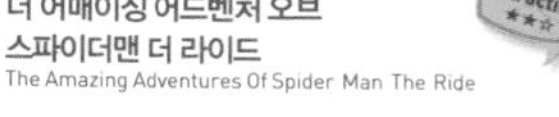

더 어메이징 어드벤처 오브 스파이더맨 더 라이드

Ride Attraction ★★☆

The Amazing Adventures Of Spider Man The Ride

영웅 스파이더맨을 만나다

스파이더맨과 악당 고블린의 흥미진진한 대결을 직접 볼 수 있는 어트랙션이다. 악당 고블린이 덮치는 순간 영웅 스파이더맨이 우리를 구하러 온다! 짜릿한 스릴과 새로운 3D 어트랙션의 세계에 빠져 보자!

터미네이터2 3-D

Terminator2 3-D

세계 최초의 사이버 어트랙션

할리우드의 최첨단 기술이 낳은 세계 최초의 3D 사이버 어트랙션이다. 미래를 건 인류와 사이보그의 싸움이 바로 이곳에서 펼쳐진다. 입체감 넘치는 3D 스크린을 배경으로 히어로들이 돌연 무대에 등장하여 영상과 현실의 세계를 모호하게 한다.

피네건스 바 앤 그릴 Finnengan's Bar & Grill

아이리시 펍

뉴욕 브루클린에 있는 아이리시 펍을 테마로 만든 레스토랑으로 주로 아일랜드 요리와 맥주를 판매한다.

사이도 Saido

일식 레스토랑

뉴욕에 있는 일식집을 그대로 가져온 듯한 인테리어가 멋진 일식 레스토랑이다. 재즈 음악이 흐르는 분위기와 미국인 입맛에 맞는 일식 메뉴가 돋보이는 곳이다.

루이스 N.Y. 피자 팔러 Louie's N.Y. Pizza Parlor

캐주얼 이탈리안 레스토랑

유명 영화에 나오는 캐주얼 이탈리안 스타일의 레스토랑으로 쫄깃쫄깃한 식감이 일품인 생파스타가 대표 메뉴다.

샌프란시스코 에어리어 San Francisco Area

작고 흥미로운 또 하나의 샌프란시스코

미국의 아름다운 항구 도시인 샌프란시스코를 재현해 놓은 곳으로 라군의 호수가 앞에 있어 경치가 뛰어나다. 스파이더맨이 들어오기 전까지 최고의 인기를 누렸던 백 투 더 퓨처 어트랙션이 가장 인기가 좋다.

백 투 더 퓨처 더 라이드
Back to the Future The Ride

Ride Attraction ★★☆

신나는 시간 여행

과거와 미래로 시간 여행을 떠나는 그야말로 놀라운 라이드의 걸작이다. 눈사태와 공룡, 화산 폭발을 피해 과거와 미래를 오가다 보면 놀라운 장면들에 입을 다물지 못할 것이다.

© Universal Studios Japan

더 드래곤즈 펄 The Dragon's Pearl

테라스 자리도 준비되어 있는 모던한 분위기의 중식 전문 레스토랑이다. 콤보 세트와 디저트도 있어 자유롭고 간단하게 먹을 수 있다.

쥐라기 공원 에어리어 Jurassic Park Area

환생한 공룡들의 공원

그다지 큰 구역은 아니지만 대표적인 볼거리이다. 쥐라기 공원을 그대로 재현해 놓아 어린아이들에게 인기가 높다. 현대에 환생한 공룡들이 살고 있는 정글에서 스릴 있는 모험을 즐겨 보자.

쥐라기 공원 더 라이드

Jurassic Park The Ride

리얼 공룡 체험

보트에 탑승하여 열대우림을 탐험하다 대지를 걷는 공룡을 직접 보고 체험할 수 있는 경이로운 어트랙션이다. 보트를 타고 이곳저곳을 가다 보면 위험천만한 일들이 계속해서 벌어진다. 영화 속의 장면처럼 리얼하여 많은 사랑을 받고 있다.

© Universal Studios Japan

디스커버리 레스토랑 Discovery Restaurant

립 요리 레스토랑

영화 〈쥐라기 공원〉에 등장하는 관광 안내 센터를 모델로 하여 중앙에 공룡 화석을 재현해 놓은 레스토랑으로 립 요리가 유명하다.

워터월드 에어리어 Waterworld Area

화려한 워터 쇼!

영화 〈워터월드〉는 흥행에 실패했지만 유니버설 스튜디오 안에서 쇼로 재탄생하여 꾸준하게 사랑받고 있다. 제트스키의 화려한 쇼와 영화에도 등장한 거대한 범선의 위용 또한 멋진 곳이다.

워터월드 WaterWorld

Ride Attraction ★★☆

USJ 최고의 쇼!

케빈 코스트너 주연의 영화 〈워터월드〉를 그대로 재현한 곳으로 3천 명 수용이 가능한 세트에서 세계 최고의 스턴트맨들의 쇼를 볼 수 있다. 불과 물, 제트스키, 수상스키 그리고 실제 비행기까지 동원하여 화려한 액션이 펼쳐지는데 스케일이 영화만큼 대단해 유니버설 스튜디오 최고의 쇼로 자리 잡았다.

© Universal Studios Japan

애머티 빌리지 Amity Village

가슴이 오싹해지는 공포와 스릴을 맛볼 수 있는 곳

영화 〈죠스〉의 해변을 재현한 곳이다. 대롱대롱 매달려 있는 죠스가 인상적이다. 뉴잉글랜드 지방의 소박한 어촌 마을을 재현해 놓은 애머티 빌리지를 배경으로 기념 사진을 찍는 것도 잊지 말자.

Ride Attraction ★★☆

죠스 Jaws

거대한 상어가 나타나는 오싹한 어드벤처

평화로운 마을인 애머티 빌리지에서 보트를 타고 바다로 나아가는데 거대한 상어가 위협하는 아슬아슬한 상황이 펼쳐진다. 거대한 상어가 순식간에 덮쳐 오는 오싹한 어드벤처의 세계로 떠나 보자.

© Universal Studios Japan

라군 에어리어 Lagoon Area

환상적인 퍼레이드가 펼쳐진다!

라군 에어리어는 유니버설 스튜디오 재팬 중앙에 있는 대형 호수를 끼고 있는 구역으로 과거에는 피터팬의 네버랜드 어트랙션이 있었지만 지금은 폐쇄되었다. 유니버설 스튜디오 재팬에서 가장 여유롭고 경치가 좋다. 잠시나마 휴식을 취할 수 있는 곳이자 저녁에는 퍼레이드를 가장 잘 볼 수 있는 구역 중 하나다.

© Universal Studios Japan

유니버설 원더랜드 에어리어 Universal Wonderland Area

© Universal Studios Japan

어린이의 천국

유니버설 원더랜드 구역은 어린이를 동반한 가족들이 온종일 즐길 수 있는 공간으로 꾸며져 있다. 크게 세 구역으로 나눌 수 있는데 스누피 스튜디오 존, 헬로키티 패션 애비뉴, 새서미 스트리트 펀 월드 존이 있으며 총 20개의 어트랙션과 즐길 거리 그리고 4개의 레스토랑으로 구성되어 있다. 또한 어린이들을 위한 원더랜드 구역만의 퍼레이드가 별도로 준비되어 있어 잊지 못할 신나는 추억을 만들어 줄 것이다.

© Universal Studios Japan

스누피 스튜디오 존 Snoopy Studio Zone

Ride Attraction ★★☆

어린이들의 친구 스누피

스누피와 함께 하늘로 날아오르는 회전형 라이드인 날아라 스누피와 스누피 스튜디오 내부에서 재미있게 즐길 수 있는 어린이를 위한 롤러코스터인 스누피의 그레이트 레이스를 즐겨 보자.

헬로키티 패션 애비뉴 Hello Kitty Fashion Avenue

Ride Attraction ★★☆

헬로키티를 만날 수 있는 곳

색색의 컵케이크 회전형 라이드인 헬로키티 컵케이크 드림과 헬로키티를 직접 만날 수 있는 집을 둘러보는 헬로키티 리본 컬렉션으로 출발!

© Universal Studios Japan

더 위저딩 월드 오브 해리포터 에어리어 The Wizarding World of Harry Potter Area 

© Universal Studios Japan

영화 속 주인공처럼

영국의 작가 조앤 K. 롤링이 런던을 배경으로 쓴 판타지 소설 <해리포터>는 영화로 만들어져 큰 인기를 끌었고, 그 환상적인 장면들이 마법처럼 우리 현실 앞에 나타났다. 2014년 7월 오픈한 해리포터 구역에는 영화 속 주인공이 된 듯한 착각을 일으키는 최고 인기의 어트랙션 해리포터 앤드 더 포비든 저니(Harry Potter and the Forbidden Journey)와 가족들과 함께 즐길 수 있는 롤러코스터 플라이트 오브 더 히포그리프(Flight of the Hippogriff)가 있다. 둘 다 엄청나게 긴 줄을 서야 하므로 익스프레스 티켓을 구매하지 않았다면 유니버설 스튜디오가 개장하자마자 무조건 달려가서 줄을 서야만 한다. 또한 해리포터 구역에는 영화 속 장면을 형상화한 레스토랑과 개성 만점의 가게들이 입점해 있어 어트랙션 외에 또 다른 재미를 선사할 것이다.

해리포터 앤드 더 포비든 저니

Harry Potter and the Forbidden Journey™

Ride Attraction ★★☆

현재 가장 인기 많은 어트랙션

실재감이 느껴지는 고화질의 3D-4K 화면을 통해 해리포터와 함께 밤하늘을 누빌 수 있는 어트랙션으로 지금 유니버설 스튜디오 재팬에서 가장 뜨거운 어트랙션이다.

© Universal Studios Japan

© Universal Studios Japan

플라이트 오브 더 히포그리프

Flight of the Hippogriff™

Ride Attraction ★★☆

해리포터 에어리어 둘러보기

가족과 함께 즐길 수 있는 롤러코스터로 해그리드의 오두막과 호박 밭을 날아다니면서 해리포터 에어리어를 둘러볼 수 있다.

오사카 여행 준비 전에 오사카에서 쇼핑도 하고 맛있는 음식도 먹고 분위기 있게 커피 한잔을 하면서 여행을 즐기는 상상을 많이 할 것이다. 오사카에는 쇼핑 거리와 맛집, 그리고 이색적인 카페가 즐비하기 때문이다. 초행길인 여행자를 위해 인기 관광지 주변으로 오사카에서만 즐길 수 있는 특별한 카페를 소개한다.

우메다

아이스 몬스터 アイスモンスタ

MAPECODE 02301

우메다에서 가장 핫한 빙수집 오픈부터 지금까지도 우메다 일대에서 가장 핫한 곳이다. 특히 여름이면 시간과 관계없이 줄을 서야 먹을 수 있을 정도로 유명하다. 다양한 메뉴와 조금 비싼 가격만큼이나 양도 충분하여 방문객의 만족도가 아주 높다. 시즌과 관계없이 딸기 빙수가 가장 유명하니 꼭 먹어 보자.

주소 大阪府 大阪市北区 大深町 4-20 グランフロント大阪 위치 그랜드 프론트 오사카 남관 7층 전화 06-6375-8088 시간 11:00~22:00 추천 메뉴 딸기 빙수(イチゴかき氷) 1,440엔, 커피 빙수(コーヒーかき氷) 1,220엔 홈페이지 ice-monster.co.jp

난바

크레페 리아알사이언

MAPECODE 02302

クレーブリー・アルション

놀라운 크레페 전문점 오사카 여행을 하다 보면 많은 크레페 가게를 볼 수 있는데 이 카페는 길거리 크레페의 단계를 넘어선 놀라운 맛을 보여 준다. 맛도 뛰어나지만 보기만 해도 먹고 싶은 충동이 생길 정도로 비주얼이 뛰어나다. 아이스크림도 다양한 종류가 있으며 이것 또한 예술 작품이다. 가격이 다소 비싸지만 만족도가 높은 편이다. 현금 계산만 가능하다.

위치 미도스지센(御堂筋線) 난바(難波) 역 15A 출구에서 센니치마에 방향으로 도보 3분, 빅쿠 카메라 건너편 시간 평일 11:30~21:30, 토 11:00~21:30, 일 11:00~21:00

스탠다드 북 스토어

MAPECODE 02303

スタンダードブックストア

책을 볼 수 있는 카페 **이름 그대로 책을 볼 수 있는 카페로 바로 옆에 있는 서점에서 계산되지 않은 책들을 가져와 마음대로 보면서 따뜻한 커피를 즐길 수 있는 곳이다. 특별히 인기 있는 음료는 없고 과일 파이 정도가 좀 알려져 있지만 이 카페의 가장 큰 장점은 책을 보면서 여유롭게 시간을 보낼 수 있다는 것이다.**

주소 大阪府大阪市中央区西心斎橋2-2-12クリスタグランドビル1FBF 위치 미도스지센(御堂筋線) 난바(難波) 역 25번 출구에서 직진하여 한국 영사관을 끼고 좌회전 후 오른쪽 미니스톱 건물. 도보 5분 시간 월~토 11:00~22:30, 일 11:00~22:00

베이글 앤 베이글

MAPECODE 02304

ベーグル&ベーグル

다양한 베이글이 있는 인기 브런치 카페 **아침 식사 겸 여유 있게 브런치를 먹고 싶다면 방문하도록 하자. 오븐에 구운 다양한 베이글을 커피와 먹을 수 있고, 조금 더 저렴한 브런치 세트 메뉴로 베이글 샌드위치와 커피 한 잔을 즐길 수도 있다. 무엇보다 현지인에게 더 잘 알려진 곳이다.**

주소 大阪府 大阪市浪速区 難波中 2-10-70 위치 난바 파크스 2층 전화 06-6646-3013 시간 09:00~21:00 추천 메뉴 수박 베이글(すいかベーグル) 190엔, 블루베리 베이글(ブルーベリーベーグル) 190엔 홈페이지 www.altego.jp

하브스 난바 파크스점

MAPECODE 02305

ハーブス なんばパークス店

예쁜 케이크가 가득 **오사카의 여러 지점 중에서 주요 관광지인 난바 지역에 위치하여 찾기 쉬운 곳이다. 음료보다는 케이크가 아주 반응이 좋은데 3단 과일 케이크를 비롯하여 다양한 케이크를 맛볼 수 있다. 보기만 해도 입안에 침이 돌 정도로 예쁜 케이크들이 가득하다. 한국 여성 관광객들이 많이 찾는 곳이다.**

주소 大阪府大阪市浪速区難波中2-10-70なんばパークス3F 위치 난카이(南海)센 난바(難波) 역 남쪽 난바 파크스 3층 시간 월~일 11:00~21:00

테이블 카페 크로스 호텔 오사카 MAPECODE 02306

TABLES CAFE CROSS HOTEL OSAKA

포크 케이크와 수제 케이크가 유명 크로스 호텔 1층 로비에 위치한 이 카페는 호텔 입구 오른쪽으로 베이커리를 따로 운영하고 있다. 빵만 산 사람도 카페 이용이 가능하며 카페에서 빵을 주문해도 된다. 포크 케이크와 수제 초콜릿 케이크가 유명하며 분위기는 조용하고 아늑하다.

주소 大阪府大阪市中央区心斎橋筋2-5-15クロスホテル大阪 1F 위치 미도스지센(御堂筋線) 난바(難波) 역 14번 출구에서 직진. 크로스 호텔(CROSS HOTEL) 1층, 도보 10분 시간 10:00~22:00 홈페이지 www.tables.jp.net

신사이바시

당케 신사이바시 ダンケ 心斎橋 MAPECODE 02307

달콤한 버터 커피와 콩고물로 만든 쿠키가 유명 신사이바시 역과 가까워 찾기도 쉽고 바로 가까이에 신사이바시스지 상점가가 있어 관광객들이 들르기에 가장 적합한 곳이라 할 수 있다. 참고로 신용카드 사용이 안 되며 현금 결제만 가능하다.

주소 大阪府大阪市中央区心斎橋筋1-2-22 2F 위치 미도스지센(御堂筋線) 신사이바시(心斎橋) 역 신사이바시스지(心斎橋筋) 출구로 나와 ZARA 매장을 끼고 좌회전. ZARA 매장 바로 뒤쪽 골목에 위치. 도보 1분 시간 월~토 11:00~02:00, 일 11:00~24:00

르 프리미어 카페 인 MAPECODE 02308

ビギ・ファースト

푸딩 케이크와 초코 케이크가 인기 새벽 늦게까지 영업을 하는 카페다. 커피의 맛은 특별하지 않지만 아름다운 커피잔과 세련된 카페 분위기로 많은 이들이 찾고 있다. 카페 전체가 금연석이고 현금 결제만 가능하다.

주소 大阪府大阪市中央区心斎橋筋1-3-28ビギ1stビル 3F 위치 미도스지센(御堂筋線) 신사이바시(心斎橋) 역 신사이바시스지(心斎橋筋) 출구로 나온 후 신사이바시 남쪽 상점가로 조금 내려가다 더 슈트 컴퍼니 바로 전 골목에서 좌회전 후 10m 직진, ampm 편의점 대각선 건너편. 도보 2분 시간 평일 11:00~03:00, 토 11:00~05:00, 일 11:00~24:00

비타메이르

MAPECODE 02309

ヴィタメール 大丸心斎橋店

초콜릿과 슈크림볼이 유명 신사이바시 다이마루 백화점 지하 2층에 위치한 이 카페는 음료보다는 초콜릿과 슈크림볼이 유명하다. 주변을 쇼핑하다가 달콤한 초콜릿이 당길 때 한번 찾아보자. 꼭 음료를 마시지 않아도 쉬면서 초콜릿을 먹을 수 있고 포장도 가능하다.

위치 미도스지센(御堂筋線) 신사이바시(心斎橋) 역 신사이바시스지(心斎橋筋) 6번 출구 다이마루 백화점 지하 2층 시간 월~일 10:00~20:00

베이 에어리어

눈꽃의 시골 雪花の郷

MAPECODE 02310

예술 작품을 방불케 하는 빙수 카페 더운 여름날 오사카 여행을 할 때 꼭 찾아가 봐야 할 빙수 카페인데 우리가 생각하는 빙수와는 조금 다르다. 다양한 빙수가 있는데 하나같이 예술 작품이라 먹기 아까울 정도이다. 덴포잔 마켓 플레이스나 가이유칸을 관광할 때 무조건 이 카페 앞을 지나가므로 꼭 들러 보자.

주소 大阪府大阪市港区築港3-9-8 위치 지하철 추오센(中央線) 오사카코(大阪港駅) 역 1번 출구에서 3분 시간 월~일 10:00~20:00

Travel Tips

호리에 카페 산책

오사카 여행을 하다 보면 많은 카페를 볼 수 있는데 여기에서 다룬 카페들은 대부분 관광지 중심으로 찾기 쉽고 접근하기 좋은 곳으로 소개하였다. 우리나라의 신사동 가로수길처럼 오사카에도 대표적인 카페촌이 있으니 그곳이 호리에堀江 지역이다. 호리에 지역은 이색적인 카페도 많고 아기자기한 소호 상점도 많아서 젊은 현지인이나 관광객들에게도 인기가 높다.

카페를 창업하려는 사람들이나 사업 아이템을 얻으려는 사람들이 찾아오기도 한다. 다른 지역과는 다르게 여유 있고 오사카가 아닌 다른 도시에 온 듯한 착각이 들 정도로 주변이 모던하고 정리가 잘 되어 있다. 호리에 지역으로 가려면 도톤보리에서 미도스지도리를 지나 서쪽으로 걸어가면 된다. 길을 잘 모르는 경우 자칫 방향을 잃을 수 있으니 지하철 요쓰바시四つ橋센을 타고 요쓰바시 역으로 이동하자.

먹거리를 어디서 어떻게 먹어야 할지 계획을 세웠다면 오사카 여행의 절반은 준비된 것이다. 오사카 거리를 메우고 있는 맛집을 산책하는 것만으로도 충분히 즐거운 여행이 될 것이다. 수많은 음식점 중에 한국 사람들에게 꼭 추천하고 싶은 인기 맛집을 소개한다.

난바

마루가메세멘 丸亀製麺

MAPECODE 02120

최고의 우동 전문점 여러 체인점을 두고 있는 우동 전문점으로 면발의 식감이 기가 막힌 곳이다. 해외 지점도 있고 일본에만 560여 개의 점포가 있는 우동에 있어서는 최고의 식당이라고 할 수 있다. 가격도 저렴하고 다양한 메뉴가 있어 관광객에게는 안성맞춤인 곳이다. 주문은 셀프 서비스이다. 우동 위에 올릴 수 있는 돈부리를 추가로 주문할 수 있으므로 식성에 맞게 먹을 수 있다. 많은 체인점 중에서도 중요 관광 포인트인 신사이바시스지 북쪽 상점가에 있는 매장을 추천한다.

주소 大阪府大阪市中央区南船場3丁目8-14 戎ビル1階

위치 미도스지센(御堂筋線) 신사이바시(心斎橋驛) 역 신사이바시스지(心斎橋筋) 1번 출구로 나온 후 스텝을 끼고 좌회전 후 직진. 도보 5분 전화 06-6282-1150 시간 11:00~22:00

긴류 라멘 金龍ラーメン

MAPECODE 02154

한국인의 입맛에 잘 맞는 라멘 오사카 맛 기행에서 절대 빠질 수 없는 것이 긴류 라멘이다. 오사카 여행을 가면 꼭 먹는다는 이 유명한 라멘은 한국 사람의 입맛에 가장 잘 맞는 라멘이라고 할 수 있다. 24시간 영업을 해서 새벽에 출출할 때에도 들를 수 있고 해장으로도 부족함이 없다. 난바·신사이바시 지역에 5개의 점포가 있는데 점포마다 김치는 무료 제공이지만 밥은 유료로 제공되는 곳도 있다. 맛의 차이가 조금씩 있는데 역시 본점의 맛은 확실히 다른 것을 느낄 수 있다.

모든 점포에서 티켓 머신으로 주문할 수 있고 한국말이 쓰여 있어 주문하는 데 큰 어려움이 없다.

주소 大阪府大阪市 中央区道頓堀1丁目1-18(본점) 위치 도톤보리(道頓堀)의 치보(CHIBO) 바로 옆 골목 전화 06-6211-3999 시간 24시간

이치바 스시 市場ずし

MAPECODE 02137

가격 대비 만족스러운 초밥 오사카에는 라멘 가게만큼이나 많은 초밥집이 있다. 그중 어디로 가야 할지 고민되는데 저렴하게 다양한 초밥을 맛보고 싶다면 가이텐 스시回転寿司에 가야 하지만 이왕 오사카까지 왔으니 제대로 된 초밥을 먹고 싶다면 가격 대비 만족스러운 이치바 스시를 추천한다. 이치바 스시도 여러 점포가 있지만 재료가 신선하고 손님의 회전율이 좋은 센니치마에 지점이 가장 맛있다.

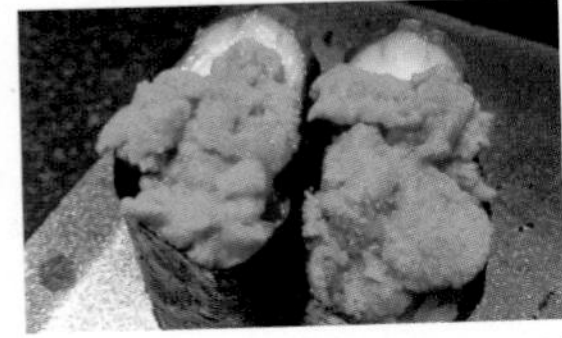

주소 大阪府大阪市中央区道頓堀1丁目7-5 위치 센니치마에(千日前) 도톤보리(道頓堀) 방향 가장 끝 전화 06-6213-4419 시간 11:00~05:00(매장마다 차이 있음)

간코 がんこ

MAPECODE 02311

신선한 초밥을 비롯한 다양한 먹거리 오사카를 여행하다 보면 회전 초밥, 초밥 정식, 세트 정식, 돈가스를 판매하는 다양한 콘셉트의 간코 레스토랑을 볼 수 있다. 그중에서 편하게 이야기를 나누며 신선한 초밥과 다양한 요리를 맛볼 수 있는 간코 스시 호젠지점法善寺店을 방문해 보자. 한국어 메뉴판이 있어 메뉴를 선택하기 편하고, 도톤보리점道頓堀店에 비해 좌석이 여유 있어 관광객에게 안성맞춤인 곳이다.

주소 大阪府大阪市中央区難波 1丁目 2-2 위치 센니치마에길 빗쿠 카메라 건물에서 횡단보도를 건너 도보 1분, 좌측에 있음 전화 06-6212-6550 시간 11:30~23:00

북극성 北極星

MAPECODE 02312

전통 있는 일본식 오므라이스 이곳을 찾아간다면 1925년부터 전통 있는 일본식 오므라이스의 역사를 한눈에 볼 수 있다. 지금의 신사이바시 본점은 1950년에 문을 열어 오래된 가옥을 그대로 음식점으로 사용하고 있다. 지금은 다수의 프렌차이즈점을 운영하고 있지만, 그래도 본점을 찾는 것이 분위기도 좋고 맛도 더욱 뛰어나다. 한국어, 영어 메뉴판이 있어 주문하기 쉽고 밥의 양을 조절할 수 있으며 토핑도 추가할 수 있다.

주소 大阪府大阪市中央区西心斎橋2-7-27 위치 오사카 한국 총영사관(현재 신축 공사 중)을 바라보고 좌측 골목으로 약 150m 직진 전화 06-6211-7829 시간 월~금요일 11:30~22:00, 토~일요일 · 공휴일 11:00~22:00 추천 메뉴 치킨 오므라이스(チキンオムライス) 780엔 돈가스 카레 오므라이스(カツカレーオムライス) 1,580엔 홈페이지 hokkyokusei.jp

다이닝 아지토 DINING あじと

MAPECODE 02313

고기 맛에 충실한 와규 스테이크 맛집 외관만 보면 와규 스테이크를 판매할 것 같지 않은 이곳에 점심 시간이면 옆집까지 길게 줄을 선다. 양은 좀 적지만 맛은 일품이어서 그 맛을 아는 사람들은 오픈 시간 전부터 줄을 서게 된다. 점심 특선 세트 메뉴도 준비되어 있으며 정식 세트도 판매를 하고 있다. 일정상 고베에 가지 못하는 사람이라면 꼭 이곳에서 저렴하게 와규 스테이크를 즐겨 보자.

주소 大阪府大阪市中央区難波千日前4-20 위치 난카이(南海)센 난바(難波) 역 앞 난카이도리로 진입하여 첫 번째 사거리에서 우회전한 후 도구야스지 입구에서 좌회전하여 다음 사거리에서 우회전 후 조금 직진하면 좌측에 있음 전화 06-6633-0588 시간 11:30~14:30, 17:00~23:30 추천 메뉴 특선 일본소 숯불요리(特選和牛サーロイン炭焼き炙り肉重) 1300엔 홈페이지 www.dining-ajito.com

치보 CHIBO

MAPECODE 02153

오코노미야키와 야키소바 전문점 맛깔나는 오코노미야키와 야키소바 전문점이다. 난바·신사이바시 지역에 두 개의 점포가 있다. 도톤보리에 있는 점포가 규모가 크고 분위기도 좋으며 예약이 가능하여 관광을 하다 시간에 맞춰 식사를 할 수 있어 편리하다. 테이블마다 개별 철판이 있어서 재가열하거나 소스나 마요네즈와 가쓰오부시를 뿌려 재조리하여 먹을 수 있다. 세트 메뉴도 준비되어 있어 가격적으로도 부담이 덜하다. 무엇보다 맛이 뛰어나며 이곳의 또 하나의 주 메뉴인 야키소바와 같이 먹으면 금상첨화다.

주소 大阪府大阪府大阪市中央区 道頓堀1丁目5-5 위치 도톤보리(道頓堀)와 센니치마에(千日前) 교차점에서 동쪽 대각선 자리에 있음 전화 06-6212-2211 시간 11:30~23:00

빗쿠리돈키 びっくりドンキ

MAPECODE 02314

여성 고객에게 사랑받는 스테이크 전문점 감각적인 인테리어의 스테이크 전문점이다. 맛으로 승부하기보다는 메뉴의 다양함과 감각적인 인테리어로 많은 사람을 끌어모으고 있다. 오사카와 고베에 많은 지점이 있는데 오사카의 도톤보리에 위치한 빗쿠리돈키는 유난히 인기가 좋아서 예약을 하거나 식사 시간을 피해서 가는 것이 좋다. 분위기는 고베의 모자이크에 위치한 지점이 좋으며 만약 차량을 이용한다면 편리한 주차가 가능한 덴노 지역의 빗쿠리돈키를 추천한다. 스테이크 외에도 다양한 메뉴를 선택할 수 있고 디저트 메뉴 또한 웬만한 카페에 뒤지지 않아서 여성 고객들에게 사랑받고 있다.

주소 大阪府大阪市中央区道頓堀1丁目6-15 comrade ドウトン 위치 도톤보리(道頓堀)의 에비스바시 교차점에 위치 전화 06-6484-2301 시간 11:00~02:00

피제리아 상트 안젤로

MAPECODE 02315

PIZZERIA SANT ANGELO

돌가마 피자가 인기인 이탈리안 레스토랑 생치즈와 직접 만든 생햄 그리고 신선한 해산물 가득한 돌가마 피자를 즐길 수 있는 피제리아 상트 안젤로는 주말이면 하루 종일 긴 줄을 서야만 먹을 수 있는 인기 음식점이다. 점심 시간에는 대기 시간이 보통 1시간쯤이고 점심 시간을 지나도 줄을 서야만 먹을 수 있다. 평일에는 중간에 브레이크 타임이 있지만 주말은 온종일 영업하므로 가능하면 식사 시간을 피해서 방문하자.

주소 大阪府大阪市中央区難波5丁目1-60 위치 난카이(南海)센 난바(難波) 역 뒤쪽 난바 시티 별관 1층 전화 06-6644-2855 시간 평일 11:30~14:30, 17:30~22:00 / 주말 11:30~22:00

섹스 마신 SEX MACHINE

MAPECODE 02316

입에서 살살 녹는 고기를 먹을 수 있는 야끼니꾸 전문점 식당 이름부터 범상치 않은 곳으로 규모는 작지만 음식 하나만큼은 우리나라 사람들이 좋아할 만하다. 입 안에서 살살 녹는 소고기 스테이크와 오징어, 곱창 등을 일본식 화로에 구워서 먹으면 술이 저절로 당긴다. 비빔밥과 김치찌개도 판매하고 있으며 개별 화로도 준비되어 있다. 한국어 메뉴가 있고, 사장님은 한국어를 거의 못하는 젊은 일본인이지만 그의 부모가 모두 한국인이어서 더 정감이 가는 곳이다.

주소 大阪府大阪市中央区道頓堀2-4-4 花扇ビル 위치 도톤보리 서쪽 입구 건너편 옛 도톤보리 거리 입구에서 안쪽으로 도보 1분, 도로변 우측 전화 06-6211-2193 시간 월~목 18:00~01:00, 금~토 18:00~05:00, 일 17:00~24:00 추천 메뉴 다이나마이또 로스(ダイナマイトロース, 소고기 스테이크) 2980엔, 카루비(カルビ, 갈비) 980엔 홈페이지 www.sexmachine.jp

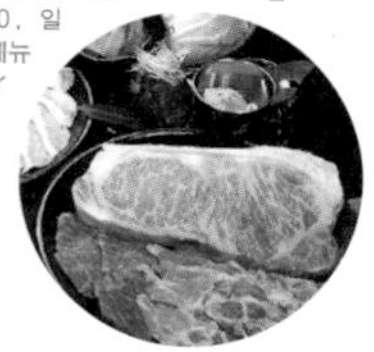

토리 노 마이 Tori no Mai

MAPECODE 02317

새로운 일본 음식을 경험할 수 있는 레스토랑 여러 체인이 있는 유명한 야키도리 전문점이다. 닭 날개 튀김과 두부 요리가 인기 메뉴이다. 닭 날개 튀김이 가장 인기가 좋지만 우리나라의 순두부처럼 부드럽고 담백한 두부 요리도 추천할 만한 메뉴이다. 갖가지 샐러드 요리나 튀김, 꼬치구이에 딸려 나오기도 하며 두부 요리만 메인으로 주문이 가능하다. 가격은 다소 비싼 편이지만 새로운 일본 음식을 경험한다고 생각하면 아깝지 않은 비용이다.

주소 大阪府大阪市浪速難波中2丁目10-70 위치 난카이(南海)센 난바(難波) 역 남쪽 난바 파크스 7층 전화 06-6635-1520 시간 10:00~22:00

KYK 돈카쓰 KYKとんかつ

MAPECODE 02318

부담 없고 맛있는 돈카쓰 전문점 한국 여행객들이 부담 없이 찾기 쉬운 돈카쓰 집이다. 돈카쓰의 두께와 식감이 뛰어나고 가격도 적당하여 한국 관광객이 많이 찾고 있다. 오사카 주유 패스와 쿠폰을 소지하고 있다면 10% 할인을 받을 수 있는데 오후 5시 이전에는 맥주도 할인받을 수 있다.

주소 大阪府大阪市中央区難波5丁目1-60 위치 난카이(南海)센 난바(難波) 역 난바 시티 본관 지하 1층 전화 06-6635-3770 시간 11:00~22:30(가게마다 차이가 있음)

미즈노 美津の

MAPECODE 02319

도톤보리 최고 인기의 오코노미야키 전문점 난바·신사이바시 일대의 많은 음식점 중 오코노미야키만으로는 최고인 곳으로 식사 시간에는 긴 줄을 서야만 먹을 수 있다. 자리에 앉아서 직접 철판에서 요리하는 모습도 볼 수 있다. 재료를 아끼지 않는 만큼 맛도 있어 기다리는 시간이 아깝지 않다. 오코노미야키에 야키소바를 곁들여서 맥주 한잔과 함께 먹는다면 여행의 피곤함을 확 날려 버릴 수 있을 것이다.

주소 大阪府大阪市中央区道頓堀1-4-15 위치 도톤보리에서 센니치마에로 진입하여 조금 내려가면 좌측에 위치 전화 06-6212-6360 시간 11:00~22:00 추천 메뉴 마제야키(まぜ焼)・모던야키(モダン焼) 1405엔 홈페이지 www.mizuno-osaka.com

자우오 ざうお

MAPECODE 02320

낚시하는 이색 레스토랑 얼마 전 방송을 통해 많이 알려진 낚시하는 레스토랑 자우오는 어린아이를 동반한 관광객들에게 인기가 좋다. 점원의 안내에 따라 자리를 잡고 테이블 옆 창문을 통해 물고기를 낚아서 요리를 하면 요리 금액을 할인해 준다. 낚시가 어렵지 않아 어린아이들도 함께 즐길 수 있다. 아이가 물고기를 잡으면 직원이 그 아이의 이름을 불러 주고 북을 치는데 이것 또한 재미 요소 중 하나이다. 물고기는 잡기 어렵지 않으며 물고기가 크지만 요리를 하면 기대만큼의 양은 되지 않아서 성인 1인당 1마리 정도는 잡아야 충분하다.

주소 大阪府大阪市中央区日本橋1-1-13 なんばワシントンホテルプラザ B1F 위치 도톤보리 동쪽 끝까지 나와 길을 건너 우측으로 조금 내려가면 난바 워싱턴 호텔 지하 1층에 위치 전화 06-6212-5882 시간 월~금 17:00~24:00, 토・일 11:30~24:00 추천 메뉴 물고기를 잡아 회, 찜, 튀김 등으로 주문. 1마리당 약 3,000엔 홈페이지 www.zauo.com

오사카 지역에서 숙소를 선택할 때 가장 좋은 위치는 난바 · 신사이바시 지역이다. 하지만 성수기에는 이 주변 호텔 예약이 쉽지 않고 가격이 많이 올라가서 다른 지역을 선택해야 하는데 이때는 우메다 역 근처나 지하철역 가까운 곳에 있는 숙소를 예약하면 된다.

우메다

힐튼 오사카 호텔

MAPECODE 02401

HILTON OSAKA HOTEL

우메다 중심부의 명품 호텔 5성급 호텔로 명품 매장들이 입점해 있는 전문 쇼핑센터도 동시에 운영하고 있다. 35층에는 오사카 시내 풍경을 전망할 수 있는 레스토랑을 운영하고 있고 부대시설로 실내 수영장, 휘트니스 센터, 스파와 사우나를 갖추고 있다.

주소 大阪府大阪市北区梅田1丁目8-8 위치 요쓰바시센(四つ橋線) 니시우메다(西梅田) 역 4번 출구 바로 앞 전화 06-6347-7111 요금 트윈 기준 20,000엔~ 홈페이지 www.hilton.co.jp/osaka

리츠 칼튼 오사카

MAPECODE 02402

THE RITZ CARLTON OSAKA

오사카 최고의 호텔 우메다 중심부에 위치한 명실상부 오사카 최고의 호텔로 하비스 플라자와 연결되어 있어 명품 쇼핑을 하기에도 편리하다. 실내 수영장과 휘트니스 센터를 갖추고 있으며 실내와 실외 스파 시설도 보유하고 있다.

주소 大阪府大阪市北区梅田2-5-25 위치 요쓰바시센(四つ橋線) 니시우메다(西梅田) 역 북쪽 출구 바로 앞 전화 06-6343-7000 요금 트윈 기준 26,000엔~ 홈페이지 www.ritz-carlton.co.jp

호텔 뉴 한큐 오사카

MAPECODE 02403

HOTEL NEW HANKYU OSAKA

쇼핑하기 좋고 교통이 편리한 호텔 한큐 다이치 그룹에서 운영하는 호텔로 우메다 중심부에 위치하며 한큐센과 JR센 그리고 한신센이 가까이에 있어 타 도시로의 이동이 편리하다. 호텔 내 8개의 레스토랑을 보유하고 있고 인터넷 무료 사용이 가능하다.

주소 大阪府大阪市北区芝田3丁目1-35 위치 한큐센(阪急線) 우메다(梅田) 역과 연결 전화 06-6372-5101 요금 싱글 기준 11,000엔~ 홈페이지 www.hankyu-hotel.com

오사카 도큐 레이 호텔

MAPECODE 02404

Osaka Tokyu REI Hotel

배낭여행객에게 인기 만점의 호텔 **우메다의 중심부에 위치하고 있으며 오사카 시내는 물론 고베나 교토 등 주변 도시로의 이동이 편리하다. 가격에 비해 규모가 크고 시설도 좋아 우메다에서는 배낭여행객에게 인기가 높은 비즈니스급 호텔이다.**

주소 大阪府大阪市北区堂山町2-1 위치 다니마치센(谷町線) 히가시우메다(東梅) 역 HEP NAVIO 출구에서 도보 5분 전화 06-6315-0109 요금 세미더블 기준 6,800엔~ 홈페이지 www.tokyuhotels.co.jp/osaka-r

일그란데 호텔

MAPECODE 02405

ILGRANDE HOTEL

가격 대비 뛰어난 시설의 호텔 **우메다의 중심에서는 조금 벗어나 있지만 가격 대비 시설이 뛰어나다. 한때 한국 사람들이 많이 선호했지만 교통의 불편함 때문에 최근에는 조금 인기가 시들해졌다. 1층 로비에서 무료 인터넷을 이용할 수 있는 컴퓨터가 설치되어 있어 여행객들이 자유롭게 이용할 수 있다.**

주소 大阪府大阪市北区西天満3丁目5-23 위치 사카이스지센(堺筋線) 미나미모리마치(南森町) 역 2번 출구에서 도보 3분 전화 06-6361-7201 요금 트윈 기준 9,800엔~ 홈페이지 www.ilgrande.com

Travel Tips

호텔을 예약할 때 고려해야 할 사항

여행을 준비할 때 가장 중요한 것은 항공과 숙박 예약이다. 그런데 항공은 목적지를 정하면 항공 시간과 항공사에 따라 선택하면 되지만 호텔 예약은 호텔 정보가 없거나 호텔의 위치를 파악하기 힘들 때에 어려움을 겪을 수 있다.

호텔을 예약할 때 가장 고려해야 할 사항을 알아보자. 첫 번째로 여행 일정을 고려하여 가장 교통이 편리하고 즐길 거리가 많은 곳에 정하는 것이 좋다. 대부분 난바·신사이바시 지역에 숙소를 정하는 이유도 공항에 오가기 편리하고 저녁에도 놀거리가 풍부하며 다른 지역으로의 이동이 편하기 때문이다. 두 번째로는 당연한 이야기지만 비용을 고려해야 한다. 시설은 낙후되어 있지만 교통이 편리한 역 근처인 경우, 호텔 브랜드만 좋고 실속은 없는 경우 등 상황에 따라 호텔 비용은 천차만별이다. 일단 선택한 지역에서 호텔을 3개 정도로 정해 놓고 위치나 시설, 조식을 따져 보고 예약하자. 세 번째로는 공항에서의 접근성을 따져야 한다. 공항 근처 호텔이 가장 편리하겠지만 시내로 이동하기가 어렵다. 한편 교토나 고베로의 이동이 편리한 우메다 지역은 리무진 버스를 이용하는 경우를 제외하고는 공항에 오가기가 불편하다. 리무진을 이용한다고 하더라도 이동 시간이 난바·신사이바시 지역보다 많이 걸리니 우메다에 늦게까지 머물어야 할 특별한 일정이 없다면 굳이 이 지역을 고집하지 말자.

오사카 성 주변

케이케이알 호텔 오사카

MAPECODE 02406

KKR HOTEL OSAKA

호텔 조망이 뛰어난 호텔 **주변이 오사카 공원 지역이라 조용하고 14층 레스토랑에서 오사카 성의 야경을 볼 수 있어 인기가 좋은 호텔이다. 한국어가 가능한 일본인 프런트 직원이 항시 대기 중이라 편리한 서비스를 받을 수 있다.**

주소 大阪府大阪市中央区馬場町2-24 위치 주오센(中央線) 모리노미야(森ノ宮) 역 1, 2번 출구에서 서쪽으로 도보 10분 전화 06-6941-1122 요금 트윈 기준 12,600엔~ 홈페이지 www.kkr-hotel-tokyo.gr.jp

★★★

유니버설 스튜디오

호텔 게이한 유니버설 시티

MAPECODE 02407

HOTEL KEIHAN UNIVERSAL CITY

가족 여행객에게 안성맞춤 **유니버설 스튜디오 재팬 입구 앞에 지어진 이 호텔은 가족 단위의 관광객들이 주로 찾는 호텔이다. 시내와는 많이 떨어져 있고 가격도 저렴하지 않으므로 유니버설 스튜디오만을 타깃으로 한 여행객에게 좋은 호텔이다.**

주소 大阪府大阪市此花区島屋6丁目2-78 위치 JR 유메사키센 유니버설시티(ユニバーサル・シティ) 역 바로 앞 전화 06-6465-0321 요금 트윈 기준 14,000엔~ 홈페이지 www.hotelkeihan.co.jp/city

★★★★

난바·신사이바시

크로스 호텔 오사카

MAPECODE 02408

CROSS HOTEL OSAKA

〈1박 2일〉에도 나온 서비스 만점의 호텔 **난바 역과 신사이바시 역 중간 미도스지도리에 위치한 크로스 호텔은 비즈니스급 호텔 중 가격은 좀 높지만 접근성과 편리성 그리고 서비스가 아주 우수하다. 〈1박 2일〉 팀이 묵으면서 더욱 유명해졌으며 부대시설 및 레스토랑이 가격에 비해 우수해서 많은 관광객이 찾고 있다.**

주소 大阪府大阪市中央区心斎橋筋2丁目5-15 위치 난카이(南海)센 난바(難波) 역 북쪽 출구에서 도보 7분 전화 06-6213-8281 요금 트윈 기준 14,000엔~ (조식 포함) 홈페이지 www.crosshotel.com/osaka

★★★★

네스트 호텔 오사카 신사이바시 MAPECODE 02409

Nest Hotel Osaka Shinsaibashi

주변이 조용한 비즈니스급 호텔 **나가호리바시 역 근처에 위치한 이 호텔은 신사이바시 상점가와 거리는 좀 떨어져 있지만 주변이 조용하고 연박에 따라 요금을 할인해 주어서 배낭여행객들이 선호하는 비즈니스급 호텔이다.**

주소 大阪府大阪市中央区南船場2丁目4-10 위치 나가호리쓰루미료쿠치센(長堀鶴見緑地線) 나가호리바시(長堀通橋) 역 2번 출구에서 도보 1분 전화 06-6263-1511 요금 트윈 기준 12,000엔~, 싱글 기준 8,000엔~ 홈페이지 www.nesthotel.co.jp/osakashinsaibashi

후지야 호텔 FUJIYA HOTEL MAPECODE 02410

한국인에게 인기 좋은 위치 좋은 호텔 **투숙객의 대부분이 한국 배낭여행객일 정도로 많은 한국인들이 찾고 있다. 가격에 비해 위치가 좋지만 호텔 시설이나 부대시설은 낙후되어 있다. 연박에 따라 요금을 할인해 주므로 예약 전 체크하자.**

주소 大阪府大阪市中央区東心斎橋2丁目2-2 위치 나가호리쓰루미료쿠치센(長堀鶴見緑地線) 나가호리바시(長堀通橋) 역 7번 출구에서 도보 5분 전화 06-6211-5522 요금 세미더블 6,800엔~ 홈페이지 www.fujiyahotel.jp

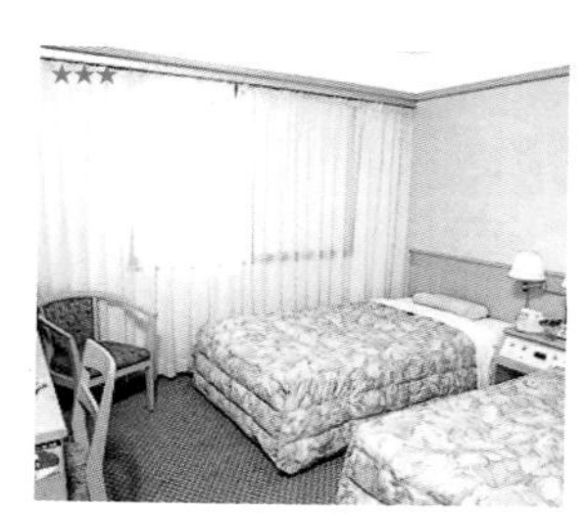

호텔 선루트 오사카 남바 MAPECODE 02411

Hotel Sunroute Osaka Namba

도톤보리 근처의 편안한 호텔 **도톤보리의 동쪽 끝 길 건너 위치하고 있어 도톤보리를 둘러볼 때에 좋은 호텔이다. 많은 객실을 보유하고 있으나 다른 비즈니스급 호텔에 비해 가격이 좀 높은 편이다.**

주소 大阪府大阪市中央区日本橋1丁目1-13 위치 긴테쓰센(近鉄線) 니혼바시(日本橋) 역 6번 출구에서 도보 5분 전화 06-6212-2555 요금 트윈 기준 12,600엔~ 홈페이지 www.sunrouteosakanamba.jp

호텔 몬터레이 그래스미어 오사카

MAPECODE 02412

HOTEL MONTEREY GRASMERE OSAKA

오사카 역 주변의 시설 좋은 호텔 JR오사카 역 주변에 위치한 1급 호텔로 비용에 견주어 시설이 좋은 편이다. 하지만 위치가 난바·신사이바시 중심부와 좀 떨어져 있다.

주소 大阪府大阪市浪速区湊町1丁目2-3 위치 JR센 난바(難波) 역 북쪽 출구 바로 앞 전화 06-6645-7111 요금 세미더블 기준 11,400엔~ 홈페이지 www.hotelmonterey.co.jp/grasmere_osaka

크로스오버 호텔 Crossover Hotel

MAPECODE 02413

한국인이 운영하는 편리한 호텔 도톤보리 동쪽 끝에서 도보로 3분 거리에 위치한 크로스오버 호텔은 아주 친절한 한국 사장님이 운영을 하고 있다. 여행에 관련된 정보를 얻거나 필요한 것이 있을 때 많은 도움을 받을 수 있는 가족 같은 호텔이다. 일반 양실뿐만 아니라 다다미방인 전통 화실도 갖추고 있어 어린 자녀를 둔 가족들에게 편리한 호텔이다.

주소 大阪市中央区島之内2-11-26 위치 긴테쓰센(近鉄線) 니혼바시(日本橋) 역 6번 출구로 나와 북쪽 방향으로 도톤보리 다리를 지나 계속 진직하다가 오른쪽 패밀리마트 전 골목으로 조금 들어가면 오른쪽에 위치, 도보 10분 전화 06-6484-3327 체크인 15:00 체크아웃 11:00 요금 트윈 기준 10,000엔~ 홈페이지 www.hotelcrossover.com

이치에이 호텔 Hotel Ichiei

MAPECODE 02414

가격 대비 가장 만족스러운 호텔 난카이센 난바 역 바로 앞에 위치하고 있고 료칸 같은 다다미방에 실내 정원까지 딸린 특실도 갖추고 있다. 방 상태가 아주 좋아 찾는 관광객들이 모두 만족하는 호텔이다. 양실도 갖추고 있지만 이 호텔의 특징은 넓은 일본식 화실을 갖추고 있다는 것이다. 일본 사람뿐만 아니라 최근에는 한국 관광객들에게도 인기가 좋아 예약을 서둘러야 한다.

주소 大阪市浪速区難波中1丁目6番8号 위치 난카이(南海)센 난바(難波) 역 북쪽 출구(다카시마야 백화점 출구)로 나와 좌측 횡단보도까지 가서 대각선 길 건너편에 위치 전화 06-6641-3135 체크인 14:00 체크아웃 11:00 요금 트윈 기준 12,000엔~ 홈페이지 www.hotel-ichiei.com

야마토야 호텔 Yamatoya Hotel

MAPECODE 02415

다다미 객실을 갖춘 호텔 난바 지역에서 다다미 객실을 갖춘 호텔 중에 가장 큰 호텔로 가족 동반 여행객들이 즐겨 찾는 곳이다. 본관의 경우는 객실이 저렴하지만 방 상태가 오래되어 신관으로 예약할 것을 추천한다.

주소 大阪市中央区島之内2-17-4 위치 긴테쓰센(近鉄線) 니혼바시(日本橋) 역 6번 출구로 나와 북쪽 방향으로 도톤보리 다리를 지나 바로 앞에 위치. 도보 4분 전화 06-6211-3587 체크인 15:00 체크아웃 10:00 요금 트윈 기준 10,500엔~(본관 기준) 홈페이지 www.yamatoyahonten.co.jp

홀리데이 인 오사카 남바

MAPECODE 02416

Holiday Inn Osaka Namba

번화가 중심에 위치한 호텔 난바·신사이바시 쇼핑 거리에 가까이 위치한 호텔로 도톤보리에서 식사나 주변 쇼핑을 하기에도 아주 편리한 곳이다. 호텔의 객실도 깨끗하고 조식도 가격 대비 만족스럽지만 저녁에는 주변에 유흥가가 많아 여성들만 숙박하기에는 조금 꺼려지는 곳이기도 하다.

주소 大阪府大阪市中央区宗右衛門町5-15 위치 미도스지센(御堂筋線) 신사이바시(心斎橋) 역 6번 출구로 나와 신사이바시 스지를 따라 남쪽으로 계속 내려오다 도톤보리 다리 바로 전에 좌회전, 두 블록 지나 좌측에 위치 전화 06-6212-7999 체크인 15:00 체크아웃 11:00 요금 트윈 기준 13,000엔 홈페이지 www.hiosakanamba.com/ja-jp

닛코 오사카 호텔

MAPECODE 02417

Nikko Osaka Hotel

신사이바시 대표 특급 호텔 신사이바시 역과 가까워 접근성이 좋고 유명 호텔 체인답게 부대시설을 잘 갖추고 있다. 주변 명품 숍이 즐비하고 길 건너 신사이바시 상점가가 위치해 있고 호텔 뒤쪽으로 조금 이동하면 호리에 지역도 가까워 여성 관광객들이 선호하는 호텔이다.

주소 大阪市中央区西心斎橋1-3-3 위치 미도스지센(御堂筋線) 신사이바시(心斎橋) 역 8번 출구 바로 앞 전화 06-6244-1111 체크인 15:00 체크아웃 12:00 요금 트윈 기준 24,000엔 홈페이지 www.hno.co.jp

호텔 이비스 스타일 오사카

MAPECODE **02418**

Hotel ibis Styles Osaka

한국인이 머물기 편리하고 가격 대비 만족 **도톤보리 동쪽 끝에 있는 골목인 소에몬초 거리에 자리 잡고 있다. 과거 소에몬초 거리가 이 지역의 유흥가였으나 지금은 불황 탓에 주변이 조용하고 적막하다. 가격 대비 시설 만족도가 높고 한국어 직원이 상주하고 있어 서비스 받기가 편하다.**

주소 大阪府大阪市中央区宗右衛門町2-13 위치 긴테쓰센(近鉄線) 니혼바시(日本橋) 역 2번 출구에서 도보 5분 전화 06-6211-3555 요금 트윈 기준 10,400엔~ 홈페이지 www.accorhotels.com

스위소텔 난카이 오사카

MAPECODE **02419**

SWISSOTEL NANKAI OSAKA

전망이 뛰어난 난바 역의 호텔 **난카이 난바 역과 연결된 5성급 호텔로 오사카 남쪽이 한눈에 보이는 전망이 뛰어난 곳이다. 주변 상점가들로 이동하기 편리하고 난바 시티와 난바 파크스가 바로 인접해 있어 쇼핑하기에 아주 편리한 호텔이다. 난바·신사이바시 지역의 호텔 중 접근성과 교통이 가장 뛰어나다.**

주소 大阪府大阪市中央区難波5-1-60 위치 난카이센(南海線) 난바(難波) 역과 바로 연결 전화 06-6646-1111 요금 트윈 기준 20,000엔~ 홈페이지 www.swissotel.com/hotels/nankai-osaka

난바 오리엔탈 호텔

MAPECODE **02420**

NAMBA ORIENTAL HOTEL

친절하고 편의 시설 좋은 1급 호텔 **주변 상점가와 인접해 있고 편의 시설이나 서비스가 뛰어난 1급 호텔이다. 아침 조식 또한 훌륭하고 교통도 편리한 위치에 있어 관광객들이 선호한다. 또한 직원들이 상당히 친절하여 아무 불편함 없이 투숙할 수 있으며 좋은 여행 정보도 얻을 수 있다.**

주소 大阪府大阪市中央区千日前2丁目8-17 위치 난카이센(南海線) 난바(難波) 역 북쪽 출구에서 도보 5분 전화 06-6647-8111 요금 트윈 기준 14,500엔 홈페이지 www.nambaorientalhotel.co.jp

벨뷰 가든 호텔
MAPECODE 02421

BELLEVUE GARDEN HOTEL

공항 무료 셔틀버스를 이용할 수 있는 호텔 구 라마다 호텔로 이즈미사노 역 근처에 있다. 오전 일찍 공항에 가야 하는 관광객들이 많이 묵는 호텔로 공항까지 무료 셔틀버스를 이용할 수 있다.

주소 大阪府泉佐野市市場西3丁目3-34 위치 난카이센(南海線) 이즈미사노(泉佐野) 역 남쪽 출구에서 도보 5분 전화 072-469-1112 요금 트윈 기준 13,100엔~ 홈페이지 www.bellevue-kix.com

간사이 에어포트 워싱턴 호텔
MAPECODE 02422

KANSAI AIRPORT WASHINGTON HOTEL

공항 근처의 한국인들이 가장 많이 이용하는 호텔 이즈미사노 역 근처에 위치하고 있으며 공항 근처 호텔 중 한국 사람이 가장 많이 이용하는 곳이다. 공항까지 무료 셔틀버스를 운영하고 있어 편리하게 공항으로 이동할 수 있다.

주소 大阪府泉佐野市りんくう往来北1-7 위치 난카이센(南海線) 린쿠타운(りんくうタウン) 역 2번 출구에서 도보 7분 전화 072-461-2222 요금 트윈 기준 14,600엔 홈페이지 washington-hotels.jp/kansai

호텔 가든 팔레스 앤드 스파
MAPECODE 02423

HOTEL GARDEN PALACE AND SPA

천연 온천을 이용할 수 있는 저렴한 호텔 이즈미사노 역 근처에 위치하고 있으며 가격이 저렴하다. 유일하게 이 지역에서 천연 온천을 이용할 수 있어서 가격 대비 만족도가 가장 높은 호텔이다. 저녁 늦은 시간의 비행기를 이용하는 여행객에게 가장 유용한 호텔이며 공항에서 무료 셔틀버스를 운영하고 있다.

주소 大阪府泉佐野市中町1丁目3-51 위치 난카이센(南海線) 이즈미사노(泉佐野) 역 남쪽 출구에서 도보 15분 요금 트윈 기준 9,000엔 전화 072-462-4026 홈페이지 www.gardenpalace-spa.co.jp

교토

KYOTO 京都

일본의 천년 수도

우리나라에 천년 고도 경주가 있다면 일본에는 교토가 있다. 교토는 794년 간무 천황이 도읍지로 정한 이래, 1868년 무사정권이 가마쿠라로 수도를 옮긴 200년을 제외하고는 일본 정치·문화의 중심지였다. 그래서 도시 전체가 유물로 가득 차 있는 박물관이라 할 정도로 유구한 세월의 흐름을 엿볼 수 있는 문화재가 많다. 중심부가 낮고, 북쪽으로 높고 낮은 산에 둘러싸여 있으며, 동쪽으로는 가모가와 강이, 서쪽으로는 가쓰라가와 강이 흐르는 배산임수 지형이다. 간무 천황이 중국 당나라의 수도 장안을 모방해 건설한 도시로, 도시 전체가 바둑판 모양으로 되어 있어 길 찾기가 편리하다. 과거에는 역사 탐방만을 위해 교토를 방문하였으나 최근에는 일본 전통 공예, 음식 등 다양한 일본 문화를 직접 체험하기 위해서도 많이 찾는다. 유네스코 세계 문화유산으로 지정된 곳이 17곳이나 되며, 숙박·쇼핑 시설도 계속해서 개발 중이다. 시조도리 가와라마치 역 주변에는 오사카 못지않은 대형 백화점과 명품 매장들이 들어섰고, 교토 역 중심으로 백화점과 놀이시설이 발전하면서 교토 여행이 더욱 즐거워졌다.

7월에 교토에 가면 기온 마쯔리를 볼 수 있어 더욱 특별한 여행을 즐길 수 있다.

꼭! 가 봐야 할 명소

교토는 도시 전체가 관광지라 할 수 있을 만큼 볼 것이 무척 많은 도시다. 그중에서도 대표적인 볼거리를 꼽자면 전각을 금각으로 입힌 교토의 상징 킨카쿠지, 아름다운 자연과 좋은 전망을 즐길 수 있는 기요미즈데라와 도쿠가와 이에야스 가문의 상징인 니조 성二條城을 들 수 있다.

꼭! 먹어 봐야 할 음식

교토는 특별한 먹거리가 많지 않지만 JR 교토 역 10층의 교토라멘코지京都拉麵小路로 가면 여러 지역의 다양한 라면을 맛볼 수 있다. 기온 주변에 가면 가격은 좀 비싸지만 다양한 일본 전통 음식을 맛볼 수 있는 음식점이 여러 군데 있다.

꼭! 사야 할 쇼핑 아이템

기요미즈데라와 긴카쿠지의 입구에서 많이 볼 수 있는 여러 기념품점과 긴카쿠지 내에 위치한 기념품점, 그리고 기온에 자리 잡은 여러 기념품점에서 교토의 분위기가 묻어나는 특별한 기념품을 구매하자.

교토 전도
킨카쿠지
金閣寺
구라마구치
鞍馬口通
혼쓰지도리
本辻通
료안지
龍安寺
도지인
等持院
니시오지도리
西大路通
닌나지
仁和寺
묘신지
妙心寺
가리스마도리
烏丸通
이마데가와도리
今出川通
긴카쿠지
銀閣寺
교토 황궁
京都御所
마루타마치도리
丸田町通
니조 성
二条城
헤이안진구
平安神宮
시오코지도리
塩小路通
산조도리
신센엔

시조도리
四条通
가와라마치 역
河原町
기온
祇園
야사카 신사
八坂神社
지온인
知恩院
고조도리
五条通
기요미즈데라
清水寺
히가시혼간지
東本願寺
니시혼간지
西本願寺
교토 국립 박물관
京都国立博物館
시치조도리
七通り
교토 타워
京都タワー
지사쿠인
智積院
산주산겐도
三十三間堂
JR 교토 역
JR 京都
이비스 스타일스 교토 스테이션
Ibis Styles Kyoto Station
가와라마치도리
河原町通
아부라노코지도리
油小路
구조도리
九通
도지
東寺
센뉴지
泉涌寺
도후쿠지
東福寺

오사카에서 교토 가는 방법

오사카에서 교토로 이동하는 방법은 크게 2가지가 있다. JR 오사카大阪 역에서 JR센을 이용하여 JR 교토京都 역으로 가는 방법과 한큐阪急 우메다梅田 역에서 한큐阪急 교토京都 센을 이용하여 가와라마치河原町 역으로 가는 방법이다. 도착 역이 다르기 때문에 경로를 먼저 정해야만 여행 일정도 짤 수 있다. 만약 교통 패스가 없다면 JR센을, 간사이 스루 패스가 있다면 한큐 교토센을 이용하자. 가와라마치 역에서 JR 교토 역으로 이동하려면 2번 출구로 나와 3번 정류장에서 5번, 7번, 205번 버스 중 하나를 타고 이동하면 된다. 소요 시간은 비슷하다.

❶ JR 오사카大阪 역 ⇒ JR 교토京都 역, 29분 소요, 편도 560엔 (JR 도카이도혼센 신쾌속)

❷ 한큐 우메다阪急梅田 역 ⇒ 가와라마치河原町 역, 42분 소요, 편도 390엔 (한큐 교토센 특급, 간사이 스루 패스 소지자 무료)

❸ JR 신오사카新大阪 역 ⇒ JR 교토京都 역, 13분 소요, 편도 2,250엔 (JR 도카이도 신칸센, 히카리 기준)

● 교토 시영버스 타는 법

시영버스가 교토의 모든 관광지를 촘촘히 연결하고 있어 버스만 잘 타도 이동에는 큰 불편함이 없다. 각 버스의 승차장에는 버스 번호와 이동할 목적지, 방향이 적혀 있어 큰 어려움 없이 이용할 수 있다. 승차하기 전에 버스 기사에게 목적지만 말하면 친절하게 알려 준다. 일본어나 한자를 모른다고 당황하거나 기다리며 시간을 허비하지 말자. 버스 탑승은 뒷문으로 하고 구간에 따라 요금을 정산한 후 앞으로 내린다. 교토 버스는 거리 비례 요금으로 220엔부터인데, 간사이 스루 패스를 사용할 때는 패스를 체크기에 넣으면 확인 후 다시 반환된다. 만약 간사이 스루 패스가 없다면 시영버스용 1일 전용 승차권市バス専用一日乗車カード을 구입해야 한다. JR 교토 역 중앙 입구 앞 버스 티켓 센터와 자판기에서 구입할 수 있으며, 버스 탑승 후 내릴 때 버스 기사에게도 직접 구매할 수 있으니 꼭 구입하여 비용을 절약하자.

● 친절한 교토 여행 센터

교토 여행을 처음 하는 사람들은 대부분 여러 난관에 부딪힌다. 이럴 때, 여행 안내 센터를 적극 이용하자. 친절한 교토 여행 전문가들이 기다리고 있다. JR 교토 역 2층에 올라가면 여행 안내 센터가 있는데, 여기서 교토 관광에 대한 모든 안내를 받을 수 있다. 만약 계획을 미리 짰다면 여행 안내원에게 보여 주거나 물어 보자. 친절하게 버스 번호까지 안내해 줘 교토 여행이 훨씬 수월해질 것이다.

● 교토 관광지 입장 시간 사전 체크

교토의 관광지는 대부분 오후 4시를 전후하여 문을 닫는다. 휴일이나 여름에는 늦게까지 연장을 하는 경우도 많지만, 사전 체크를 하지 않으면 헛걸음을 할 수 있기 때문에 여행 일정에 맞게 입장 시간을 미리미리 체크하자. 또 폐관 시간 30분 전까지만 입장이 가능한 곳이 많으니 참고하자. 낮에는 입장 시간이 있는 관광지 위주로, 저녁에는 기온이나 가와라마치 역 주변 번화가와 JR 교토 역 주변 위주로 다니자.

Travel Tips

교토 여행을 미리 준비한다면 대부분의 여행자들은 오사카에서 이동하는 교통비와 교토 내에서 움직이는 교통비를 고려하여 간사이 스루 패스를 구매하게 된다. 교토의 지하철을 이용할 경우 이동하는 데 불편함이 많고 지하철역에서 관광지까지의 이동도 불편할 수 있다. 따라서 만약 간사이 스루 패스를 구매하지 않았다면 시영버스 패스를 구매하여 버스로 이동할 것을 적극 권장한다.

신칸센 新幹線

토카이도 신칸센 東海道新幹線

JR

JR 교토센 JR京都線

사가노센 嵯峨野線

나라센 奈良線

고세이센 湖西線

게이한 전기철도 京阪電気鉄道

게이한혼센 京阪本線

한큐 전철 阪急電鉄

한큐 교토혼센 阪急京都本線

한큐 아라시야마센 阪急嵐山線

교토 시영지하철 京都市営地下鉄

가라스마센 烏丸線

도자이센 東西線

기타

란덴아라시야마혼센 嵐電嵐山本線

사가노 관광철도 嵯峨野観光鉄道

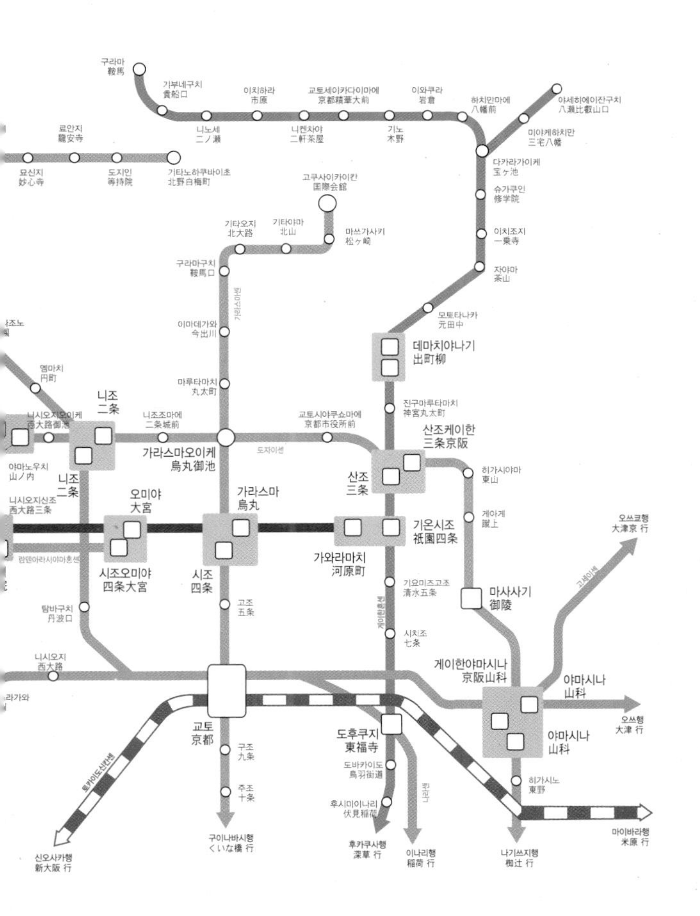

구라마
鞍馬
기부네구치
貴船口
이치하라
市原
교토세이카다이마에
京都精華大前
이와쿠라
岩倉
하치만마에
八幡前
야세히에이잔구치
八瀬比叡山口
니노세
二ノ瀬
니켄차야
二軒茶屋
기노
木野
미야케하치만
三宅八幡
료안지
龍安寺
묘신지
妙心寺
도지인
等持院
기타노하쿠바이초
北野白梅町
다카라가이케
宝ヶ池
고쿠사이카이칸
国際会館
슈가쿠인
修学院
기타오지
北大路
기타야마
北山
마쓰가사키
松ヶ崎
이치조지
一乗寺
구라마구치
鞍馬口
자야마
茶山
모토타나카
元田中
이마데가와
今出川
데마치야나기
出町柳
엔마치
円町
마루타마치
丸太町
진구마루타마치
神宮丸太町
니조
二条
니시오지오이케
西大路御池
니조조마에
二条城前
교토시야쿠쇼마에
京都市役所前
산조케이한
三条京阪
가라스마오이케
烏丸御池
도자이센
야마노우치
山ノ内
니조
二条
산조
三条
히가시야마
東山
니시오지산조
西大路三条
오미야
大宮
가라스마
烏丸
게아게
蹴上
기온시조
祇園四条
오쓰쿄행
大津京 行
가와라마치
河原町
시조오미야
四条大宮
시조
四条
기요미즈고조
清水五条
마사사기
御陵
고세이센
탐바구치
丹波口
고조
五条
시치조
七条
게이한혼센
니시오지
西大路
게이한야마시나
京阪山科
야마시나
山科
교토
京都
도후쿠지
東福寺
오쓰행
大津 行
야마시나
山科
구조
九条
도바카이도
鳥羽街道
히가시노
東野
도카이도신칸센
주조
十条
후시미이나리
伏見稲荷
마이바라행
米原 行
구이나바시행
くいな橋 行
후카쿠사행
深草 行
이나리행
稲荷 行
나기쓰지행
椥辻 行
신오사카행
新大阪 行

교토 시영버스 노선도

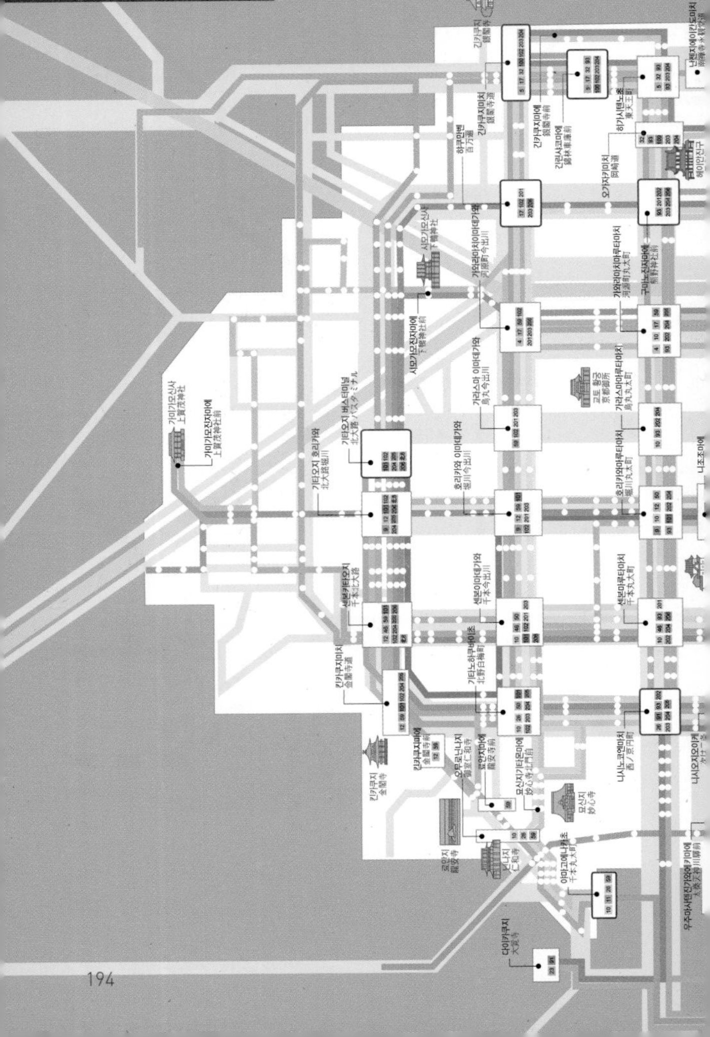

긴카쿠지 銀閣寺
긴카쿠지미치 銀閣寺道
긴카쿠지마에 銀閣寺前
긴린샤코마에 錦林車庫前
햐쿠만벤 百万遍
오카자키미치 岡崎道
히가시텐노초 東天王町
헤이안진구
난젠지에이칸도미치 南禅寺永観堂道
시모가모신사 下鴨神社
시모가모진자마에 下鴨神社前
가와라마치이마데가와 河原町今出川
가와라마치마루타마치 河原町丸太町
구마노진자마에 熊野神社前
교토 황궁 京都御所
가라스마 이마데가와 烏丸今出川
가라스마마루타마치 烏丸丸太町
기타오지 버스터미널 北大路バスターミナル
기타오지 호리카와 北大路堀川
호리카와 이마데가와 堀川今出川
호리카와마루타마치 堀川丸太町
니조조마에
가미가모신사 上賀茂神社
가미가모진자마에 上賀茂神社前
센본키타오지 千本北大路
센본이마데가와 千本今出川
센본마루타마치 千本丸太町
긴카쿠지미치 金閣寺道
기타노하쿠바이초 北野白梅町
긴카쿠지마에 金閣寺前
긴카쿠지 金閣寺
오무로닌나지 御室仁和寺
료안지마에 龍安寺前
묘신지키타몬마에 妙心寺北門前
묘신지 妙心寺
료안지 龍安寺
닌나지 仁和寺
니시노쿄엔마치 西ノ京円町
니시오지오이케
다이카쿠지 大覚寺
우즈마사텐진가와에키마에 太秦天神川駅前

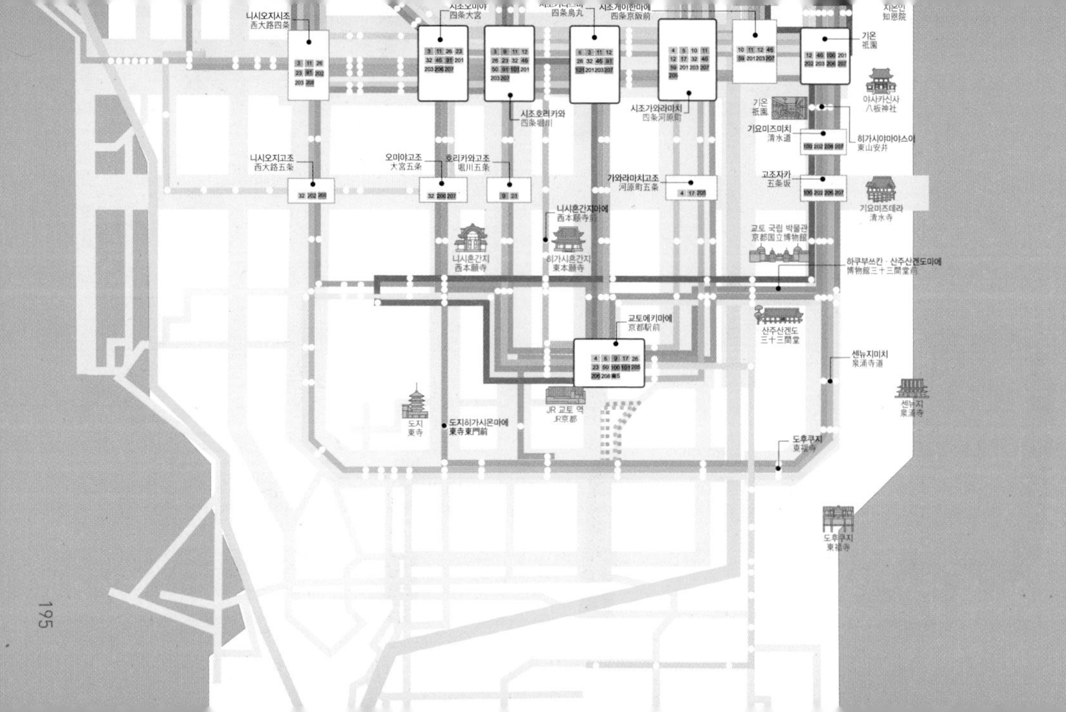
니시오지시조
西大路四条
시조오미야
四条大宮
四条烏丸
시조케이한마에
四条京阪前
지온인
知恩院
기온
祇園
야사카신사
八坂神社
시조호리카와
四条堀川
시조가와라마치
四条河原町
기온
祇園
기요미즈미치
清水道
히가시야마야스이
東山安井
니시오지고조
西大路五条
오미야고조
大宮五条
호리카와고조
堀川五条
가와라마치고조
河原町五条
고조자카
五条坂
기요미즈데라
清水寺
니시혼간지마에
西本願寺前
니시혼간지
西本願寺
히가시혼간지
東本願寺
교토 국립 박물관
京都国立博物館
하쿠부쓰칸 · 산주산겐도마에
博物館三十三間堂前
교토에키마에
京都駅前
산주산겐도
三十三間堂
센뉴지미치
泉涌寺道
센뉴지
泉涌寺
도지
東寺
도지히가시몬마에
東寺東門前
JR 교토 역
JR京都
도후쿠지
東福寺
도후쿠지
東福寺

반나절 베스트 코스

약 8시간 소요
교토의 핵심 지역만 골라 볼 수 있는 코스로 버스나 다른 교통편을 사전에 파악해야만 주어진 시간 안에 둘러볼 수 있다.

가와라마치 역
한큐 전철의 종착지

시영버스 10분

기요미즈데라
가장 인기 있는 교토 사찰

시영버스 2

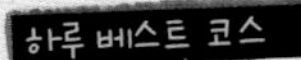

하루 베스트 코스

약 12시간 소요
교토를 전체적으로 둘러볼 수 있는 코스다. 하지만 하루 종일 미리 준비한 일정대로 잘 움직여야 가능한 바쁜 일정이다.

JR 교토 역
교토 교통의 중심지

시영버스 15분

교토 국립 박물관
일본 대표 국립 박물관

시영버스 5분

기요미즈데라
가장 인기 있는 교토 사찰

시영버스 20

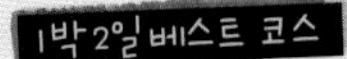

1박 2일 베스트 코스

1일 – 약 10시간 소요
교토의 남부와 동부 지역을 둘러볼 수 있는 일정이다.

JR 교토 역
교토 교통의 중심

시영버스 10분

도지
잘 알려져 있지 않은 보석 같은 사찰

시영버스 15분

토후쿠지
단풍이 아름다운 대형 사찰

도보 20분

센뉴지
역대 천왕 무덤이 있는

2일 – 약 9시간 소요
교토의 중부와 북부 지역을 둘러볼 수 있는 일정으로 첫째 날보다는 조금은 여유가 있는 일정이다.

히가시혼간지
교토의 대중적인 사찰

도보 3분

니시혼간지
히가시혼간지의 형제 사찰

시영버스 5분

니조 성
도쿠가와 가문의 상징

교토 관광을 계획할 때 어디를 가고 어떤 교통수단을 이용해야 할지 많은 고민을 하게 된다. 그럴 때는 우선 교토에 며칠 머물지를 정하자. 하루라면 주요 관광지를 중심으로 버스를 타고 다니는 것도 괜찮고 체력이 된다면 자전거를 이용한 교토 관광을 추천한다. 이틀이라면 자전거 여행이 체력적으로 부담이 갈 수 있으므로 버스를 이용하거나, 하루는 자전거를 이용하고 하루는 버스를 이용하는 것도 좋다.

자전거를 이용한 교토 관광

특별한 교토 여행을 즐기고 싶다면 자전거를 타고 교토를 돌아보자. 자전거 여행은 변두리까지 둘러보며 일본의 생활 모습까지 속속들이 알 수 있기 때문에 적극 추천하고 싶다.

자전거를 이용할 때는 3가지 중요한 것이 있다. 첫째는 교통 안전 수칙을 잘 지켜서 안전하게 여행해야 한다는 것이다. 몇몇 큰 길에는 자전거 전용 도로가 있지만 그렇지 않은 경우에는 보도를 이용해야 하며, 작은 골목들이 많아서 주위를 잘 살펴야 한다. 둘째는 체력이다. 하루 동안 주요 관광지만 둘러봐도 10km 이상 자전거를 타야 한다. 또 북쪽의 관광지는 대부분 지대가 높아서 오르막길에서 엄청난 체력이 소모된다. 평소 운동을 전혀 하지 않는 사람에게는 무리가 있어 다음 여행 일정에도 차질이 생길 수 있다. 마지막으로 동선을 잘 체크해야 한다. 교토의 도로는 바둑판 모양으로 잘 짜여 있어 주요 도로만 확인해도 길을 잃어버릴 일은 없

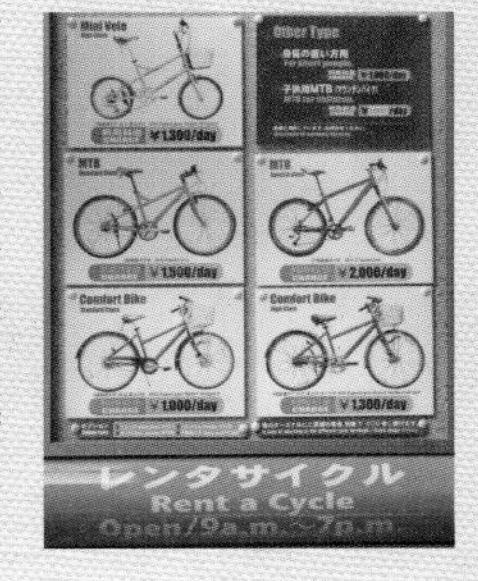

다. 출발지에서 가장 큰 중심 도로를 확인하고 최단 경로를 알아 둬야 목적지를 쉽게 찾을 수 있고, 체력도 아낄 수 있다.

자전거 대여 장소로는 KCTP라는 자전거 대여소가 있는데, 주인이 아주 친절하며 말끔히 수리된 자전거를 대여해 준다. 대여료는 1일 1,000엔부터이고, 저녁 7시까지 대여가 가능하다. 자전거 대여소의 약도는 홈페이지에 자세히 설명되어 있으니, 일정에 맞춰 가장 가까운 곳을 이용하자.

홈페이지 www.kctp.net

● 자전거 여행 시 주의할 점

1 자전거는 꼭 MTB로 대여하도록 한다. 자전거에 능숙하지 못한 사람이 사이클을 대여하면 모래가 많거나 보도 블록이 많은 길에서 자칫 자전거 바퀴가 밀려 다칠 수도 있다.

2 높은 오르막이 있거나 코스가 길다면 내려서 자전거를 밀며 걸어가는 여유를 갖도록 한다.

3 자전거를 아무데나 세우면 안 된다. 몇몇 관광지는 자전거 주차장이 별도로 지정되어 있으므로 주의해서 세워 놓도록 하자.

4 항상 전방을 주시해야 하며, 골목길을 지날 때에는 서행 운전을 하고 신호를 준수해야 한다. 교토는 골목길이 많아 차량이 갑자기 나오는 경우가 있으므로 항상 주의하자.

5 도난을 당할 우려가 있으므로 항상 관광지에 들어갈 때에는 자물쇠로 자전거를 잠근 후 이동하는 것이 좋다.

6 교토는 보도블럭 옆에 자전거 전용도로 표시가 잘 되어 있으므로 반드시 전용도로를 이용하도록 하며 교차로를 건널때에도 횡단보도 양쪽 끝에 표시된 자전거 전용 도로를 이용하도록 하자.

● 자전거 주차는 어디에 할까?

대부분 관광지 앞의 공터나 입구, 주차장 한편에 주차를 하면 되지만 몇몇 관광지는 주차장을 별도로 운영하고 있어 주차 비용을 지불해야 한다. 주차 비용은 1일 200엔으로 한 번 지불하면 기요미즈데라清水寺, 아라시야마嵐山, 긴카쿠지銀閣寺, 오카자키岡崎, 니조 성二条城에서 이용할 수 있다. 주차비는 이 5곳 중 어느 주차장에서나 지불할 수 있다.

1일 – 약 13시간 소요

교토의 대표 사찰과 문화재를 둘러보고 번화가인 기온에서 즐거운 저녁 시간을 보내는 코스다.

09:00 **JR 교토 역** 교토의 교통 중심지

↓ 도보 5분 | 교토 역을 등지고 좌측으로 쭉 걸어 들어간다.

09:05 **KCTP 자전거 대여소** 친절한 안전한 자전거 대여소

↓ 자전거 10분 | 큰길로 나온 다음 지하 도로를 통과하여 이동한다.

09:25 **도지** 일본에서 가장 높은 목조 불탑이 있는 사찰

↓ 자전거 20분 | 철도 건널목에서 신호를 준수한다.

10:45 **도후쿠지** 아름답고 조용한 남쪽의 대형 사찰

↓ 자전거 10분 | 경사가 급한 오르막길, 내려서 걸어 올라가는 것이 좋다.

11:55 **센뉴지** 역대 천황의 무덤이 있는 조용한 사찰

↓ 자전거 5분 | 식사를 할 때는 자전거를 자물쇠로 잠근다.

13:00 **점심 시간** 센뉴지 언덕 아래의 음식점 이용

↓ 자전거 10분 | 힘들지 않은 평지이다.

14:10 **산주산겐도** 교토 대표의 천태종 사찰

↓ 도보 5분 | 자전거는 산주산겐도 주차장에 그대로 둔다.

14:45 **교토 국립 박물관** 일본 3대 국립 박물관 중 하나

↓ 자전거 10분 | 3분 정도 평지이고 나머지는 가파른 오르막길이 길게 이어진다. 자전거 주차장이 있으며 요금을 지불해야 한다.

16:55 **기요미즈데라** 교토에서 가장 볼거리가 많은 사찰

↓ 자전거 15분 | 도로가 좁고 차가 자주 다니므로 안전에 유의한다.

18:10 **숙소 도착** APA 호텔 기온 추천

↓ 도보 5분

18:45 **저녁 식사** 기온과 가와라마치 역 주변 음식점이나 대중 술집에서 즐기는 시원한 맥주와 일본 요리

↓

19:45 **기온** 상점과 음식점 등이 즐비한 교토 최대의 번화가

여행 비용

13,000엔(식사비, 음료 및 간식비, 자전거 대여비, 2인 1실 기준 숙박비, 입장료 포함)

교토는 오사카나 고베와 다르게 역사 유적지들이 많고 조경이 잘 조성되어 있다. 중심지를 제외하고는 도시 정비를 하지 않아 옛날 그대로의 모습을 볼 수 있다. 특히 자전거로 떠나는 교토 여행은 자연을 더 가까이 느낄 수 있고 교토를 더욱 깊이 알아갈 수 있어서 꼭 추천하고 싶다. 단, 교토 자전거 투어를 제대로 하려면 기본적인 체력이 있어야 하며, 2일 정도의 시간을 할애하여 여유 있게 일정을 짜는 것이 좋다.

2일 – 약 11시간 소요
긴카쿠지와 킨카쿠지 등 여러 아름다운 사찰을 둘러보고 교토 타워에서 야경을 감상하는 코스다.

09:05 **지온인** 일본 정토종의 총본산

↓ 자전거 5분 | 시내이며 평탄한 길이다. 안전에 주의하자.

09:40 **헤이안진구** 주황색 빛깔의 화려한 조형물

↓ 자전거 10분 | 긴카쿠지로 올라가는 길은 좁아서 언덕 아래에 주차하고 걸어서 이동한다.

10:20 **긴카쿠지** 정원이 아름다운 사찰

↓ 자전거 30분 | 교토 자전거 여행의 하이라이트다.

11:50 **킨카쿠지** 금빛 전각이 아름다운 사찰

12:50 **점심 식사** 킨카쿠지 주차장에 있는 식당 이용

↓ 자전거 5분 | 길이 복잡하므로 출발 전에 지도를 확인하고 이동하자.

13:35 **료안지** 가레산스이 정원이 있는 사찰

↓ 자전거 5분 | 완만한 내리막길이므로 편하게 달린다.

14:10 **닌나지** 많은 국보가 있는 오래된 대형 사찰

↓ 자전거 5분 | 완만한 내리막길이다.

14:45 **묘신지** 전각만 48개인 대형 사찰

↓ 자전거 15분 | 신호등과 큰 도로가 많으니 안전에 각별히 유의하자

15:40 **니조 성** 볼거리가 다양한 도쿠가와 가문의 상징

↓ 자전거 10분 | 평탄한 길이 이어진다.

16:50 **히가시혼간지** 무료 관람이 가능한 대중적인 사찰

↓ 자전거 10분 | 평탄한 길이지만 체력이 거의 바닥이 난 상태이므로 안전 사고에 유의한다.

17:30 **KCTP 자전거 대여소** 자전거 반납

↓ 도보 10분

17:50 **교토 타워** 교토의 야경과 전경을 볼 수 있는 곳

↓ 도보 5분

18:55 **저녁 식사** JR 교토 역사 안의 음식점 이용

여행 비용
8,000엔(식사비, 음료 및 간식비, 자전거 대여비, 입장료 포함)

교토 중부
교토 황궁 京都御所
교토 교엔 京都御苑
진구마루타마치 神宮丸太町
마루타마치 역 丸太町
호텔 하비스트 교토 Hotel Harvest Kyoto
니조 성 二条城
교토 고쿠사이 호텔 Kyoto Kokusai Hotel
아나 호텔 교토 ANA Hotel Kyoto
교토시야쿠쇼마에 역 京都市役所前
가라스마오이케 역 烏丸御池
니조조마에 역 二条城前
JR 니조 역 JR 二条
신센엔 神泉苑
호텔 기몬드 교토 Hotel Gimmond Kyoto
산조 역 三条
산조케이한 역 三条京阪
호텔 그란 엠즈 교토 HOTEL GRAN MS KYOTO

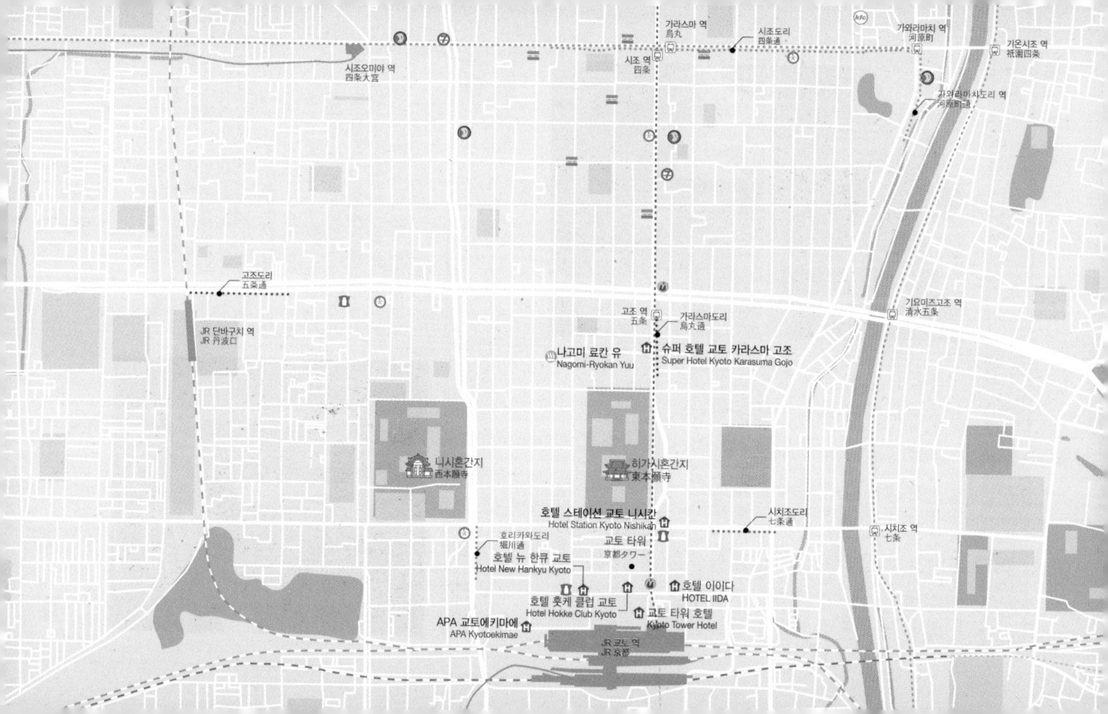

가라스마 역
烏丸
시조도리
四条通
가와라마치 역
河原町
가온시조 역
祇園四条
시조 역
四条
시조오미야 역
四条大宮
가와라마치도리 역
河原町通
고조도리
五条通
기요미즈고조 역
清水五条
고조 역
五条
가라스마도리
烏丸通
JR 단바구치 역
JR 丹波口
나고미 료칸 유
Nagomi-Ryokan Yuu
슈퍼 호텔 교토 카라스마 고조
Super Hotel Kyoto Karasuma Gojo
니시혼간지
西本願寺
히가시혼간지
東本願寺
호텔 스테이션 교토 니시칸
Hotel Station Kyoto Nishikan
시치조도리
七条通
시치조 역
七条
호리카와도리
堀川通
교토 타워
京都タワー
호텔 뉴 한큐 교토
Hotel New Hankyu Kyoto
호텔 이이다
HOTEL IIDA
호텔 훗케 클럽 교토
Hotel Hokke Club Kyoto
교토 타워 호텔
Kyoto Tower Hotel
APA 교토에키마에
APA Kyotoekimae
JR 교토 역
JR 京都

JR 교토 역 京都駅

우메다 지역 대형 역사 쇼핑센터

교토 역은 1997년 헤이안 천도 1200년을 기념하여 건설된 지상 15층의 대형 역사다. 4개의 구역으로 나뉘는데, 서쪽 구역(West Zone)과 동쪽 구역(East Zone), 중앙 구역(Central Zone)과 지하 구역(Underground Mall Zone)이다. 동쪽 구역에는 그란비아 교토 호텔과 교토 극장이, 서쪽 구역에는 이세탄 백화점과 상점가, 주차장, 일본 7개 지역 대표 라멘을 맛볼 수 있는 상점가 교토라멘코지京都拉麺小路가 있다. 중앙 구역에는 교토 역 개찰구와 중앙 홀, 쇼핑몰 큐브가 있고, 지하 구역에는 상점가가 있다. 또, 교토 역 양옆에는 무료로 교토 시내 전경을 볼 수 있는 스카이 가든이 있다. 전망대에 올라 교토의 야경을 감상해 보자.

주소 京都府京都市下京区東塩小路町烏丸通塩小路下る901 **전화** 0570-002-486 **시간** 쇼핑몰 큐브 08:30~20:00 (쇼핑몰, 매장에 따라 차이가 있음), 11:00~22:00 (11층 레스토랑), 이세탄 백화점 10:00~20:00, 라멘코지 11:00~22:00 **홈페이지** www.kyoto-station-building.co.jp

교토 타워 京都タワー

교토의 상징

교토 역 맞은편, 가장 먼저 눈에 들어오는 것이 교토 타워다. 1964년 12월에 완공된 131m의 교토 타워는 오래되어 볼품없어 보이지만, 화창한 날에는 나라나 오사카 지역까지 보이는 전망대가 있다. 교토 특성상 늦은 밤에는 어두워서 근처 시가지만 눈에 들어오므로 교토의 아름다운 전망을 감상하려면 해 질 녘에 전망대에 올라가자.

주소 京都府京都市下京区烏丸七条下 **위치** JR 교토(京都) 역 건너편 도보 2분 **전화** 075-361-3215 **시간** 09:00~21:00 (마감 30분 전까지만 입장 가능) **요금** 성인 770엔, 고등학생 620엔, 초・중학생 520엔, 3세 이상 150엔 (간사이 스루 패스 소지자 성인 기준 120엔 할인) **홈페이지** www.kyoto-tower.co.jp

히가시혼간지·니시혼간지 東本願寺·西本願寺

정치적 야욕에 분열되었던 사찰

히가시혼간지와 니시혼간지는 원래 하나의 사찰이었다. 1272년 히가시야마에 있던 것이 1592년 도요토미 히데요시로부터 기부되어 지금의 자리로 옮겨 왔다. 이후 도쿠가와 이에야스가 정권을 잡은 후 도요토미 히데요시를 추앙하던 무리 세력을 약화시키기 위해 원래의 혼간지를 양분시켰고, 20세기 초 재건을 하여 지금의 모습을 찾았다. 1994년 유네스코 세계 문화유산에 등재되었다.

주소 京都府京都市下京区烏丸通七条上る常葉町754 **위치** JR 교토(京都) 역 북쪽 출구에서 도보 10분 **버스** 히가시혼간지 5, 26, 205번 니시혼간지 205, 206, 207번 **전화** 075-371-9181 **시간** 1~2월, 11~12월 05:30~17:00 / 3~4월, 9~10월 05:30~17:30 / 5~8월 05:30~18:00 **요금** 무료 **홈페이지** www.hongwanji.or.jp

히가시혼간지

히가시혼간지

니시혼간지

니조 성 二条城

도쿠가와 이에야스의 상징

도요토미 히데요시豊臣秀吉가 죽은 후 도쿠가와 이에야스徳川家康가 정권을 잡기 위해 1603년 세운 임시 중앙 본부로, 이에야스의 손자인 도쿠가와 이에미쓰徳川家光 때 지금의 규모로 완성되었다. 처음에는 간사이 지방의 중앙 본부 역할을 했지만, 지금의 가마쿠라에 바쿠후幕府 정권이 들어선 후, 일본 천황을 견제하는 목적이나 교토에서 외부 인사를 접견할 때 이용했다. 성의 앞쪽은 수로를 만들어 외부의 침입을 어렵게 했고, 성곽을 만들어 주변 감시를 수월하게 했다. 성곽에 올라가면 니조 성의 외부 전망을 볼 수 있으니 한번쯤 올라가 보자.

경내가 매우 넓은데, 안내가 잘 되어 있어서 화살표를 따라 이동하면 쉽게 돌아볼 수 있다. 1994년 유네스코 세계 문화유산에 등재되었다.

주소 京都府京都市中京区二条城町541 **위치** 니조조마에(二条城前) 버스정류장에서 도보 1분 **버스** 9, 50, 101번 **전화** 075-841-0096 **시간** 08:45~16:00 **요금** 어른 600엔, 중학생・고등학생 350엔, 초등학생 200엔 **홈페이지** www.city.kyoto.jp/bunshi/nijojo/

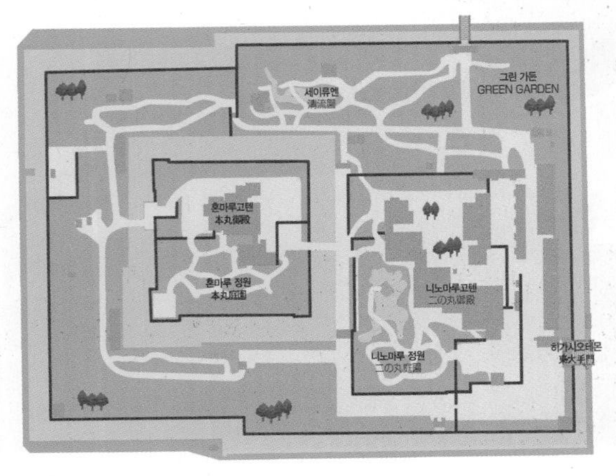

MAPECODE 02506

니노마루고텐 二の丸御殿

도쿠가와 이에야스의 거처로 사용된 곳

도쿠가와 이에야스가 교토에 머물 때 묵었던 거처로 소테쓰노마蘇鉄の間, 오히로마大広間, 시로쇼인白書院, 도사무라이遠侍, 시키다이式台, 쿠로쇼인黒書院의 6개 건물이 연결되어 있다. 침입자를 대비해 복도를 걸을 때 새 울음소리가 나도록 설계되어 있으며, 각 방의 용도에 따라 다른 벽화를 그려 놓았다. 한국어 안내자료를 입구에서 나누어 주니 참고하자.

MAPECODE 02507

니노마루 정원 二の丸庭園

고급스럽고 편안한 정원

다도로 잘 알려진 고보리 엔슈가 설계하였다. 고급스러움과 편안함이 느껴지는 정원이다. 정원의 대부분은 입장이 금지되어 있으니, 세이류엔清流園으로 이동할 때 잠시나마 정원을 감상해 보자.

MAPECODE 02508

세이류엔 清流園

연못 옆 작은 전각

니조 성 관람을 마치고 출구로 나오다 보면 조그만 연못 건너편으로 작은 전각을 볼 수 있다. 예전에는 니조 성을 방문한 외부 인사들의 접견 장소로 이용되었지만 지금은 개방돼 일반인들도 이용할 수 있다. 다도 이벤트도 자주 열린다.

Travel Tips

니조 성에서 주의할 점이 두 가지 있다. 첫 번째는 볼거리가 많고 경내가 넓어서 자칫 다음 일정을 고려하지 않고 많은 시간을 이곳에서 소비해 버릴 수 있으니 시간을 잘 조절하자. 두 번째는 니조 성의 폐관 시간은 오후 4시로 다른 관광지보다 상당히 빠르므로 여행 일정을 짤 때 꼭 고려하자.

신센엔 神泉苑

아무리 가물어도 마르지 않는 샘물

니조 성 입구를 나와 우측 남쪽 성곽을 돌아나가면 작은 연못과 주황색 다리가 하나 나오는데 이것이 신센엔이다. 794년 만들어질 당시에는 넓은 황실 정원이었지만, 축성하면서 니조 성으로 대부분 편입되고, 지금 남아 있는 건 작은 연못뿐이다. 다리와 작은 연못이 아름다워 결혼 야외 촬영 장소로 많이 이용된다.

주소 京都府京都市中京区御池通神泉苑東入門前町 167 **위치** 니조조마에(二条城前) 버스정류장에서 도보 3분 **버스** 9, 50, 101번 **전화** 075-821-1466 **시간** 08:00~18:00 **요금** 무료 **홈페이지** www.shinsenen.org

MAPECODE 02510

교토 황궁 京都御所

일본의 옛 수도 교토의 천황 거주지

현재 남아 있는 교토 황궁은 1867년 에이쇼 황태후英照皇太后를 위해 완성된 건축물이다. 천황이 메이지유신 때 도쿄의 황궁으로 옮겨 가면서 지금은 국빈이나 외빈을 접대할 때 이용하고 있다. 교토 황궁을 중심으로 공원이 조성되어 있는데 조경이 잘 되어 있고 도심에서 이만한 규모의 공원은 또 없으니 잠시 들러 쉬어 가는 것도 좋다.

주소 京都府京都市上京区京都御苑 3 **위치** 가와라마치마루타마치(河源町丸太町) 버스정류장에서 도보 1분 **버스** 4, 10, 17, 59, 93, 202, 204, 205번 **전화** 075-211-1211 **시간** 08:45~17:00 / 여행 안내 센터 08:45~12:00, 13:00~17:00 **요금** 무료(홈페이지에서 참관 신청해야만 입장 가능) **홈페이지** sankan.kunaicho.go.jp

MAPECODE 02511

시조도리(가와라마치 역 주변) 四条通

교토 최고의 번화가

시조도리는 기온의 야사카 신사八坂神社부터 교토를 동서로 가로지르는 대로인데, 특히 한큐阪急센 가와라마치河原町 역 부근이 발달하였다. 교토에는 상점이 많이 모여 있는 산조도리三通り 상점가에 비해 이곳은 오래된 상점가다. 지금은 유동 인구가 많이 줄었으나 시조도리 상점가에 명품 매장과 대형 백화점, 많은 음식점과 유흥 주점이 들어오면서 교토 최고의 번화가가 되었다. 간사이 스루 패스를 소지한 여행객은 이곳에서 교토 여행을 마무리하고 한큐센을 이용해 오사카로 돌아가는 것이 편리하다.

위치 한큐(阪急)센 가와라마치(河原町) 역 주변 **버스** 4, 5, 10, 11, 12, 17, 32, 40, 59, 201, 203, 205, 207번

교토 북부
킨카쿠지
金閣寺
기타오지도리
北大路通
구라마구치
鞍馬口
료안지
龍安寺
도지인
等持院
닌나지
仁和寺
기누카케노미치도리
きぬかけの通
니시오지도리
西大路通
이마데가와도리
今出川通
료안지 역
龍安寺
도지인 역
等持院
기타노하쿠바이초 역
北野白梅町
이치조도리
一条通
묘신지 역
妙心寺
오무로닌나지 역
御室仁和寺
묘신지
妙心寺
하나조노 카이칸
Hanazono Kaikan
JR 하나조노 역
JR 花園
JR 엔마치 역
JR 円町

MAPECODE 02512

킨카쿠지(금각사)金閣寺

찬란한 금빛 전각

킨카쿠지는 아시카가 요시미쓰足利義満가 1397년 개인 별장 용도로 건축한 것이다. 원래 이름은 녹원사鹿苑寺였으나, 스님들의 사리를 보관하는 전각에 금박을 입혀 지금의 킨카쿠지, 즉 금각사라는 이름을 얻었다. 1950년 방화로 모두 소실되었으나 1955년 복원되었으며, 지금은 교토의 대표 관광지 중 하나다. 전각 바로 앞에 있는 호수 경호지鏡湖池에 비친 금빛 찬란한 전각의 모습 또한 장관이다. 1994년 교토 문화재의 구성 요소로 유네스코 세계문화유산에 등재되었다.

주소 京都府京都市北区金閣寺町1 **위치** 킨카쿠지마에(金閣寺前) 정류장에서 도보 3분 **버스** 12, 59번 **전화** 075-461-0013 **시간** 09:00~17:00 **요금** 고등학생 이상 400엔, 중학생 이하 300엔 **홈페이지** www.shokoku-ji.jp

MAPECODE 02513

묘신지 妙心寺

북쪽의 거대한 사찰

묘신지는 잘 알려져 있지 않으나 규모가 상당히 큰 사찰이다. 1342년에 창건되었고 1355년 하나조노 천황花園天皇이 이 절의 승려가 되면서 탑두만 경내·외로 48개나 되는 큰 사찰로 발전하였다. 묘신지의 범종은 국보로 지정되었으며, 불전과 법당은 문화재로 지정됐다. 수많은 사람이 참선을 하고, 불전을 익히기 위해 드나드는 곳이다.

주소 京都府京都市右京区花園妙心寺町 **위치** 니시노쿄엔마치(西ノ京円町) 버스정류장에서 도보 5분 **버스** 26, 91, 93, 202, 203, 204, 205번 **전화** 075-461-5226 **시간** 09:10~16:40 **요금** 고등학생 이상 500엔, 중학생 300엔, 초등학생 100엔 **홈페이지** www.myoshinji.or.jp

MAPECODE 02514

닌나지 仁和寺

국보가 많은 교토에서 가장 오래된 사찰

교토에서 가장 오래된 사찰이자 진언종신사파真言宗御室派의 총본산이다. 888년 세워진 이래 약 1000년 동안 천황의 아들이 주지로 있어 부와 권력의 중심에 있었다.

닌나지는 1467년 내전으로 파괴되었다가 1644년에 다시 재건되기도 했다. 유독 국보가 많은 곳인데 금당金堂, 목조 아미타불 삼존상木造阿弥陀三尊像, 목조 약사 여래좌상木造薬師如来坐像 등 총 12종이 있다. 대부분의 건축물에 한국어 설명이 있다. 닌나지 또한 1994년 유네스코 세계 문화유산에 등재되었다.

주소 京都府京都市右京区御室大内33 **위치** 오무로닌나지(御室仁和寺) 버스정류장에서 도보 1분 **버스** 10, 26, 59번 **전화** 075-461-1155 **시간** 3~11월 09:00~17:00, 12~2월 09:00~16:30 (마감 30분 전까지만 입장 가능) **요금** 전각 고등학생 이상 500엔, 중학생 이하 300엔 **보물관** 어른 500엔, 중·고등학생 300엔 / 초등학생 무료, 간사이 스루 패스 소지자 10% 할인 **홈페이지** www.ninnaji.or.jp

MAPECODE 02515

도지인 等持院

아시카가 막부 쇼군들을 모신 절

1341년에 세워진 사찰로 아시카가 막부의 1대 쇼군부터 15대 쇼군까지의 위패를 모신 사찰이다. 큰 특징이 있는 사찰은 아니며 봄과 가을에 경치를 보려는 사람들로 조금 붐빈다. 주택가 안쪽에 있어 찾기가 어려우니 일본 역사에 특별히 관심이 있는 사람이 아니라면 굳이 들르지 않아도 된다.

위치 기타노하쿠바이초(北野白梅町) 버스정류장에서 도보 10분 **버스** 10, 26, 50, 101, 102, 203, 204, 205번 **시간** 09:00~16:30 **요금** 고등학생 이상 500엔, 중학생 이하 300엔 **홈페이지** www.toujiin.com

료안지 龍安寺

정원이 아름다운 사찰

아름다운 정원을 가진 사찰로 손꼽힌다. 1450년 지어진 사찰로, 지금은 대부분 소실되고 1798년 이곳에 옮겨온 방장方丈과 건물 일부분만 남아 있다. 방장 앞에 있는 방장 정원方丈庭園은 잘 정돈된 하얀 모래 위에 15개의 큰 돌이 놓여 있는데 보는 각도에 따라 돌의 수가 달라 보인다고 한다. 대부분 입장이 금지되어 있어 정면에서만 볼 수 있다. 료안지도 1994년 유네스코 세계 문화유산에 등재되었다.

주소 京都府京都市右京区龍安寺御陵下町13 **위치** 료안지마에(龍安寺前) 버스정류장에서 도보 1분 **버스** 59번 **전화** 075-463-2216 **시간** 3~11월 08:00~17:00, 12~2월 08:30~16:30 **요금** 고등학생 이상 500엔, 중학생 이하 300엔 / 간사이 스루 패스 소지자 10% 할인 **홈페이지** www.ryoanji.jp

교토 동부
데마치야나기 역
出町柳
이마데가와도리
今出川通
긴카쿠지
銀閣寺
오멘
おめん
시라카와도리
白川通
교토 황궁
京都御所
교토 교엔
京都御苑
히가시오지도리
東大路通
오야도 이시초 호텔 교토
Oyado Ishicho Hotel Kyoto
진구마루타마치 역
神宮丸太町
마루타마치도리丸田町通
헤이안진구
平安神宮
료칸 리키야
Ryokan Rikiya
니조도리
二條通
호텔 뉴 니즈호
Hotel New Nissho
고토 호텔 교토
Koto Hotel Kyoto
난젠지
南禅寺
교토시야쿠쇼마에 역
京都市役所前
산조도리
三条通
히가시야마 역
東山
산조 역
三条
산조케이한 역
三条京阪
게아게 역
蹴上
잇센 요쇼쿠
壹銭洋食
기라쿠 인 교토
Kiraku Inn Kyoto
지온인
知恩院
카네쇼
かね正
기온
祇園
가와라마치 역
河原町
야사카 신사
八坂神社
마루야마 공원
円山公園
가와라마치도리
河原町通
마츠바
松葉
APA 호텔 기온
APA Hotel Gion
기온시조 역
祇園四条
료칸 키노에
Ryokan Kinoe
기온 마이후칸 호텔
Gion Maifukan Hotel
료칸 리키야
Ryokan Rikiya
교토 쇼호카쿠 호텔
Kyoto Shuhokaku Hotel
고조도리
五条通
기요미즈고조 역
清水五条
기요미즈데라
清水寺
교토 국립 박물관
京都国立博物館
료칸 야마토
Ryokan Yamato
히가시오지도리
東大路通
시치조 역
七条
하얏트 리젠시 교토
Hyatt Regency Kyoto
산주산겐도
三十三間堂
지샤쿠인
智積院

긴카쿠지(은각사) 銀閣寺

완성되지 못한 은 전각

킨카쿠지와 긴카쿠지는 대부분의 교토 여행자의 일정에 들어가는 사찰이다. 사람들은 은으로 덮인 전각을 기대하고 이곳을 찾는데, 실제로는 허름한 전각이다. 원래 이름은 지쇼지慈照寺로, 1460년 킨카쿠지를 만든 아시카가 요시미쓰足利義満의 손자 아시카가 요시마사足利義政가 개인 정원으로 만들었다. 금박을 입힌 킨카쿠지를 모방하여 은으로 된 전각을 세우려 한 것인데, 은박을 입히기 전에 요시마사가 죽고 말았다.

모래 정원이 아름다우며, 사찰로 올라가는 길에 상점들이 많이 있어 기념품을 구매하기 좋다. 또한 1994년 교토 문화재의 구성 요소로 유네스코 세계문화유산에 등재되었다.

주소 京都府京都市左京区銀閣寺町 2 **위치** 긴카쿠지미치(銀閣寺道) 버스정류장에서 도보 10분 **버스** 5, 17, 32, 100, 102, 203, 204 번 **전화** 075-771-5725 **시간** 3~11월 08:30~17:00, 12~2월 09:00~16:30 **요금** 고등학생 이상 500엔, 중학생 이하 300엔 **홈페이지** www.shokoku-ji.jp

MAPECODE 02518

헤이안진구 平安神宮

헤이안 천도 기념 건축물

헤이안진구는 간무 천황의 헤이안 천도 1,100년을 기념해 1895년 만들어진 기념 건축물로, 초록색 지붕과 주황색 기둥이 인상적이다. 원래는 더 큰 규모를 계획하였으나, 자금이 부족해 계획된 크기의 절반 정도로만 지어졌으며, 1976년 화재로 소실되었다가 1979년 복원되었다. 경내는 무료로 입장할 수 있지만 정원에 들어가려면 요금을 지불해야 한다. 봄과 가을에 정원의 경치가 매우 아름답다.

주소 京都府京都市左京区岡崎西天王町97 **위치** 교토카이칸비주쓰칸마에(京都会館美術前) 버스정류장에서 도보 3분 **버스** 5, 32, 46, 100번 **전화** 075-761-0221 **시간** 3~11월 06:00~18:00 **요금** 성인 600엔, 고등학생 이하 300엔 **홈페이지** www.heianjingu.or.jp

MAPECODE 02519

지온인 知恩院

교토에서 가장 큰 사찰

정토종浄土宗의 총본산인 지온인은 1175년에 세워졌다. 처음에는 큰 사찰이 아니었으나 에도 시대江戸時代 이후 지금과 같은 규모로 커졌다. 지온인 표지판을 보고 길게 뻗은 도로를 따라 들어가면 가장 먼저 눈에 들어오는 것이 높이 24m, 폭 27m의 미카도三門이며, 그 뒤로 본당인 미에이도御影堂와 대방장大方丈을 볼 수 있다. 본당인 미에이도는 교토에서 규모가 가장 큰 사찰이다. 지붕 길이만 44.8m이며 4,000명을 동시에 수용할 수 있다. 대방장 주변에는 아름다운 정원이 조성되어 있다. 정문 미카도의 야경도 볼 만하다.

주소 京都府京都市東山区新橋通大和大路東入三丁目林下町400 **위치** 지온인마에(知恩院術前) 버스정류장에서 도보 2분 **버스** 5, 12, 46, 201, 202, 203, 206번 **전화** 075-531-2111 **시간** 09:00~16:00 **요금** 고등학생 이상 500엔, 중학생 이하 250엔 / 간사이 스루 패스 소지자 10% 할인 **홈페이지** www.chion-in.or.jp

MAPECODE 02520

야사카 신사 八板神社

기온 마쓰리의 시작점

교토의 동쪽을 관광하다 기온祇園 지역에 들어서면 주황색 기둥의 신사가 보이는데, 이곳이 야사카 신사다. 다른 신사와 달리 가정의 행복과 건강을 기원하는 서민들을 위한 곳이다. 야사카 신사 앞부터 시작되는 시조도리四条通는 일본 전통 공예품 등 기념품을 판매하는 상점들과 음식점, 명품 매장과 대형 백화점이 들어서 있는 쇼핑의 메카다. 야사카 신사 뒤쪽에 위치한 마루야마 공원円山公園에서는 일본의 3대 마쓰리인 기온 마쓰리祇園祭가 매년 7월 16일과 17일, 이틀 동안 열린다. 기온 마쓰리가 열리는 7월에는 이 일대가 모두 축제 분위기다.

주소 京都府京都市東山区祇園町北側625 위치 기온(祇園) 버스정류장에서 도보 1분 버스 5, 12, 46, 201, 202, 203, 206번 전화 075-561-6155 시간 09:00~16:00 요금 무료 홈페이지 www.yasaka-jinja.or.jp

MAPECODE 02521

기온 祇園

옛 교토의 유흥 지역

오래전의 기온은 고급 음식점과 요정이 꽉 들어차 있었다. 그러나 수도가 도쿄로 바뀌고 교토는 관광지로 개발되면서 기온 또한 일본 전통 공예품, 과자, 차 등의 기념품을 파는 상점과 음식점이 많아졌다. 기온 지역의 거리는 아직 예스러운 정취가 남아 있어 사진 찍기도 좋고 거닐기도 좋다.

위치 기온(祇園) 버스정류장에서 도보 1분 버스 5, 12, 46, 201, 202, 203, 206번 홈페이지 www.gion.or.jp

MAPECODE 02522

교토 국립 박물관 京都国立博物館

보물로 가득한 일본 3대 박물관 중 하나

1897년 개관한 교토 국립 박물관은 헤이안 시대부터 에도 시대까지의 중요 문화재를 전시하고 있으며, 만여 점의 불교 문화재도 소장하고 있다. 1969년 박물관 본관과 정문도 문화재로 지정되었는데, 본관은 연 2회 정도 특별전을 열 때만 공개하고, 신관은 상시 공개한다. 한국의 국보급 보물들도 많이 소장하고 있는데, 특별전이 열리는 기간에만 볼 수 있다.

주소 京都府京都市東山区茶屋町527 **위치** 하쿠부쓰칸・산주산겐도마에(博物館三十三間堂前) 버스정류장에서 도보 1분 **버스** 100, 206, 208번 **전화** 075-525-2473 **시간** 09:30~17:00, 특별전 기간 09:30~18:00 (금요일 특별 전시 마감 시간은 20:00, 월요일 휴관) **요금** 신관 일반 500엔, 고등학생·대학생 250엔, 중학생 이하 무료 본관 특별전에 따라 다름 **홈페이지** www.kyohaku.go.jp

MAPECODE 02523

산주산겐도 三十三間堂

다른 얼굴을 가진 1,001개의 불상이 맞이하는 곳

산주산겐도는 1642년에 건립된 천태종 사찰로, 이름처럼 본당의 기둥과 기둥 사이에 서른세 개의 칸을 만들어 놓았다. 그 건축 양식이 우리나라 종묘와 매우 흡사하다. 각각의 칸마다 1,001개의 불상이 있는데, 모두 다른 얼굴을 하고 있어 흥미롭다. 본당 뒤쪽에는 따로 참배할 수 있는 공간이 있다.

주소 京都府京都市東山区三十三間堂廻町657 **위치** 하쿠부쓰칸・산주산겐도마에(博物館三十三間堂前) 버스정류장에서 도보 1분 **버스** 100, 206, 208번 **시간** 11월 16일~3월 9일 08:00~17:00 (폐관 16:00) **요금** 일반 600엔, 중·고등학생 400엔, 초등학생 300엔 **홈페이지** sanjusangendo.jp

기요미즈데라 清水寺

신비의 물이 흐르는 곳

기요미즈데라는 798년 설립되었는데, 1063년부터 1629년까지 기록으로 남아 있는 것만 총 9회의 화재가 일어나 소실과 재건을 반복했다. 1633년, 도쿠가와 이에미쓰徳川家光가 재건해 지금의 모습을 이어 가고 있다. 기요즈미데라는 이름처럼 물이 좋기로 이름난 곳인데, 많은 사람이 이곳의 물을 마시며 건강과 행복을 기원한다.

청수의 무대라 불리는 건물은 산의 경사면에서 돌출되어 지어졌는데, 크고 작은 기둥들이 떠받치고 있다. 아주 놀라운 사실은 이 거대한 건축물에 못을 하나도 사용하지 않았다는 점이다.

기요미즈데라에서 바라보는 교토 전경은 그야말로 장관이다. 사찰로 올라가는 길에 있는 산넨자카 거리는 먹거리와 기념품 상점들로 꽉 들어차 있어 둘러보기에 좋다. 교토 여행을 하면서 사찰에 질릴 만도 하지만, 기요미즈데라에서는 잊지 못할 매력을 느낄 수 있을 것이다. 1994년 교토 문화재의 구성 요소로 유네스코 세계 문화유산에 등재되었다.

주소 京都府京都市東山区清水1丁目294 **위치** 기요미즈미치(清水道) 버스정류장에서 도보 20분 **버스** 100, 202, 206, 207번 **전화** 075-551-1234 **시간** 09:00~18:00 (야간 특별전의 시간은 홈페이지 참조) **요금** 고등학생 이상 300엔, 중학생 이하 200엔 (야간 특별전은 고등학생 이상 400엔) **홈페이지** www.kiyomizudera.or.jp

일본 역사 속 한국

일본의 역사를 들여다보면 한국 역사와 연결되는 부분과 한국인의 발자취를 쉽게 찾을 수 있다. 오사카, 교토, 나라를 여행하다 보면 이러한 곳을 심심찮게 만나볼 수 있는데 그 중 대표적인 명소를 살펴보자.

교토

기요미즈데라*清水寺

교토에서 한국 관광객들이 가장 가고 싶어 하는 곳이자 가을에 단풍이 아름다운 사찰인 기요미즈데라는 과거 백제에서 건너간 도래인渡来人(외국에서 일본으로 건너온 사람을 뜻함)이 건축한 사찰이다. 교토를 일본의 천 년 수도로 만든 장본인인 간무 천황桓武天皇은 아버지는 일본 사람이었지만 어머니는 백제의 무녕왕의 자손인 다카노노니이가사高野新笠였다. 이 간무 천황의 오른팔 역할을 한 일본 최초의 쇼군, 사카노우에노 다무라마로坂上田村麻呂 역시 백제 귀족 출신의 도래인이었다. 이 사카노우에노 다무라마로가 간무 천황의 명을 받아 798년 기요미즈데라를 건축하였다. 기요미즈데라는 절벽 위에 전각을 세우면서 그 구조물과 지지대에 못을 사용하지 않았는데 그 당시 기술로는 상상할 수도 없는 일이었다. 이 건축물은 백제인의 풍부한 상상력과 기술이 만들어 낸 작품이라 할 수 있다. 절벽에서 10m 정도 밖으로 튀어나온 부타이에서 바라보는 교토의 자연은 많은 이들의 감탄을 자아낸다. (p.219)

오사카

시텐노지*四天王寺

시텐노지는 쇼토쿠 태자聖徳太子가 건립한 7대 사찰 중 하나이자 현존하고 있는 일본 최초의 사찰로 스이코 천황推古天皇 원년에 설립되었다. 스이코 천황은 일본의 첫 번째 여성 천황으로, 쇼토쿠 태자를 섭정으로 임명하였다. 쇼토쿠 태자는 불교를 융성하게 하였고 고구려의 혜자와 백제의 혜총 스님을 스승으로 모셨다. 시텐노지는 백제 기술자 3명을 일본에 데려와 지은 사찰이라 우리에게도 역사적인 의미가 있다. 남대문, 5층탑, 금당을 일렬로 배치한 것을 시텐노지 양식이라고 하는데, 사실은 백제의 건축 양식이다. 시텐노지에는 2가지 볼거리가 있는데, 바로 금당과 오쿠텐奥伝 지하에 있는 2만 2천 개의 작은 불상들이다. 금당 바로 앞에 높이 약 40m의 5층탑이 있으며 과거에는 이 5층탑 꼭대기에서 오사카 시내를 볼 수 있었다고 한다. (p.139)

나라

도다이지 東大寺

불교 화엄종의 총본산이자 세계 최대의 목조건물인 다이부쓰덴이 있는 곳으로 쇼무 천황聖武天皇에 의해 743년 건축되었다. 세계에서도 인정하는 일본 대표 건축물인 도다이지는 백제계 도래인의 후손인 양변良辨, 승정僧正이 사찰 건설에 크게 공헌을 하였으며, 백제의 고승 행기行基 스님은 다이부쓰덴의 15m의 비로자나불상 건설을 위한 기금을 모으기 위해 전국을 다녔다. 현재 행기 스님의 동상이 긴테츠 나라 역 近鉄奈良駅 앞에 위치하고 있어 도다이지 건설을 위해 동분서주한 행기 스님의 공헌을 인정하고 있다. 도다이지는 나라를 대표하는 사찰이자 관광지로 일본인의 오랜 사랑을 받고 있다. 한국 관광객도 나라를 방문할 때 꼭 들를 정도로 인기 사찰이다. 백제인의 지혜와 열정이 담긴 곳이라고 생각하니 더 애착이 가는 사찰이다. (p.267)

오사카

쓰루하시 鶴橋

오사카 속 작은 한국이라 불리는 쓰루하시는 우리나라 근대사의 아픈 역사와 맥을 같이 하는 곳이다. 1920년대 쓰루하시 부근의 히라노平野 운하를 건설할 때 강제 징용되어 끌려온 사람들이 광복이 되어도 고국으로 돌아가지 못하고 이곳에 정착하여 터전을 잡으면서 작은 코리아 타운이 형성되기 시작했다. 광복 후에도 오사카에서 무역을 하는 사람들이 이곳에 자리를 잡았다. 쓰루하시 역 옆의 쓰루하시 시장에서는 한국 음식 그대로를 맛볼 수 있어서 한국 사람뿐만 아니라 한국 음식을 좋아하는 현지 일본인들도 이곳을 찾고 있다. 우리나라의 아픈 역사에서 시작되었지만 한국 관광객들이 관광 코스로만 알고 있고, 이곳에 서린 아픈 역사는 점점 잊혀지고 있는 것 같아 아쉽다.

JR 교토 역
JR 京都
R&B 호텔 교토에키 하치조구치
R&B Hotel Kyoto-eki Hachijyo-guchi
뉴 미야코 호텔
New Miyako Hotel
호텔 게이한 교토
Hotel Keihan Kyoto
이비스 스타일즈 교토 스테이션
Ibis Styles Kyoto Station
고하쿠안 마치야 레디던스 인 교토
Kohakuan Machiya Residence Inn Kyoto
다이와 로이넷 호텔 교토 하치조구치
Daiwa Roynet Hotel Kyoto-Hachijoguchi
교토 플라자 호텔
Kyoto Plaza Hotel
도후쿠지 역
東福寺
센뉴지 가는 추천 길
도지
東寺
나고미안 하치조테이
Nagomian Hachijotei
호텔 게이한 교토
Hotel Keihan Kyoto
도후쿠지 가는 추천 길
교토 다이치 호텔
Kyoto Daiichi Hotel
제이하퍼스 교토 게스트하우스
J-Hoppers Kyoto Guesthouse
센뉴지
泉涌寺
도후쿠지
東福寺

도지 東寺

잘 알려져 있지 않은 보석 같은 사찰

많은 사람이 교토 관광 일정을 JR 교토 역 북쪽에서 시작하기 때문에 JR 교토 역 남쪽에 위치한 도지東寺는 관광객들에게 잘 알려지지 않은 곳이다. 796년 세워진 사찰로, 1603년 도요토미 히데요리豊臣秀頼가 재건한 웅장한 본당과 일본에서 가장 높다는 약 55m의 5층 목조 불탑이 볼 만하다. 매월 21일 경내에서 벼룩시장도 서는데, 이 벼룩시장도 250년이 넘는 역사를 자랑한다.

주소 京都府京都市南区九条町1 **위치** 도지히가시몬마에(東寺東門前) 버스정류장에서 도보 1분 **버스** 207번 **전화** 075-691-3326 **시간** 3월 20일~9월 19일 05:00~17:30, 9월 20일~3월 19일 05:00~16:30 **요금** 고등학생 이상 500엔, 중학생 이하 300엔(내부 건축물까지 입장 가능, 티켓은 별도 구매, 간사이 스루 패스 소지자 단체 요금 적용) **홈페이지** www.toji.or.jp

MAPECODE 02526

도후쿠지 東福寺

가을 단풍이 아름다운 큰 사찰

1236년에 세워진 이 사찰은 국보급 건물을 많이 보유하고 있어 교토 5산 중 하나로 꼽힌다. 위패를 모시는 가이산도로 넘어가는 목조 다리 쓰텐교通天橋에는 단풍나무가 우거져 있다. 도후쿠지는 가을이면 단풍을 보기 위한 사람들로 북적인다. 가을에 교토 여행을 계획한다면 아름답고 볼거리 많은 도후쿠지에 들러 보자. 연못은 없지만 잘게 부서진 흰 돌과 모래를 깔아 물처럼 보이는 효과를 낸 가레이산스식 정원龍安寺の石庭이 신비한 분위기를 자아낸다.

주소 京都府京都市東山区本町15丁目 **위치** 도후쿠지미치(東福寺道) 버스정류장에서 도보 10분 **버스** 南5번 **전화** 075-561-0087 **시간** 4~10월 09:00~16:00, 11~12월 08:30~16:00, 12~3월 09:00~15:30 **요금** 고등학생 이상 400엔, 중학생 이하 300엔 **홈페이지** www.tofukuji.jp

MAPECODE 02527

센뉴지 泉涌寺

가을 정취가 좋은 조용한 사찰

산속의 조용한 사찰 센뉴지는 가을 단풍이 아름다워 도후쿠지와 함께 남부 최고의 가을 정취를 느낄 수 있는 사찰 중 하나다. 843년 건축된 센뉴지는 진기한 보석이 박혀 있는 양귀비 보살 관음좌상으로 유명하며, 센뉴지강엔소 같은 국보도 보유하고 있다. 버스정류장부터 걸어가면 상당히 긴 오르막을 올라야 하고, 경내가 넓어 관람하는 데 꽤 오랜 시간이 걸린다.

주소 京都府京都市東山区泉涌寺山内町27 **위치** 센뉴지미치(泉涌寺道) 버스정류장에서 도보 20분 **버스** 202, 207, 208번 **전화** 075-561-1551 **시간** 3월~11월 09:00~16:30, 12월~2월 09:00~16:00 **요금** 고등학생 이상 500엔, 중학생 이하 300엔 **홈페이지** www.mitera.org

교토에서의 식사는 오사카와는 다르게 전통적으로 장인 정신이 깃든 음식을 판매하는 곳을 방문해 보자. 기본 50년에서 100년 된 음식점을 평범하다고 할 정도로 오랫동안 대대로 이어져 내려온 곳들이 많다. 장어, 우동, 소바를 중심으로 한 교토 식도락 여행 계획을 세워 보자.

기온

카네쇼 かね正

MAPECODE 02528

장어덮밥이 일품인 음식점 카네쇼는 교토 기온에 있으며 장어덮밥으로 150년간 많은 사람들에게 사랑을 받아온 곳이다. 장인 정신이 깃든 카네쇼는 그 명성 만큼이나 긴 줄을 서야만 먹을 수 있는 인기 음식점이다. 두툼한 장어를 올린 장어덮밥 한 그릇이면 지친 여행자들도 힘을 얻을 만큼 맛이 일품이다. 테이블 수가 적고, 항상 줄이 길게 서 있어 점심 오픈할 때 혹은 저녁 오픈할 때 움직여야만 큰 어려움 없이 식사를 할 수 있다.

주소 京都府京都市東山区大和大路通四条上ル2丁目常盤町155-2 위치 기온시조(祇園四条) 역 9번 출구로 나와 뒤쪽 주차장 골목, 빨간색 기온 우체국 바로 옆에 위치한다. 도보 1분 전화 075-532-5830 시간 11:30~14:00, 17:30~22:00 추천 메뉴 킨시동(きんし丼) 1,800엔

잇센 요쇼쿠 壹錢洋食

MAPECODE 02529

교토식 오코노미야키를 먹을 수 있는 대표 음식점 오사카에서 흔히 먹는 두꺼운 오코노미야키와는 차원이 완전히 다른 교토식 오코노미야키를 판매하고 있는 음식점으로 100년간 많은 사람들의 사랑을 받고 있다. 이곳의 오코노미야키는 우리나라의 부침개처럼 얇게 편 밀가루 반죽 위에 각종 재료를 넣고 오므라이스처럼 동그랗게 말아 주는 것이 특징이다. 음식점의 분위기나 인테리어도 기온의 옛 정취를 느낄 수 있도록 되어 있다. 따뜻한 사케와 교토 전통 오코노미야키를 먹으면서 즐거운 시간을 보낼 수 있다.

주소 京都府京都市東山区祇園四条通縄手上ル祇園町北側238 위치 기온시조(祇園四条) 역 7번 출구로 뒤쪽 대로변으로 나와 대로변을 바라보고 좌측으로 두 블록 건너 바로, 도보 2분 전화 075-533-0001 시간 월~토 11:00~03:00, 일 10:30~22:00 추천 메뉴 잇센 요쇼쿠(壹錢洋食) 650엔 홈페이지 www.issen-yosyoku.com

마츠바 松葉

MAPECODE 02530

니싱소바 전문 전통 음식점 청어로 국물을 우려내고 그 청어 한 마리를 통째로 넣어 소바와 같이 판매하고 있는 150년 전통의 니싱소바 전문점이다. 비주얼 때문에 여성들보다는 남성들이 주로 찾는다. 기존의 온溫소바와는 다르게 청어가 들어가서 조금은 비리다고 하는 사람도 있지만 교토에서만 맛볼 수 있다. 비위가 약한 사람은 다른 우동을 먹더라도 한번쯤 방문해 보자.

주소 京都府京都市東山区川端町192 南座西隣 위치 기온시조(祇園四条) 역 6번 출구로 나와 우측으로 대로변 모퉁이에 위치. 도보 1분 전화 075-561-1451 시간 10:30~21:30 추천 메뉴 니싱소바(にしんそば) 1200엔 홈페이지 www.sobamatsuba.co.jp

긴카쿠지

오멘 おめん

MAPECODE 02531

입맛에 따라 만들어 먹는 우동 전문점 국물에 말아서 나오는 우동이 아닌 국물과 우동이 따로 나온다. 국물의 고소함과 매운맛을 개인적 취향에 맞게 조절해 먹을 수 있는 특별한 맛집이다. 1967년에 문을 열어 특이한 먹는 방법과 쫄깃한 면발로 긴카쿠지(은각사)를 방문한 많은 관광객들이 즐겨 찾는다.

주소 京都府京都市左京区浄土寺石橋町74 위치 긴카쿠지마에(銀閣寺前) 버스정류장에서 시시가타니 거리를 따라 남쪽으로 도보 1분 전화 075-771-8994 시간 11:00~21:00 추천 메뉴 오멘소바(おめんうどん) 1100엔 홈페이지 www.omen.co.jp

교토 호텔을 예약할 때는 다음 세 가지를 고려하자. 첫째, 교토 역 또는 가와라마치 역으로의 이동이 편한 곳에 숙소를 잡는다. 둘째, 료칸에서 1박을 하고 싶다면 비싼 전통 료칸보다는 퓨전 재패니즈 스타일 룸의 호텔을 추천한다. 셋째, 관광지로의 이동이 용이한 곳에 숙소를 예약한다.

교토 역

도시하루 료칸 Toshiharu Ryokan MAPECODE 02532

100년 이상된 인기 전통 료칸 외관은 좀 작아 보이지만 객실은 넓고 깨끗하며 욕실 또한 옛 모습을 그대로 갖추고 있다. 저녁이 되면 조명이 은은하게 들어오는 정원을 바라보며 하루 여행의 고단함을 날려버리자.

주소 京都府京都市下京区諏訪町通松原下る弁財天町３２６ 위치 고조도리 역 2번 출구 앞 골목으로 들어가 직진 후 두 번째 블록 좌측 전화 075-341-5301 요금 트윈 기준 17,000엔

홈페이지 toshiharu-ryokan.kyotohotelsjapan.net/ja

호텔 이이다 HOTEL IIDA MAPECODE 02533

료칸과 현대식 호텔을 조합한 듯한 호텔 교토 역과 가까워 관광지로의 이동이 편리하다. 일본의 료칸과 현대식 호텔의 장점을 합친 듯한 느낌의 호텔이다. 일본 다다미 방의 편안함을 즐길 수 있으며 공용 대욕탕 이용도 가능하다. 가격 대비 위치와 서비스가 가장 훌륭한 호텔이어서 교토에서 1박을 할 예정이라면 추천하고 싶다.

주소 京都府京都市下京区不明門通塩小路上る東塩小路町717 위치 JR 교토 역(京都) 중앙 출구에서 도보 2분 전화 075-341-3256 요금 트윈 기준 8,400엔~ 홈페이지 www.hotel-iida.co.jp

이비스 스타일즈 교토 스테이션 MAPECODE 02534

Ibis Styles Kyoto Station

깨끗한 객실이 돋보이는 교토 역 근처 호텔 교토 역에 인접해 있어 교토의 어느 관광지로든 이동이 편리하다. 각 객실에서 무료 유선 인터넷을 이용할 수 있으며 오픈한 지 오래되지 않아서 객실이 아주 깨끗하고 좋다.

주소 京都府京都市南区東九条上殿田町47 위치 JR 교토(京都) 역 남쪽 출구 바로 앞 전화 075-693-8444 요금 트윈 기준 16,000엔~ 홈페이지 ibis-styles-kyoto-station.kyotohotelsjapan.net

호텔 뉴 한큐 교토 MAPECODE 02535

HOTEL NEW HANKYU KYOTO

교토 타워 북쪽의 교통이 편리한 호텔 교토 타워 북쪽에 위치하고 있어 JR 교토 역과 가깝고 교통이 편리하여 교토의 관광지 어디로든 쉽게 이동할 수 있다. 일반 객실에서 무료 인터넷을 사용할 수 있지만 로비 인터넷 사용은 유료다.

주소 京都府京都市下京区東塩小路町579 위치 JR 교토(京都) 역 중앙 출구에서 도보 3분 전화 075-343-5300 요금 트윈 기준 18,000엔~ 홈페이지 www.hankyu-hotel.com

호텔 홋케 클럽 교토 MAPECODE 02536

Hotel Hokke Club Kyoto

교통이 편리한 호텔 JR 교토 역 바로 앞에 있어 교통이 편리하고 주변 상권을 이용하기에도 편리한 호텔이다. 외관은 좀 오래 되었지만 객실 상태는 나쁘지 않다. 교통이 좋고 가격이 저렴해 여행객들이 선호하는 곳이다. 또한 싱글룸에도 더블베드가 있어 편안한 잠자리를 원하는 사람들에게 추천한다.

주소 京都府京都市下京区東塩小路町下京区塩小路通室町東入東塩小路町579-16 위치 JR 교토(京都) 역 버스 정류장 길 건너 위치, 도보 1분 전화 075-361-1251 체크인 15:00 체크아웃 10:00 요금 트윈 기준 10,800엔 홈페이지 www.hokke.co.jp/2601

교토 타워 호텔

MAPECODE 02537

Kyoto Tower Hotel

교통이 편리한 호텔 교토 타워 호텔은 JR 교토 역 건너편에 있는 교토의 상징 교토 타워 아래층에 위치해 있다. 이온수를 사용하는 것이 특징이며 투숙객에게는 교토 타워 할인권도 제공해 준다. 외관이 오래되었지만 내부 시설은 생각보다 잘 관리되어 있다. 밤늦게까지 관광하다 호텔을 찾아가기에도 쉬운 위치에 있으며 가격이 저렴하다는 것이 큰 장점이다.

주소 京都府京都市下京区烏丸通七条下ル東塩小路町721-1 위치 JR교토(京都) 역 버스정류장 길 건너에 위치, 도보 1분 전화 075-361-3212 체크인 13:00 체크아웃 11:00 요금 트윈 기준 9,000엔 홈페이지 www.kyoto-tower.co.jp

가와라마치 역

호텔 그란 엠즈 교토

MAPECODE 02538

HOTEL GRAN MS KYOTO

교토 최대 번화가와 가까운 호텔 한큐 가와라마치 역 북쪽에 위치한 이 호텔은 교토 최대의 번화가인 시조도리와 한큐 가와라마치 역에서 도보 10분 거리에 있으며, 최근 호텔 브랜드 변경과 리모델링을 통해 객실이 깨끗하고 넓어졌다. 일본 전통 다다미방을 갖추고 있고, 가격 대비 교토에서 가장 시설 만족도가 높아 추천하는 호텔이다.

주소 京都府京都市中京区河原町通三条上ル下丸屋町410-3 위치 가와라마치(河原町) 역 6번 출구로 나와 동쪽에 보이는 32번 도로를 따라 북쪽으로 직진, 도보 10분 전화 075-241-2000 요금 트윈 11,000엔~ 홈페이지 granms.jp

APA 호텔 기온 APA HOTEL GION

MAPECODE 02539

기온과 시조도리를 마음껏 즐길 수 있는 호텔 시조도리 대로변에 위치하고 있어 찾기도 쉽고 저녁 늦게까지 주변에서 마음껏 즐길 수 있다. 늦은 저녁 기온과 시조도리를 관광하고 1박을 할 예정이라면 이 호텔을 추천한다.

주소 京都府京都市東山区祇園町南側555 위치 한큐 가와라마치(河原町) 역 2번 출구 혹은 1번 출구 남쪽 게이트에서 동쪽으로 도보 15분 전화 075-551-2111 요금 트윈 기준 15,000엔~ 홈페이지 www.apahotel.com

고베
KOBE 神戸

오사카가 볼거리, 먹거리, 즐길거리가 다양한 현대적인 대도시이고, 교토가 살아 있는 역사 도시라면, 고베는 이 두 곳의 장점을 합쳐 놓은 듯한 도시다. 최근 들어 고베 지역의 인기가 높아지면서 단기로 오사카 여행을 하는 사람들이 교토보다 고베를 많이 들른다고 한다.

고베 하면 고베·한신 대지진을 떠올릴 것이다. 1995년 강진으로 도시가 초토화되어 도시 기능이 마비되었지만, 5년 만에 복구하여 현재의 모습을 갖추게 되었다. 고베 항을 통해 중국과 간사이 지방 간의 무역이 이루어져 고베 항 인근에는 차이나타운이 형성되어 있고, 중국 간 정기선이 지금도 고베 항을 통해 오간다. 고베는 교토처럼 유구한 역사를 자랑하는 유적지는 없지만, 메이지유신 때 외국 문물을 가장 먼저 받아들여 번성하면서 19세기 이후의 유적지가 많이 남아 있다. 지속적인 개발로 롯코 아일랜드, 포트 아일랜드 같은 임해 부도심 지역을 만들어 간사이 지역의 최고 부촌을 형성하였고, 하버 랜드 일대에 화려한 쇼핑타운을 만들었다. 롯코 아일랜드부터 하버 랜드까지 해안을 따라 이어지는 야경은 세계의 어느 도시와 견주어도 손색없을 정도로 아름답다.

고베도 오사카와 마찬가지로 현대적인 도시이기 때문에 1년 중 언제든지 관광하기 좋다.

꼭! 가 봐야 할 명소

고베에서 꼭 보아야 할 대표적인 곳을 꼽자면 영화나 드라마에 배경으로 자주 등장하는 기타노이진칸 지역과 고베의 아름다운 바다를 볼 수 있는 메리겐 파크, 쇼핑과 먹거리를 마음껏 즐길 수 있고 전망이 아름다운 모자이크가 자리한 하버 랜드 지역을 들 수 있다.

꼭! 먹어 봐야 할 음식

세계에서 가장 맛있는 소고기를 꼽으라면 고베의 와규를 이야기할 정도로 소고기가 유명하다. 와규 소고기 스테이크 전문점이 몇 군데 있지만 가격이 비싸므로 상대적으로 가격이 저렴한 호주산 와규 스테이크를 맛보아도 좋다.

꼭! 사야 할 쇼핑 아이템

하버 랜드의 모자이크에는 유명 브랜드보다는 보세 브랜드 의류나 잡화 제품이 많다. 질이 좋고 디자인이 우수하여 여성 고객들의 눈을 사로잡는다.

고베 전도
신고베 역
新神戸
기타노 1초메 역
北野1丁目
기타노이진칸
北野異人館
한큐 산노미야 역
阪急三宮
JR 산노미야 역
JR 三宮
포트라이너 산노미야 역
ポートライナー三宮
모토마치 역
元町
난킨마치
南京町
산노미야
三宮
보에키 센터 역
貿易センター
모토마치 상점가
元町通
한큐 하나쿠마 역
阪急花隈
니시 모토마치 역
西元町
메리겐 파크
メリケンパーク
모자이크
MOSAICモザイク
고베 포트 타워
神戸ポートタワー
JR 고베 역
포트 아일랜드
PORT ISLAND
고베 국제 전시장
神戸国際展示場
UCC 커피 박물관
UCCコーヒー博物館
이케아
IKEA
고베 공항
神戸空港

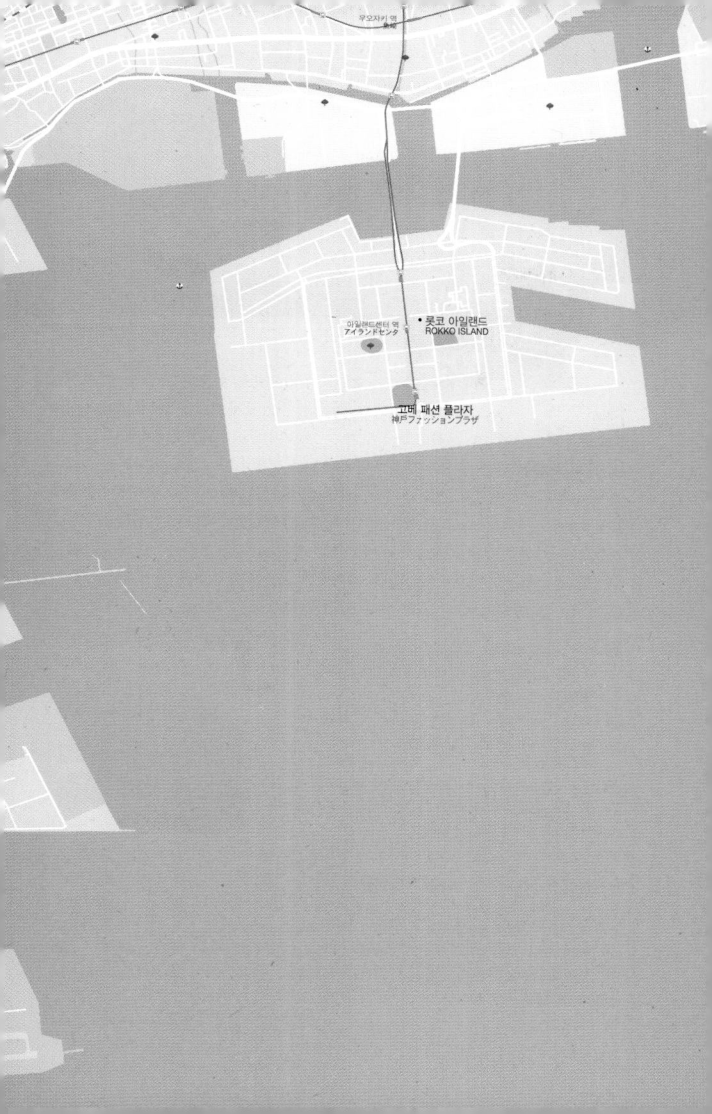
우오자키 역
魚崎
아일랜드센터 역
アイランドセンタ
롯코 아일랜드
ROKKO ISLAND
고베 패션 플라자
神戸ファッションプラザ

오사카에서 고베 가는 방법

오사카에서 고베로 이동하는 방법은 3가지다. 첫 번째는 JR 오사카大阪 역에서 JR센을 이용하여 JR 산노미야三宮 역이나 JR 고베神戸 역으로 가는 것이고, 두 번째는 한큐 우메다阪急梅田 역에서 한큐 고베阪急神戸센을 이용하여 한큐 산노미야阪急梅田 역으로 가는 것이다. 세 번째는 한신 우메다阪神梅田 역에서 한신 고베혼阪神神戸本센을 타고 한신 산노미야 역으로 가는 방법이다. 어느 방법을 이용하든 모두 가까운 거리에 있으므로 이동에 큰 불편함이 없다. 간사이 스루 패스를 이용해 곧장 산노미야 역으로 이동할 계획이면 한큐센을, 중간에 롯코 아일랜드六甲アイランド를 경유할 예정이라면 한신센을 이용하자.

1. 한신 난바阪神難波 역 ⇒ 한신 산노미야阪神三宮 역 40분 소요, 편도 410엔 (산노미야행 급행, 간사이 스루 패스 소지자 무료)
2. JR 오사카大阪 역 ⇒ JR 산노미야三宮 역, 20분 소요, 편도 410엔 (JR 고베神戸센, 신 쾌속新快速, 쾌속快速은 25분 소요, 편도 390엔)
3. 한큐 우메다阪急梅田 역 ⇒ 한큐 산노미야阪急三宮 역, 27분 소요, 편도 310엔 (한큐 고베혼阪急神戸本센 특급特急, 간사이 스루 패스 소지자 무료

● 전철로 오사카에서 고베로 갈 때 주의할 점

오사카에서 고베로 이동할 때, 한신센의 경우 우메다 역에서 산노미야 역까지 가는 특급열차는 그다지 많지 않다. 열차 시간이 맞지 않는다면, 니시노미야西宮 역까지 가는 특급을 이용하고, 니시노미야 역에서 산노미야三宮 역까지 가는 특급편으로 갈아타자. JR센을 타고 고베로 이동할 때는 쾌속快速이나 신 쾌속新快速의 요금은 보통 요금과 차이가 없다. 자칫 실수로 JR 특급特急 하마카제はまかぜ를 탑승할 경우 추가 요금으로 1,170엔을 더 지불해야 하므로 주의하자.

신칸센 新幹線
산요 신칸센 山陽新幹線

한신 전기철도 阪神電気鉄道
한신 혼센 阪神本線

한큐 전철 阪急電鉄
한큐 고베혼센 阪急神戸本線
한큐 코요센 阪急甲陽線
한큐 이마즈센 阪急今津線

JR
JR 고베센 JR神戸線

고베 시영지하철 神戸市営地下鉄
세이신 · 야마테센 西神山手線
가이간센 海岸線

기타
고베 전철 아리마센 神戸電鉄有馬線
포트라이너 ポートライナー
롯코라이너 六甲ライナー

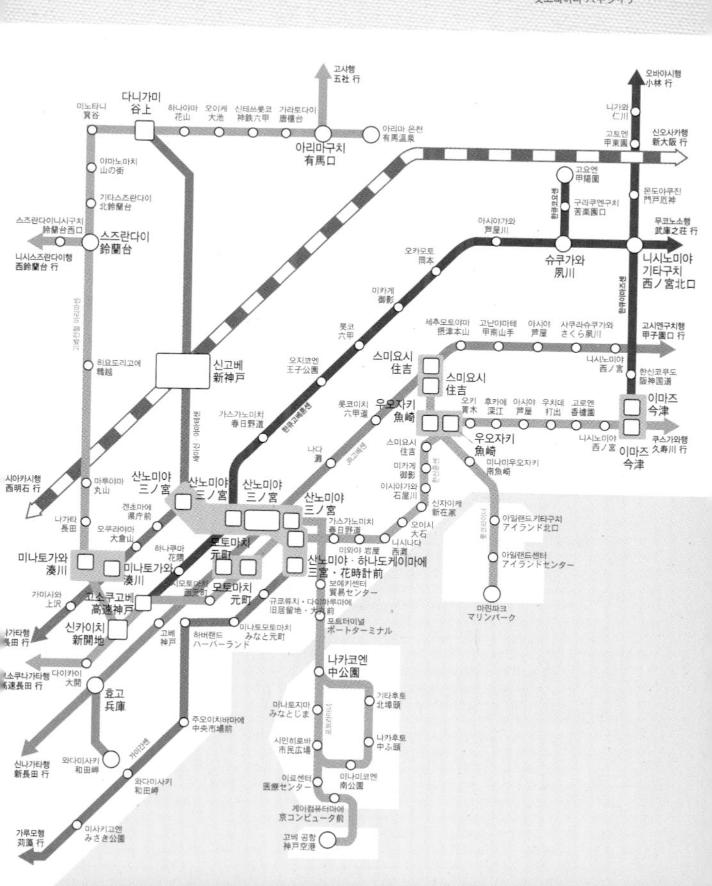

하루 베스트 코스 1

약 8시간 소요

고베의 핵심 지역을 둘러보는 코스다. 짧은 여행 일정이라면 이 코스를 추천한다.

산노미야 역 주변

쇼핑하기 좋은 고베 교통의 중심지

도보 15분

기타노이진칸 지역

고베의 유럽풍 거리

도보 30분
버스 10분

하루 베스트 코스 2

약 9시간 소요

핵심 여행 코스에 아리마 온천을 추가한 코스로 온천욕에서 피로를 싹 풀고 싶은 여행객에게 추천한다.

아리마 온천

간사이 대표 온천 지역

전철 40분

기타노이진칸 지역

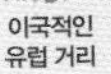

이국적인 유럽 거리

1박 2일 베스트 코스

1일 – 약 8시간 소요

여유 있는 고베 여행 일정을 준비한다면 1박 2일 동안 머무르는 것도 좋다. 첫날은 온천도 하고 산노미야 중심의 고베 중부 지역을 둘러보자.

아리마 온천

간사이 대표 온천 지역

전철 40분

기타노이진칸 지역

고베의 유럽거리

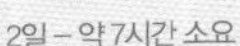

2일 – 약 7시간 소요

고베의 주요 명소뿐만 아니라 고베의 계획 해양 도시인 포트 아일랜드와 롯코 아일랜드까지 둘러보는 일정이다.

메리겐 파크

전망이 아름다운 해안 공원

도보 1분

하버 랜드

고베 최고의 인기 쇼핑 타운

고베 여행의 핵심인 하버 랜드와 메리겐 파크를 중심으로 여행 일정을 짜 보자. 만약 아리마 온천을 일정에 넣는다면, 아침 일찍 이동하는 것이 좋다. 고베 여행의 시작점은 고베 역이 아닌 산노미야 역이 되는 경우가 대부분이므로 여행 일정에 맞게 목적지와 가까운 역을 미리 정해 두자. 자칫 고베 역으로 무작정 가게 되면 고생할 수 있다. 생각보다 넓은 지역을 도보로 이동하는 것도 쉽지 않고, 대중교통으로 이동할 때도 경로가 매우 복잡하니 교통편이나 지리를 미리 확인하자.

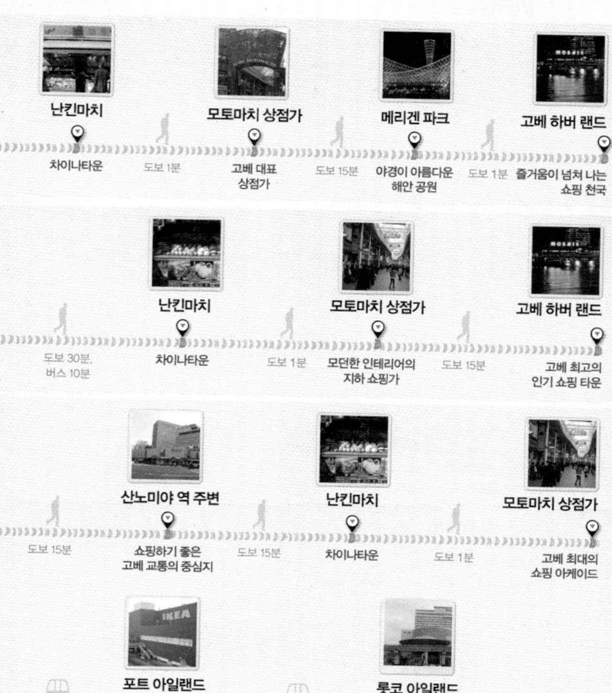

고베 시내
신고베 역
新神戸
아나 크라운 플라자 고베
ANA Crowne Plaza Kobe
크라운 플라자 고베 호텔
Crown Plaza Kobe Hotel
기타노 1초메 역
北野1丁目
호그린 힐 호텔 고베
Green Hill Hotel Kobe
기타노이진칸
北野異人館
호텔 기타노 플라자 롯코장
요칸 나가야 프랑스관
洋館長屋仏蘭西館
고베 YMCA 본부 사무국
영국관
英国館
고베 쿠아 하우스 호텔
Kobe Kua House Hotel
신 고베 산 호텔
新神戸サンホテル
그린 힐 호텔
Green Hill Hotel Urban
잘 티 오제
ジャンティオジェ
호텔 피에나 고베
Hotel Piena Kobe
기타노 공방
北野工房
수퍼 호텔 고베
Super Hotel Kobe
뉴 팰리스
ニューパレス
기타가미 호텔
Kitagami Hotel
에어리어 원 고베
기타노 공방
北野工房
JR 산노미야 역
JR 三宮
한신 백화점, 산노미야
阪神百貨店、三宮
호텔 몬트레이 아말리에
Hotel Monterey Amalie
포트라이너 산노미야 역
ポートライナー三宮
고베 기타노 호텔
Kobe Kitano Hotel
고베 산노미야
터미널 호텔
Kobe Sannomiya
Terminal Hotel
한큐 산노미야 역
호텔 토르 로드
Hotel Tor Road
소고 백화점
そごう百貨店
Raffine 헤어 살롱 & 헤드 스파 고베 산노미야
스테이크 랜드
ステーキランド
배스킨라빈스 31
baskinrobbins
폿지본시
ポッジボンシ
고베 아시아 도시 정보 센터
이스즈 베이커리
イスズベーカリー
호텔 선루트 소프라 고베
HOTEL SUNROUTE SOPRA KOBE
산노미야
三宮
고베 플라자 호텔
Kobe Plaza Hotel
R&B 호텔 고베 모토마치
R&B Hotel Kobe Motomachi
모토마치 역
元町
보에키 센터 역
모토마치 상점가
元町通
호텔 비아마레 고베
Hotel Viamare Kobe
난킨마치
南京町
오리엔탈 호텔 고베
Oriental Hotel Kobe
한큐 하나쿠마 역
阪急花隈
니시 모토마치 역
西元町
호텔 오쿠라 고베
Hotel Okura Kobe
고베 포트 타워
神戸ポートタワー
고베 해양 박물관
神戸海洋博物館
고베 페리 선착장
神戸フェリー乗り場
메리겐 파크
メリケンパーク
고베 메리겐 파크 오리엔탈 호텔
KOBE MERIKEN PARK ORIENTAL HOTEL
고베 우미에 백화점
神戸ハーバーランドumie
모자이크
MOSAICモザイク
JR 고베 역
JR神戸
칸논야
観音屋

기타노이진칸 北野異人館

이국적인 유럽 마을

메이신유신 때 고베 항을 통해 많은 서구 문물이 들어왔는데 이때 서양인들이 그들만의 건축 기법을 이용하여 지은 숙소와 외교 공관이 지금까지 남아 관광 명소가 되었다. 이곳이 바로 기타노이진칸인데, 이국적인 건물을 배경으로 기념 촬영을 하거나 유럽풍 레스토랑에서 식사를 할 수 있다. 몇몇 건축물은 하우스 웨딩 장소로 이용하기도 하는데, 관광객 출입이 금지되어 있어 입구에서 확인을 해야 한다. 이 지역은 대부분 오르막이라 관광 전에 미리 지도를 확인해야 고생하지 않는다.

	건축물 이름	입장 요금	운영 시간
1	풍향계의 집風見鶏の館	500엔	09:00~18:00
2	연두색 집萌黄(もえぎ)の館	500엔	09:00~18:00
3	라인관ラインの館	300엔	09:00~18:00
4	우로코노이에 · 우로코 미술관うろこの家と美術館	무료	09:00~18:00
5	야마테 8번관山手八番館	1,000엔	09:00~18:00
6	기타노 외국인 클럽北野外国人倶楽部	500엔	09:00~18:00
7	옛 중국 영사관旧中国領事館	500엔	09:00~18:00
8	영국관英国館	500엔	09:00~18:00
9	프랑스관洋館長屋(仏蘭西館)	700엔	09:00~18:00
10	벤의 집ベンの家	500엔	09:00~18:00
11	구 파나마 영사관旧パナマ領事館	500엔	09:00~18:00
12	향기의 집 네덜란드관香りの家オランダ館	500엔	09:00~18:00
13	빈·오스트리아의 집ウィーン・オーストリアの家	700엔	09:00~18:00
14	덴마크관デンマーク館	500엔	09:00~18:00
15	네덜란드관本家オランダ館	500엔	09:00~18:00
16	슈 에케 저택シュウエケ邸	500엔	09:00~17:00
17	고베 키타노 미술관神戸北野美術館	500엔	09:00~17:30
18	테디베어 뮤지엄テディベアミュージアム	500엔	09:00~17:00
19	이탈리아관プラトン装飾美術館(イタリア館)	500엔	09:00~17:00
20	그라시아 레스토랑グラシアニ邸(レストラン)	700엔	11:30~14:30, 17:00~21:00
21	도텐카쿠東天閣	무료	11:30~21:00
22	기타노 공방北野工房の街	무료	10:00~18:00
23	파라스틴 저택パラスティン邸(カフェ・レンタルスペース)	무료	11:00~18:00

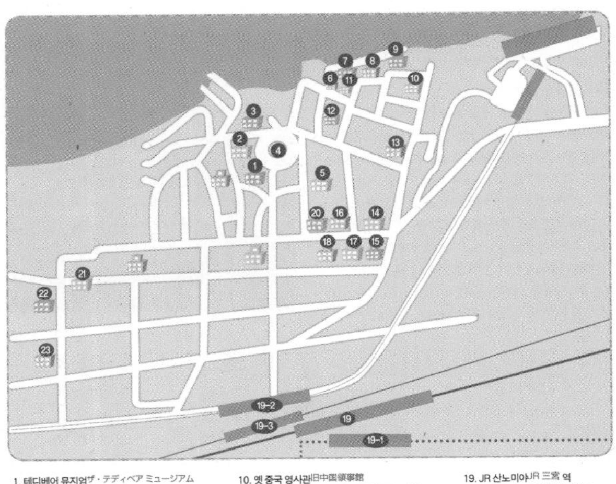

1. 테디베어 뮤지엄ザ・テディベア ミュージアム
2. 연두색 집萌黄の館
3. 풍향계의 집風見鶏の館
4. 키타노쵸 광장
5. 파라스틴 저택パラスティン邸
6. 덴마크관デンマーク館(テーマ館)
7. 우로코노이에 · 우로코 미술관 うろこの家・うろこ美術館
8. 야마테 8번관山手八番館
9. 기타노 외국인 클럽北野外国人倶楽部
10. 옛 중국 영사관旧中国領事館
11. 오스트리아의 집オーストリアの家(テーマ館)
12. 향기의 집 네덜란드관 香りの家・オランダ館 ウィーン
13. 이탈리아관プラトン装飾美術館
14. 고베 키타노 미술관神戸北野美術館
15. 벤의 집ベンの家
16. 라인관ラインの館
17. 프랑스관洋館長屋(仏蘭西館)
18. 영국관英国館
19. JR 산노미야JR 三宮 역
19-1. 한신 산노미야阪神 三宮 역
19-2. 지하철 산노미야三宮 역
19-3. 한큐 산노미야阪急 三宮 역
20. 구 파나마 영사관旧パナマ館
21. 슈 에케 저택シュウエケ邸
22. 도켄카쿠東天閣
23. 기타노 공방北野工房の街

Travel Tips

기타노이진칸 여행 노하우

기타노이진칸의 건축물 중에는 유료로 입장하는 곳이 8곳이나 된다. 또 건축물 안에도 부가 사용료가 있어 모두 다 보려면 10,000엔이 훌쩍 넘는다. 비용을 줄이려면 세트권을 이용하면 좋다. 세트권은 기타노이진칸 거리 곳곳에서 볼 수 있는 티켓 센터나 기타노 광장 앞에 있는 인포메이션 센터에서 구입할 수 있다

- 9관 특선 입장권　비늘의 집うろこの家, 비늘 미술관うろこ美術館, 산수 8번가山手八番館, 기타노 외국인 클럽北野外国人倶楽部, 구 중국 영사관旧中国領事館, 영국관英国館, 프랑스관仏蘭西館, 벤의 집ベンの家, 옛 파나마 영사관旧パナマ領事館 ▶ 3,500엔
- 5관 특선 입장권　비늘의 집うろこの家, 비늘 미술관うろこ美術館, 산수 8번가山手八番館, 기타노 외국인 클럽北野外国人倶楽部, 구 중국 영사관旧中国領事館 ▶ 2,000엔
- 4관 특선 입장권　영국관英国館, 프랑스관仏蘭西館, 벤의 집ベンの家, 구 파나마 영사관旧パナマ領事館 ▶ 2,000엔
- 테마관 공통권　덴마크관デンマーク館, 빈 · 오스트리아의 집ウィーン・オーストリアの家, 향기의 집 · 네덜란드관香りの家・オランダ館 ▶ 1,300엔
- 2관 입장권　풍향계의 집風見鶏の館, 연두색 집萌黄の館 ▶ 600엔

MAPECODE 02602

풍향계의 집 風見鶏の館

대표 건축물

기타노이진칸에서 가장 대표적인 건축물이다. 지붕 위에 닭 모양 풍향계가 달려 있다. 간사이 스루 패스를 소지한 사람은 단독 입장료의 10%가 할인된다.

MAPECODE 02603

프랑스관 洋館長屋(仏蘭西館)

프랑스풍 실내 인테리어

2개의 작은 쌍둥이 건물을 연결하여 만든 건축물로, 내부에 작은 전시관을 만들어 놓았으며 프랑스풍으로 실내가 꾸며져 있다.

MAPECODE 02604

영국관 英国館

영국풍 맥주집에서 맥주 한잔

영국 귀족들이 생활하는 가옥의 내부를 그대로 옮겨 놓은 듯하다. 저녁에는 영국풍의 맥주집으로 변신하기도 한다.

MAPECODE 02605

구 파나마 영사관 旧パナマ領事館

조경이 멋진 곳

잘 꾸며진 조경이 눈에 들어오는 곳이다. 2층에는 옛 일본의 민가 모형 등 다양한 전시물이 있고, 유료로 드레스를 대여해 기념 촬영을 할 수 있다.

MAPECODE 02606

연두색 집 萌黄(もえぎ)の館

미국 총영사관이 살던 집

1903년에 지어진 2층 집으로, 미국 총영사관이 살던 주택이다. 연두색으로 칠해진 집이라 눈에 확 띄며, 실내 인테리어도 고급스럽다.

MAPECODE 02607

산노미야 역 三宮駅

고베 교통의 중심지

산노미야 역은 6개의 노선이 지나가는 교통의 중심지라 고베의 어느 곳, 어느 노선으로 여행하든 이곳을 거쳐 가거나 이곳에서 출발해야 한다. 대형 백화점이 역 주변으로 모여 있어 많은 쇼핑객이 찾는 곳이기도 하다. 백화점뿐 아니라 지하 쇼핑가도 발달되어 있고, 소고そごう 백화점 건너편으로 산노미야 쇼핑가가 형성되어 있으며 곳곳에 맛집도 많다.

위치 JR 고베(神戸)센 JR 산노미야(三宮) 역, 한큐 고베혼(阪急神戸本)센 한큐 산노미야(阪急三宮) 역, 한신 고베혼(阪神神戸本)센 한신 산노미야(阪神三宮) 역

MAPECODE 02608

난킨마치 南京町

고베의 차이나타운

일본의 큰 항구 도시라면 차이나타운이 꼭 있다. 많은 중국 상인들이 무역항으로 이용한 고베에도 요코하마보다는 작지만 제법 규모 있는 차이나타운이 형성되었다. 과거에는 밀수품을 거래하는 곳으로 유명했지만, 지금은 다양한 중국 음식이 있는 곳으로 유명해졌다. 여러 가지 중국 음식들이 난킨마치 어디에나 있지만, 한국에서 파는 중국 음식과는 맛이 다르므로 신중하게 선택해야 한다.

주소 兵庫県神戸市中央区栄町通1丁目3-18 위치 한신(阪神)센 모토마치(元町) 역 동쪽 출구 건너편 전화 078-332-2896 시간 10:00~21:00 (상점마다 차이 있음) 홈페이지 www.nankinmachi.or.jp

모토마치 상점가 元町

고베의 대표적인 상점가

모토마치 상점가는 다이마루大丸 백화점 고베점부터 니시 모토마치西元町 역까지 길게 이어져 있다. 고베 관광의 필수 코스로 꼽히며, 상점과 음식점, 유명한 카페가 많아 현지인들도 많이 찾는 지역이다. 일자로 쭉 뻗어 있어 길을 잃을 염려가 없고 상점들이 한눈에 들어오긴 하지만, 상당히 긴 거리니 찾고자 하는 상점이나 음식점이 있다면 홈페이지를 통해 미리 살펴보는 게 좋다.

위치 한신(阪神)센 모토마치(元町) 역 동쪽 출구 건너편 시간 10:30~20:00 (상점마다 차이 있음) 홈페이지 www.kobe-motomachi.or.jp

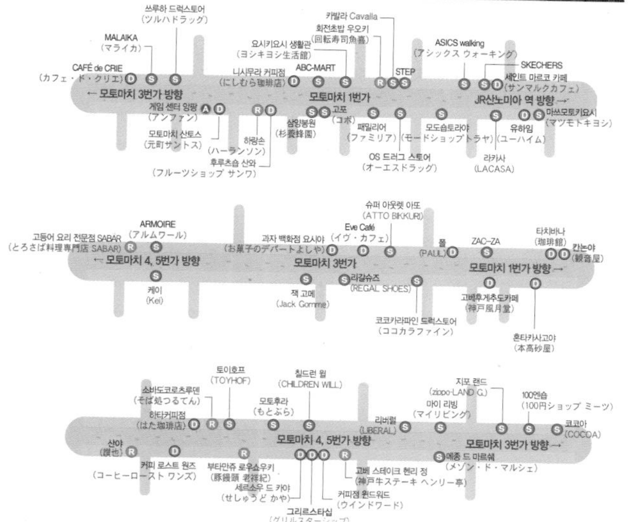

MAPECODE 02610

칸논야 観音屋

독특한 치즈 케이크를 맛볼 수 있는 곳

오사카 지역을 여행하다 보면 다양한 치즈 케이크를 만날 수 있는데, 칸논야의 치즈 케이크는 더욱 특별하고 맛도 뛰어나다. 부드러운 카스텔라 위에 덴마크 치즈를 올려 만든 칸논야만의 독특한 치즈 케이크는 그 맛이 일품이다. 선물로 구매할 예정이라면 유통 기한을 꼭 체크하도록 하자.

주소 兵庫県 神戸市中央区 元町通 3-9-23 위치 모토마치 3초메(元町3丁目) 첫 번째 블록 오른쪽 전화 078-391-1710 시간 11:00~22:00 추천 메뉴 칸논야 치즈 케이크(観音屋チーズケーキ) 350엔 홈페이지 www.kannonya.co.jp

MAPECODE  02611

산야 SAN-YA讃也

식감 좋은 사누키 우동 맛집

쫄깃쫄깃하고 부드러운 수타면으로 만든 사누키 우동으로 유명한 곳이다. 이 일대 우동집 중 면발로는 단연 최고라고 할 수 있다. 점심 시간에는 모토마치 상점가의 식당에서는 볼 수 없는, 줄을 서서 기다려야만 식사를 할 수 있는 인기 음식점이다.

주소 兵庫県神戸市中央区元町通 5丁目5-14 위치 모토마치 5초메(元町5丁目) 첫 번째 블록의 왼쪽 전화 078-360-3288 시간 월~토 11:00~20:00, 일 11:00~17:00

MAPECODE 02612

그리르스타십 グリルスターシップ

전통있는 오므라이스 전문점

직접 가게에서 만든 오므라이스 소스를 사용하고 신선한 재료를 사용한 오므라이스로 유명한 맛집이다. 다양한 오므라이스 종류를 기본으로 스튜, 커피까지 묶어 세트로도 판매한다. 고베 와규 스테이크도 판매를 하고 있으며 오므라이스와 와규 믹스 세트도 판매하고 있는데 맛도 고기 육질도 좋다.

주소 兵庫県神戸市中央区元町通 5丁目3-14 위치 모토마치 5초메(元町5丁目) 첫 번째 블록의 왼쪽 전화 078-341-1548 시간 11:00~21:00

MAPECODE 02613

폴 PAUL

프랑스 전통 베이커리

프랑스의 유명한 베이커리 체인점으로, 최근에는 우리나라에도 입점하였다. 가격은 우리나라와 비슷하지만 제품의 종류는 더 다양하다. 빵이 담백하고 달지 않아서 남자들보다는 여성들이 많이 찾는다. 매일 몇 종씩 묶어 상점 앞 매대에서 저렴하게 판매하고 있어 여러 빵들을 맛볼 수 있다.

주소 兵庫県神戸市中央区元町通 3丁目 9-8 위치 모토마치 3초메(元町3丁目) 첫 번째 블록의 오른쪽 전화 078-334-7665 시간 10:30~18:00

MAPECODE 02614

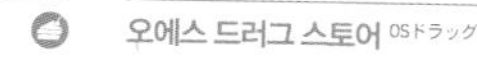

오에스 드러그 스토어 OSドラッグ

가격이 저렴한 드러그 스토어

오사카를 여행할 때 마쓰모토키요시マツモトキヨシ, 코쿠민コクミン, 선드럭サンドラッグ 같은 대형 체인 드러그 스토어를 많이 볼 수 있는데, 거의 관광객 위주의 점포다. 오에스 드러그 스토어는 관광객보다는 일본 내국인이 많이 찾는 저렴한 드러그 스토어다. 가격은 다른 드러그 스토어에 비해 저렴한 제품이 많지만, 면세가 되지 않고 카드 결제가 되지 않는다는 점을 참고하자.

주소 神戸市中央区元町通1-6-12 위치 모토마치 1번가 세 번째 블록 왼쪽 첫 번째 점포 전화 078-321-6863 시간 10:00~20:00

MAPECODE 02615

유하임 ユーハイム

90년 전통의 고베 토박이 베이커리

모토마치 상점가 동쪽으로 들어가면 좌측에 보이는 대형 베이커리다. 1921년 전통의 유하임 본점으로 빵을 먹어 보면 오랫동안 인기 있는 이유를 알게 된다. 예전에는 롤케이크와 카스테라가 인기가 있었지만 최근에는 시나몬이 듬뿍 들어간 도넛과 시폰 케이크가 인기 메뉴다.

주소 兵庫県神戸市中央区元町通 1丁目4-13 위치 모토마치 1초메(元町1丁目) 첫 번째 블럭의 왼쪽 전화 078-333-6868 시간 10:00~20:00 홈페이지 www.juchheim.co.jp

MAPECODE 02616

메리겐 파크 メリケンパーク

아름다운 고베의 모습을 볼 수 있는 곳

메리겐 파크는 1987년에 해양 공원으로 조성되었다가 1995년 고베 대지진 이후 다시 재정비하여 지금의 모습이 되었다. 메리겐 파크에서 보는 고베 앞바다는 잔잔하고 아름다우며, 이곳의 상징인 고베 포트 타워에서 보는 야경도 빼놓을 수 없는 볼거리다. 메리겐 파크를 거닐며 잠시나마 여유를 가져 보자.

주소 兵庫県神戸市中央区波止場町2 위치 고베 시영지하철(神戸市営地下鉄) 미나토모토마치(みなと元町) 역에서 도보 10분, JR 고베(神戸) 역에서 도보 20분 전화 078-327-8981 홈페이지 www.kobe-meriken.or.jp

MAPECODE 02617

고베 포트 타워 神戸ポートタワー

아름다운 고베의 모습을 한눈에 볼 수 있는 곳

고베 포트 타워는 메리겐 파크의 상징이자 고베의 상징이다. 낮에는 그 가치가 잘 드러나지 않지만 저녁이 되면 붉은 조명이 관광객들의 마음을 사로잡는다. 높이 108m로 그리 높지는 않지만 고베 항의 모습과 고베의 야경, 그리고 멀리 오사카의 야경까지 볼 수 있다. 꼭 입장료를 내고 타워에 올라가지 않아도 고베 포트 타워 앞에서 고베의 넓은 바다와 아름다운 야경을 감상하는 것으로도 좋은 추억을 만들 수 있다.

시간 3~11월 09:00~21:00, 12~2월 09:00~19:00 요금 고등학생 이상 600엔, 중학생 이하 300엔, 간사이 스루 패스 소지자 성인 기준 100엔 할인

MAPECODE 02618

고베 해양 박물관 神戸海洋博物館

돛을 형상화한 건물이 눈길을 끄는 해양 박물관

고베 해양 박물관은 돛을 형상화한 건물로, 밤이면 조명이 매우 아름다워 감탄사가 절로 나온다. 1층에서는 배에 관련된 자료를, 2층에서는 바다에 관련된 자료를 볼 수 있다. 옥외 전시실에는 콜럼버스가 아메리카 대륙을 발견할 당시 이용한 배를 재현해 놓았고 고베 지진을 잊지 않기 위해 메모리얼 파크神港震災メモリアル パーク를 조성해 놓았다. 고베 포트 타워와 함께 관람할 때는 공동 입장권(800엔)을 구매하자.

시간 10:00~17:00 요금 고등학생 이상 500엔, 중학생 이하 250엔

MAPECODE 02619

롯코 아일랜드 ROKKO ISLAND / 六甲アイランド

고베 제2의 해양 신도시

롯코 아일랜드는 다른 관광 지역과는 많이 떨어져 있는 데다 교통편이 불편하여 방문하기 힘든 지역이다. 이 지역은 포트 아일랜드 다음으로 조성된 제2의 임해 부도심으로 첫 번째 설계 과정에서 부족했던 면을 보완하여 최고의 상업 시설과 주거 시설을 건설했다. 몇몇 쇼핑센터와 많은 음식점이 있다. 작은 워터파크도 생겼지만 아직까지 관광객에게는 주목받지 못하고 있다. 그나마 관광객들에게 알려진 곳이 있다면 고베 패션 플라자神戸ファッションプラザ를 꼽을 수 있는데 100여 개의 상점이 입점해 있고, 주변에 많은 음식점이 있다.

위치 한신(阪神) 우오자키(魚崎) 역에서 롯코 라이너(六甲ライナー)를 탑승하여, 아일랜드 센터(アイランドセンター) 역에 하차. 동쪽 출구에서 도보 10분 (고베 패션 플라자 방문 시) 홈페이지 www.rokko-island.com

MAPECODE 02620

모자이크 MOSAIC / モザイク

고베 하버 랜드의 최고 인기 쇼핑몰

바다와 운하로 둘러싸여 있는 복합 상업 시설로, 1992년 개장한 이래 십수 년이 지났지만, 여전한 인기를 누리고 있는 쇼핑 명소다. 건물 각층마다 분위기가 달라 다채로운 느낌을 준다. 건물 주위의 거리와 운하는 남유럽풍의 이국적인 느낌을 준다. 패션 매장은 물론, 영화관, 세계의 음식을 맛볼 수 있는 다양한 레스토랑까지 모두 갖추고 있다. 모자이크 남쪽 끝에는 모자이크 가든이 있는데 간단한 놀이 시설과 대관람차가 있다.

주소 兵庫県神戸市中央区東川崎町 1丁目6-1 위치 고베 시영지하철(神戸市営地下鉄) 미나토모토마치(みなと元町) 역에서 도보 20분, JR 고베(神戸) 역에서 도보 10분 전화 078-360-1722 시간 쇼핑 매장 11:00~20:00, 음식점 • 모자이크 가든 11:00~22:00, 어뮤즈먼트 11:00~23:00 요금 대관람차 700엔 홈페이지 umie.jp

MAPECODE 02621

고베 호빵맨 박물관 アンパンマンミュージアム

아이들과 함께 즐길 수 있는 호빵맨 박물관

얼굴은 호빵처럼 못생기고 슈퍼맨처럼 붉은 망토를 걸치고 있는 우스꽝스러운 모습이 더욱 친숙한 호빵맨을 메인 테마로 한 박물관이다. 호빵맨을 메인으로 여러 가지 테마존을 만들어 운영 중이며 어린이 놀이터도 있다. 박물관에 들어가기 전 우측에는 따로 입장료를 받지 않고 물건을 구매할 수 있는 호빵맨 잡화점이 있다. 놀이터는 입장권을 한 번 구입하면 당일에 한하여 재입장이 가능하므로 모자이크에서 식사와 쇼핑을 즐기면서 아이들과 즐거운 시간을 보내 보자.

주소 兵庫県神戸市中央区東川崎町1-6-2 モザイク 2F 위치 고베 모자이크 2층. 입구 반대편 제일 안쪽으로 직진 전화 078-341-8855 시간 박물관 10:00~18:00, 쇼핑 상점 10:00~19:00 요금 만 12개월 이상 1,800엔 홈페이지 www.kobe-anpanman.jp

MAPECODE 02622

고베 우미에 백화점 神戸ハーバーランドumie

모자이크와 연결된 멀티 백화점

모자이크 2층과 구름다리로 연결되어 있어 모자이크를 방문하는 관광객이라면 꼭 들르게 되는 우미에 백화점은 1층 메인 홀을 중심으로 북쪽 쇼핑몰과 남쪽 쇼핑몰로 구분된다. 1층 메인 홀은 크리스마스 시즌이 되면 형형색색의 아름다운 일루미네이션 조명으로 화려한 볼거리를 제공한다. 2층의 북쪽 쇼핑몰에는 아이들의 의류 잡화를 판매하고 있는 올드 네이비(OLD NAVY) 매장과 성인들이 좋아하는 SPA 브랜드인 H&M과 ZARA가 입점해 있다.

남쪽 쇼핑몰에는 우리나라보다는 일본에서 유명한 패션 브랜드인 GAP과 GAP KIDS가 있다. 3층의 북쪽 쇼핑몰에는 대형 스포츠 용품 매장과 유니클로(UNIQLO), 4층 북쪽 쇼핑몰에는 아이들의

천국 토이저러스(Toysrus)와 넓은 푸드코트가 있고, 남쪽 쇼핑몰에는 ABC마트와 SEGA 게임장이 입점해 있다. 특히 아이들과 동행하는 관광객은 아이들의 의류, 잡화, 완구까지 모두 이곳에서 구매가 능하며 4층 푸드코트를 이용하면 아이들과 함께할 수 있는 별도의 식사 테이블과 화장실이 준비되어 있어 편하게 식사를 즐길 수 있다. 5층 남쪽 쇼핑몰에는 영화관도 있어 고베의 인기 멀티 백화점이다.

주소 神戸市中央区東川崎町1丁目7番2号 위치 고베 모자이크 2층에서 구름다리로 연결 전화 078-382-7100 시간 10:00~21:00 홈페이지 umie.jp

MAPECODE 02623

포트 아일랜드 PORT ISLAND / ポートアイランド

첫 번째 임해 부도심이자 고베 지역 최고의 부촌

포트 아일랜드는 1990년대 후반부터 바다를 매립해 만든 인공 섬이다. 국제 회의장과 전시장, 고급 스포츠 센터가 들어서 있으며, 주상 복합 고층 아파트들이 건설되어 멋진 스카이라인을 형성하고 있다. 고베 지역에서 비싸기로 소문난 아파트는 이곳에 다 모여 있다. 국제 회의나 전시장을 방문하는 것이 아니라면 크게 볼거리는 없지만, 산노미야 역에서 포트라이너를 타고 미나미코엔 역에 내리면 초대형 규모의 생활용품 매장인 IKEA와 UCC 커피 박물관이 있다.

위치 산노미야(三宮) 역에서 포트라이너(ポートライナー)를 타고 미나미코엔(南公園) 역에 하차. 역과 IKEA 바로 연결 홈페이지 www.portisland.net

아리마 온천 여행

많은 관광객들이 오사카에 가서 먹고 싶은 것으로 초밥을 먼저 꼽고, 하고 싶은 것으로는 온천욕을 가장 먼저 꼽는다. 오사카 시내에도 온천 테마파크가 있지만 일본의 전통 온천을 경험하고 싶다면 고베 지역의 아리마 온천有馬温泉으로 떠나 보자. 아리마 온천 지역은 1,300년 전부터 간사이 지역의 대표 온천 휴양지로 사랑을 받아 왔다. 도요토미 히데요시도 이곳을 즐겨 찾았다고 한다. 짧은 일정으로는 거의 목욕 수준의 경험밖에 할 수 없으므로 반나절 정도의 시간을 내어 온천욕으로 피로를 싹 풀어 보자. 아리마 온천 지역의 대표 온천으로는 킨노유金の湯 온천과 긴노유銀の湯 온천 그리고 다이코노유太閤の湯 온천을 꼽는다. 개인 료칸旅館을 운영하는 작은 온천들도 있지만 쉽게 접하기 어렵다. 모두 아리마 온천 역에서 도보로 5분 거리에 있으므로 대중교통은 이용하지 않아도 된다. 또 걸어가는 동안 여러 기념품 상점들이 있어 지역 특산품도 살 수 있고 온천수가 흐르는 하천도 볼 수 있다. 옛 건물들이 운치 있게 늘어서 있으므로 송영버스가 있지만 걸어다니기를 추천한다.

홈페이지 arimaspa-kingin.jp(아리마 온천 공동 운영)

아리마 온천 가는 길

위치 고베 전철 아리마센 아리마 온천(有馬温泉) 역 정문에서 도보 5분 교통 오사카에서 출발할 경우 한큐 우메다(阪急梅田) 역에서 한큐 고베본(阪急神戸本)센을 탑승하여 한큐 산노미야(阪急三宮) 역에 하차, 고베 시영지하철(神戸市営地下鉄)을 이용하여 신고베(新神戸) 역으로 간다. 그 다음 호쿠신 급행(北神急行)을 타고 다니가미(谷上) 역으로 이동한 후 고베 전철 아리마(神戸電鉄有馬)센을 이용하여 아리마 온천(有馬温泉) 역으로 이동한다. 단, 아리마 온천 역 직통이 없으면 아리마구치(有馬口) 역으로 이동한 후 아리마 온천 역 전용 전철로 갈아타야 한다. 1시간 20분 정도 소요된다. 간사이 스루 패스 소지자는 무료로 탑승 가능하다.

킨노유* 金の湯 MAPECODE 02624

킨노유는 철분이 듬뿍 함유되어 있어 물빛이 황갈색이어서 금탕이라고 불린다. 관절염에 좋다고 하여 많은 노년층이 방문하고 있으며 밖에는 별도의 족탕을 무료로 운영하고 있어 언제든지 쉬어 갈 수 있다.

주소 兵庫県神戸市北区有馬町833 전화 078-904-0680 시간 08:00~22:00 (매월 둘째, 넷째 화요일 휴무) 요금 중학생 이상 650엔, 초등학생 340엔, 유아 140엔, 3세 미만 무료(중학생 이상 간사이 스루 패스 소지자 130엔 할인)

긴노유* 銀の湯 MAPECODE 02625

은탕이라는 뜻의 긴노유는 라듐과 탄산염이 함유되어 있어 물이 뽀얘서 붙여진 이름으로 피부나 미용에 관심이 있는 젊은 층이 많이 찾는 온천이다.

주소 兵庫県神戸市北区有馬町1039-1 전화 078-904-0256 시간 09:00~17:00 (매월 첫째, 셋째 화요일 휴무) 요금 중학생 이상 550엔, 초등학생 290엔, 유아 120엔, 3세 미만 무료(간사이 스루 패스 소지자 중학생 이상 110엔 할인)

다이코노유* 太閤の湯 MAPECODE 02626

한국인 여행객, 그중에서도 가족 단위의 여행객이 가장 많이 찾는 곳이다. 금탕, 은탕, 탄산탕, 암반탕 등 24개의 테마 온천 시설이 준비되어 있고 온천의 중앙홀에는 음식을 먹고 술을 마시면서 즐길 수 있는 푸드코트도 만들어져 있어 인기 만점이다.

주소 兵庫県神戸市北区有馬町池の尻292-2 전화 078-904-2291 시간 09:00~17:00 (매월 둘째 수요일 휴무) 요금 중학생 이상 2,400엔, 초등학생 1,200엔, 유아 400엔, 3세 미만 무료(간사이 스루 패스 소지자 중학생 이상 400엔 할인, 초등학생 200엔 할인)

MAPECODE 02627

타케토리테이 마루야마* Taketoritei Maruyama

고베에서 유명한 아리마 온센 지역에 위치한 타케토리테이 호텔은 비싼 가격만큼이나 부대시설들이 우수한 고급 료칸이다. 노천 온천을 예약제로 운영하고 있으며 식사, 전망, 조경이 뛰어나고 방 상태도 좋아 자금적인 여유가 있는 관광객이 찾는 곳이다. 체크인 후 마차를 타고 객실로 이동하는 서비스도 특별하며 여성 고객에 한해 40여 종의 유카타 중 하나를 무료로 대여해 주는 서비스도 제공한다. 가격이 정말 비싸기 때문에 예산 조절을 잘 해야 한다.

주소 兵庫県神戸市北区有馬町1364-1 위치 아리마온센 역에서 송영버스로 이동 전화 078-904-0631 체크인 15:00 체크아웃 10:00 요금 트윈 기준 60,000엔 홈페이지 www.taketoritei.com

고베에 가면 뭐니뭐니해도 고베 와규와 디저트를 즐겨야 한다. 일반 수입산 스테이크도 많이 팔고 있지만 고베까지 왔다면 고베 와규를 놓치지 말고 꼭 먹도록 한다. 또한 맛있게 식사를 한 후에는 고베에 즐비한 디저트 카페에서 달콤한 디저트까지 꼭 챙기도록 하자.

산노미야

스테이크 랜드 ステーキランド

MAPECODE 02628

고베 와규의 진수를 맛볼 수 있는 음식점 일본에서 가장 유명한 고베 와규를 맛볼 수 있는 곳이다. 과거에는 진짜 고베에서 기르는 소고기로 요리를 하였지만 요즘은 대부분 호주산 와규를 쓰는 것이 일반적이다. 하지만 이곳은 호주산 소와 고베 소 스테이크를 둘 다 판매하고 있으니, 주머니 사정이 괜찮다면 고베 소 스테이크를 꼭 먹어 보자. 생각보다 비용이 저렴하며 와규 스테이크는 테이블 앞 철판에서 요리사가 직접 구워 주고, 입에 넣자마자 녹는 것 같은 맛이 일품이다. 오픈 시간부터 줄을 서기 시작하므로 식사 시간보다 조금 이르게 움직이도록 하자.

주소 兵庫県神戸市中央区北長狭通1-8-2 宮追ビル 1F・2F 위치 한큐센 산노미야(阪急三宮) 역 서쪽 1번 출구로 나와 두 블록 직진한 후 좌회전하여 한 블록 건너 좌측에 위치, 도보 2분 전화 078-332-1653 시간 11:00~22:00 추천 메뉴 고베 소 스테이크 런치 세트(神戸牛ステーキランチ) 3,180엔 홈페이지 steakland.jp

이스즈 베이커리 イスズベーカリー MAPECODE 02629

전통 있는 고베 대표 베이커리 1946년에 개업하여 지금까지 많은 사랑을 받고 있는 고베 대표 빵집인 이스즈 베이커리는 고베 산노미야 주변에만 4개의 체인점이 있을 정도이다. 다양한 종류의 빵을 판매하고 있는데 오전 시간에 방문하지 않으면 남아 있는 빵 정도만 구경할 수 있을 정도로 지역 사람들에게도 인기가 많다. 대표 메뉴인 카레빵은 다른 곳에서는 볼 수 없으니 꼭 먹어 보자.

주소 兵庫県神戸市中央区北長狭通2丁目1-14 위치 한큐센 산노미야(阪急三宮) 역 서쪽 1번 출구로 나와 한 블록 건너 대로변이 나오면 길 건너에 위치, 도보 1분 전화 078-333-4180 시간 09:00~23:00 추천 메뉴 쇼코라베리(ショコラベリー) 157엔, 스카치 에그 카레빵(スコッチエッグカレー) 194엔 홈페이지 isuzu-bakery.jp

모자이크

칸논야 観音屋 MAPECODE 02630

달콤한 치즈 케이크를 맛볼 수 있는 카페 고베 모자이크를 쇼핑하다 쉬어 갈 수 있는 곳으로 우리가 생각하는 치즈 케이크가 아닌 카스텔라 케이크 위에 덴마크 치즈를 올려 만든 칸논야만의 독특한 치즈케이크를 맛볼 수 있다. 카페 분위기도 좋으며 창가 쪽 자리는 외부 전경을 볼 수 있으므로 만석이 아니라면 무조건 창가에 자리를 잡자.

주소 兵庫県神戸市中央区東川崎町1-6-1 モザイク 1F 위치 고베 모자이크 1층 전화 078-360-1537 시간 월~목, 토, 일 11:00~22:00 / 금 11:00~24:00 추천 메뉴 칸논야 치즈 케이크(観音屋 チーズケーキ) 350엔 홈페이지 www.kannonya.co.jp

고베에서 1박을 할 예정이라면 목적에 맞게 숙소를 정하도록 한다. 다음날 다른 지역으로 이동할 경우에는 산노미야 역이나 모토마치 역 근처에 숙소를 잡도록 하고 고베의 야경을 즐기려고 한다면 고베 포트 타워 근처로 숙소를 정하는 것이 좋다.

하버 랜드 - 모토마치

호텔 오쿠라 고베 MAPECODE 02631

Hotel Okura Kobe

전망 좋은 고베의 대표 호텔 **고베 앞 바다를 조망할 수 있는 호텔들이 많지만 바다와 산을 모두 조망할 수 있는 호텔은 오쿠라 호텔이 유일하다. 고베에서 손꼽히는 특급 호텔로 호텔 바로 앞이 고베 메모리얼 파크여서 산책하기에도 아주 좋은 위치다. 호텔의 서비스 또한 특급 호텔답게 만족스럽다.**

주소 兵庫県神戸市中央区波止場町2番1号 위치 미나토모토마치(みなと元町) 역 2번 출구에서 고베 포트 타워 방향 쪽으로 도보 10분 전화 078-333-0111 체크인 15:00 체크아웃 12:00 요금 트윈 기준 22,000엔 홈페이지 www.kobe.hotelokura.co.jp

★★★★★

고베 메리겐 파크 오리엔탈 호텔 MAPECODE 02632

KOBE MERIKEN PARK ORIENTAL

고베 호텔 중 가장 전망 좋은 호텔 **하버 랜드의 메리겐 파크에 위치해 있는 이 호텔은 저녁이 되면 고베의 아름다운 야경을 볼 수 있는 곳으로 일본 내에서도 고베를 찾는 많은 관광객이 선호하는 호텔이다. 우리나라 드라마 〈유리화〉에 등장하기도 했다.**

주소 兵庫県神戸市中央区波止場町5-6 위치 미나토모토마치(みなと元町) 역에서 도보 15분 전화 078-325-8111 요금 세미더블 기준 18,000엔~ 홈페이지 www.kobe-orientalhotel.co.jp

★★★★★

고베 플라자 호텔

MAPECODE 02633

KOBE PLAZA HOTEL

모토마치 상점가와 인접한 호텔 모토마치 역에 있어 모토마치 상점가나 난킨마치로의 이동이 용이한 곳이다. 산노미야 역까지도 도보로 5분이면 갈 수 있고 하버 랜드까지도 도보 15분이면 이동이 가능하다. 다만, 호텔 요금이 저렴하지 않고 아침 조식이 부실하여 이곳에 숙박을 할 예정이라면 조식을 불포함하여 좀 더 저렴하게 예약할 것을 추천한다.

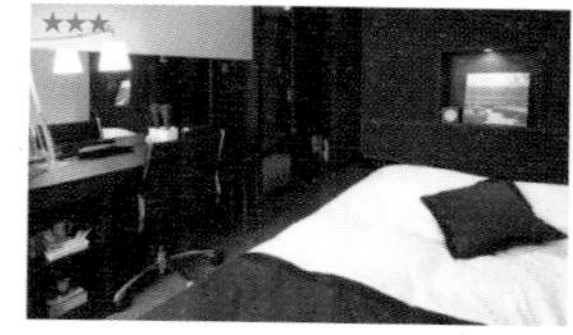

주소 神戸市中央区元町通一丁目13-12 위치 모토마치(元町) 남쪽 출구에서 바로 길 건너에 위치, 도보 1분 전화 078-332-1141 체크인 15:00 체크아웃 11:00 요금 트윈 기준 12,000엔 홈페이지 www.kobeplaza.com

산노미야 역

호텔 선루트 소프라 고베

MAPECODE 02634

HOTEL SUNROUTE SOPRA KOBE

지하 심층수가 모든 객실에 제공 고베 지역 교통의 중심인 산노미야 역과 가까워 오사카로 이동하기에 편리하다. 그냥 마셔도 괜찮을 정도로 수질이 좋은 고베의 지하 심층수를 각 객실에서 사용할 수 있으며 모든 객실에서 무료 인터넷을 사용할 수 있다. 하지만 비즈니스급 호텔 치고는 가격이 비싸다.

주소 兵庫県神戸市中央区磯辺通1丁目1-22 위치 JR·한큐·한신 산노미야(三宮) 역 남쪽 출구에서 남동쪽으로 도보 7분 전화 078-222-7500 요금 트윈 기준 16,000엔~ 홈페이지 www.sopra-kobe.com

고베 산노미야 터미널 호텔

MAPECODE 02635

Kobe Sannomiya Terminal Hotel

배낭 여행객에게 안성맞춤 산노미야 역과 가까워 다른 지역으로의 이동이 편리한 호텔이다. 가격도 적당하여 특히 배낭여행객들의 사랑을 받고 있다. 주변에 상업 시설이 발달하여 볼거리가 많고 음식점이 몰려 있어 먹거리도 풍부하다.

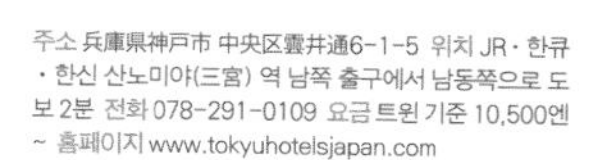

주소 兵庫県神戸市 中央区雲井通6-1-5 위치 JR·한큐·한신 산노미야(三宮) 역 남쪽 출구에서 남동쪽으로 도보 2분 전화 078-291-0109 요금 트윈 기준 10,500엔~ 홈페이지 www.tokyuhotelsjapan.com

나라
NARA 奈良

나라는 '헤이안 조쿄'라 불리었던 옛 일본의 수도로, 710년부터 74년간 일본의 불교 문화와 함께 번영을 누렸다. 고후쿠지와 도다이지만 보더라도 과거 나라의 불교 문화가 어느 정도였는지를 알 수 있다.

794년 수도를 지금의 교토로 옮기면서 발전이 정체되기 시작했고, 12세기 말에 내전으로 많은 문화재가 파괴되었지만 꾸준한 복원 작업을 거쳐 나라의 모습을 되찾을 수 있었다.

헤이조쿄를 중심으로 고대 문화 유적이 산재해 있는 관광 도시이면서, 오사카 주변 위성도시로서 대규모 주택 지구로도 개발되고 있다. 최근 관광 자원 개발보다는 주거 지역 개발에 더 힘을 쏟고 있어서 점점 관광객의 발길이 줄어드는 추세이긴 하지만 여전히 나라는 고대 일본 유적을 간직한 역사적인 도시이자 자연이 어우러진 따뜻한 곳이다.

베스트 시즌

나라 공원의 예쁜 사슴을 제대로 볼 수 있는 5~9월을 추천한다.

꼭! 가 봐야 할 명소

대부분의 여행객에게 나라 여행을 하고 나서 가장 기억에 남는 것은 수많은 사슴일 것이다. 그만큼 나라에 가면 사슴들의 천국인 나라 공원을 꼭 가 봐야 한다. 많은 문화유산과 국보가 보존되어 있는 고후쿠지와 도다이지도 필수 코스다.

꼭! 먹어 봐야 할 음식

나라는 추천할 만한 음식점이 없을 정도로 음식에 취약한 곳이다. 간단히 식사를 하고 싶을 때에는 JR 나라 역사나 긴테쓰 나라 역 주변의 식당을 이용하자.

꼭! 사야 할 쇼핑 아이템

나라의 전통적인 면을 엿볼 수 있는 기념품을 구매하자. 산조도리를 따라 여러 기념품점이 있는데 나라에서 유명한 기념품은 서예용 붓과 종이를 꼽을 수 있다.

나라 전도
자전거 대여소
NARA RENTAL CYCLE
나라 만요와카쿠사 숙박 안내소
奈良万葉若草の宿三笠案内所
긴테쓰 나라 역
近鉄 奈良
덴표 료칸
Tenpyo Ryokan
가수가 호텔
Kasuga Hotel
오샤베리나카메
おしゃべりな亀
산조도리
三條通り
나라 워싱턴 호텔 플라자
Nara Washington Hotel Plaza
호텔 후지타 나라
Hotel Fujita Nara
멘토안
麺闘庵
슈퍼 호텔 JR 나라 에키메
Super Hotel JR Nara Ekimae
호텔 닛코 나라
ホテル日航奈良
슈퍼 호텔 로하스
Super Hotel Lohas JR Nara Station
JR 나라 역
JR 奈良
컴포트 인 호텔
Comfort Inn Hotel

도다이지
東大寺
난다이몬
南大門
나라 국립 박물관
奈良国立博物館
나라 공원
奈良公園

오사카에서 나라 가는 방법

오사카에서 나라로 이동하는 방법은 3가지다. 첫 번째는 JR 오사카大阪 역에서 JR센을 이용하여 JR 나라奈良 역으로 가는 것이고, 두 번째는 JR 난바難波 역에서 JR센을 이용하여 JR 나라 역으로 가는 것이다. 소요 시간은 많은 차이가 없으니, 출발지에서 가까운 경로를 선택하자. 세 번째로 많이 이용하는 이동 방법은 지하철을 이용하는 것인데, 긴테쓰 난바近鉄難波 역에서 긴테쓰센을 이용하여 긴테쓰 나라近鉄奈良 역으로 가는 것이다. JR 패스가 없을 때 가장 경제적인 이동 수단이다. 간사이 스루 패스를 구입했다면 긴테쓰센을 이용하자.

❶ **JR 오사카大阪 역 ⇒ JR 나라奈良 역 45분 소요, 편도 800엔 (JR 나라奈良센, 쾌속快速)**

❷ **JR 난바難波 역 ⇒ JR 나라 역 36분 소요, 편도 560엔 (JR 나라센, 쾌속快速)**

❸ **긴테쓰 난바近鉄難波 역 ⇒ 긴테쓰 나라近鉄奈良 역 34분 소요, 편도 560엔 (긴테쓰 나라센 쾌속 급행快速急行, 간사이 스루 패스 소지자 무료)**

교토에서 나라 가는 방법

짧은 일정에도 교토와 나라, 두 곳을 모두 여행하고 싶다면 최단 경로로 이동 시간을 줄여 보자. 교토에서 오사카를 거치지 않고 바로 나라로 가는 열차편을 이용하는 것이다. 이때 주의해야 할 점은 급행 열차와 특급 열차가 헷갈리기 쉬우니 잘 구분해서 타야 한다는 것이다. 특급 열차를 타면 간사이 스루 패스 소지자도 500엔의 추가 요금을 지불해야 한다.

JR 교토京都 역 ⇒ JR 나라奈良 역 45분 소요, 편도 710엔 (JR 교토京都센, 쾌속快速)

자전거를 이용한 나라 관광

나라를 여행할 때는 대부분 도보로 이동하게 되는데, 볼거리가 많지 않아 한곳에 오래 머물 일은 없어도 걷는 데 꽤 오랜 시간이 걸린다. 그래서 나라 여행에는 자전거를 이용하면 좋다. 자전거를 이용해 나라 곳곳을 누벼 보자. 자칫 지루할 수 있는 여행이 이동 수단을 바꾸는 것만으로도 이색적인 여행으로 기억될 수 있을 것이다. 자전거 대여소는 긴테쓰 나라 역 부근에 있다.

자전거 대여소

주소 奈良市高天市町22-1
위치 긴테쓰 나라近鉄奈良 역 7번 북쪽 출구로 나와 좌회전(7번 출구가 2개인데 세븐일레븐 쪽 출구가 아니라 북쪽 출구로 나와야 한다.), 약 100m 직진 후 LIFE21 건물을 지나 좌회전
시간 3~11월 08:30~17:00, 12~2월 09:00~15:00
요금 1일 800엔
홈페이지 www.nara-rent-a-cycle.com

Travel Tips

자전거로 나라의 관광지까지 이동할 때 대부분 오르막길이기 때문에 힘이 들지만, 도다이지를 관광하고 내려올 때는 긴테쓰 나라 역까지 계속 내리막길이라 괜찮다. 이때 속도를 너무 내면 자칫 사고로 이어질 수 있으니 꼭 주의하여 안전 운행을 하도록 한다.

간사이 여행을 3박 4일 이하의 단기 일정으로 계획한다면, 나라는 일정에서 과감히 빼는 게 좋다. 나라를 둘러보는 데는 반나절 이상의 시간이 걸리는데, 볼거리가 그리 다양하지는 않다.

산조도리 三條通り

나라 관광의 시작, 100년 역사의 상점가

산조도리는 JR 나라 역 건너편 동쪽으로 길게 뻗어 있다. 긴테쓰 나라 역에서 시작하는 또 하나의 번화가인 코니시도리小西通와 연결되어 있는 곳이자, 나라 관광의 시작이라 불리는 곳이다. 이곳에서는 일본 전통 공예품이나 붓, 벼루 등 서예용품과 전통 과자와 떡을 주로 판매하는데, 지금은 관광객의 발길이 줄어 문을 닫은 상점이 많다. 하지만 나라에서 기념품을 살 만한 곳은 도다이지 입구의 몇몇 상점 외에는 이곳밖에 없으니 잠시 들러 보는 것도 좋다.

위치 JR 나라(奈良) 역 동쪽 출구 건너편 시간 10:00~17:00 (상점에 따라 차이가 있음) 홈페이지 www.nara-shoushinkai.or.jp

반카도 万華堂

일본식 전통 과자를 판매하는 곳으로 체인점이 많은 과자점이다.

제이타쿠마에 ぜいたく豆

호리병 형상의 콩을 첨가한 과자를 판매하는 상점이다.

나라 특산품 奈良特産品

나라를 대표하는 기념품들을 살 수 있는 상점이다.

나라 국립 박물관 奈良国立博物館

일본 불교 문화 유산의 보고

나라 국립 박물관은 도쿄와 교토 국립 박물관과 더불어 일본 3대 박물관 중 하나다. 1894년에 지어진 서양식 건물인 본관과 1973년 아제쿠라즈쿠리あぜくら라는 일본 고대 양식으로 지어진 신관으로 나뉜다. 본관은 일본의 중요 문화재로도 지정되었다. 고대 나라의 역사 유물뿐 아니라, 일본 최초의 불교 문화인 아스카 문화를 꽃 피운 지역인 만큼 많은 불교 예술 작품도 볼 수 있다.

주소 奈良県奈良市登大路町50 위치 긴테쓰 나라(近鉄奈良) 역에서 동쪽으로 도보 10분 전화 0742-22-7771 시간 09:30~17:00 요금 성인 500엔, 대학생 250엔, 고등학생 이하 무료 홈페이지 www.narahaku.go.jp

나라 공원 奈良公園

사슴들의 천국

나라에 다녀온 사람들에게 가장 인상 깊었던 것이 무엇인지 물으면, 대부분 나라 공원의 사슴들을 이야기한다. 나라 국립 박물관 앞부터 동쪽 산 아래까지 펼쳐진 넓은 공원에 천여 마리의 사슴들을 방목하고 있어 어디서든 쉽게 사슴을 볼 수 있다. 사람들이 과자를 주면 달려오고 사람들 주변을 어슬렁거린다. 사슴과 기념 사진도 찍고, 사슴들에게 먹이도 주면서 여유로운 시간을 보내 보자. 단, 먹이를 주다가 손을 물릴 수 있으니 주의해야 한다.

주소 奈良県奈良市雑司町469 위치 긴테쓰 나라(近鉄奈良) 역에서 동쪽으로 도보 3분
전화 0742-22-0375

Travel Tips

나라 공원에서 사슴 먹이 주기

나라에 가면 꼭 찾게 되는 나라 공원은 야생 사슴으로 유명한 곳이다. 관광지 곳곳에서뿐만 아니라 길가에서도 쉽게 볼 수 있는데, 손에 무엇이든지 들고 내밀면 사슴들이 달려든다. 특히 냄새가 나는 과자를 손에 쥐고 있으면 수십 마리의 사슴이 달려드는데 나라에서만 경험할 수 있는 이색 체험이다. 하지만 과자가 떨어지면 가방을 물어뜯기도 하고 더 달라고 머리로 들이받기도 하니 유의하자. 때로는 계속 따라다니기도 한다. 사슴이 몰리는 나라 공원 주변으로는 사슴 먹이를 150엔 혹은 200엔에 판매하고 있으므로 이를 구입하여 사슴과 즐거운 시간을 보낼 수도 있다. 이때 주의할 점이 있는데 사슴에게 먹이를 줄 때 절대 손가락을 뻗어서 주면 안 된다. 손가락까지도 먹이로 오인한 사슴들이 이빨로 물 수 있다. 손바닥 위에 올려 놓고 주거나 큰 과자라면 끝을 잡고 내미는 것이 좋다. 특히 어린아이들은 더 조심해야 하며 자칫 물려서 상처가 나는 경우에는 광견병이 옮을 수도 있으니 주의하자.

MAPECODE 02704

고후쿠지 興福寺

가족의 건강을 기원하는 사찰

고후쿠지는 많은 국보급 보물을 소장한 곳으로 유명한 사찰이다. 669년에 건축되었고 1868년 불교 배척 운동으로 사찰이 분리되고 유실되었으나, 1991년부터 지속적인 복원 사업을 진행해 지금 고후쿠지의 모습을 되찾았다. 고후쿠지의 가장 중심이 되는 금당, 나카가네中金堂는 2018년 완공을 목표로 지금도 복원 사업이 진행 중이다. 고후쿠지는 도콘도東金堂, 호쿠엔도北円堂, 고주노토五重塔를 비롯한 26개의 국보와 수십 개의 중요 문화재를 보존하고 있다.

고후쿠지 입구에서 계단을 오르다 보면 왼편에 작은 불상을 볼 수 있는데, 불상 앞에 있는 물을 불상에 부으면 병이 달아난다고 한다. 고후쿠지 경내에 들어서면 가장 먼저 눈에 들어오는 곳이 난엔도南円堂인데 향을 피우고 종을 치며 가족의 건강과 행복을 기원하는 곳이다. 난엔도와 마주보고 있는 5층탑은 소실되었던 것을 재건한 것으로, 국보로 지정되어 있다. 5층탑 좌측에도 국보로 지정된 도콘도, 호쿠엔도가 있다. 호쿠엔도의 미륵여래불상은 봄과 가을에만 볼 수 있으니 참고하자.

주소 奈良県奈良市登大路町48 위치 긴테쓰 나라(近鉄奈良) 역에서 동쪽으로 도보 5분 전화 0742-22-7755 시간 09:00~17:00 요금 성인 600엔, 중·고등학생 500엔, 초등학생 200엔 보물관 입장권(별도) 성인 800엔, 중·고등학생 600엔, 초등학생 250엔 홈페이지 www.kohfukuji.com

고후쿠지 범종

고주노토

산주노토

건강을 기원하는 불상

도콘도

난엔도

도다이지 東大寺

세계 최대의 목조 건축물

743년 건축된 도다이지는 세계 최대의 비로자나불이 모셔진 사찰이자, 세계 최대의 목조 건물로 헤이안 시대 최고의 건축물로 평가받고 있다. 본당인 금당金堂과 도다이지의 대문인 난다이몬南大門을 비롯한 8개의 국보를 보유하고 있는 사찰이며, 나라 관광의 중심이기도 하다. 본당인 다이부쓰덴大仏殿에 들어가면 앉은키 15m의 청동불상이 눈에 들어오는데, 원래 있던 청동불상이 소실되어 기존 규모의 3분의 1로 축소하여 재건한 것이다. 다이부쓰덴 뒤로 큰 기둥 아래 네모난 구멍이 있는데, 이 구멍을 통과하면 불운을 막아 준다고 한다.

도다이지의 입구인 난다이몬 앞에는 기념품 상점과 다코야키 같은 먹거리 상점이 있다. 난다이몬 입구에서도 많은 사슴을 볼 수 있다.

주소 奈良県奈良市雑司町406-1 위치 긴테쓰 나라(近鉄奈良) 역에서 동쪽으로 도보 20분 전화 0742-22-5511 시간 11~2월 08:00~16:30, 3월 08:00~17:00, 4~9월 07:30~17:30, 10월 07:30~17:00 요금 고등학생 이상 500엔, 중학생 이하 300엔 홈페이지 www.todaiji.or.jp

난다이몬

다이부쓰덴의 불상

불운을 막아 준다는 기둥

도다이지 앞 상가

타몬텐조

후케도

나라를 관광하다 보면 식사를 할 곳이 마땅치 않은데 JR 나라 역과 긴테쓰 나라 역 주변 그리고 산조도리 쪽에 집중하여 몰려 있다. 긴테쓰 나라 역 2번 출구로 나와 우측 골목으로 들어가면 당과 상점들이 즐비하고 산조도리까지 이어지는 길이니 이쪽에서 식사할 것을 추천한다.

긴테츠 나라 역

멘토안 麺闘庵

MAPECODE 02706

유부 우동이 별미인 우동 전문점 **나라를 여행할 때 생각보다 유명한 음식점이 없어 식사 메뉴가 고민된다면, 현지인에게 인기가 좋은 유부 우동 전문점 멘토안을 가 보자. 튀김 우동, 카레 우동 등 각종 우동 종류를 판매하는데 가장 인기 있는 메뉴는 달콤한 유부 주머니 안에 우동이 들어있는 유부우동이다. 면발도 일반 우동집보다는 쫄깃쫄깃하고 국물맛도 좋지만 유부 주머니 안의 국수가 좀 달아서 싫어하는 사람도 있으니 개인 취향에 맞게 주문하도록 하자.**

주소 奈良県奈良市橋本町30-1 위치 긴테츠(近鉄)센 나라(奈良) 역 2번 출구로 나와 바로 오른쪽 골목을 따라 쭉 걸어가면 산죠 거리와 만나는 곳 길 건너편. 도보 4분 전화 0742-25-3581 시간 11:00~19:00 추천 메뉴 유부우동(巾着きつね) 850엔

오샤베리나카메 おしゃべりな亀

MAPECODE 02707

일본식 오므라이스 전문점 **라멘과 우동에 질려서 밥을 먹고 싶다면 서양 음식에 일본인 취향이 곁들어진 일본식 오므라이스를 먹어 보자. 여러 가지 소스와 토핑이 올라가 있고 밥의 양도 조절할 수 있으며 심지어 국물에 담긴 오므라이스까지 맛볼 수 있는 곳이다. 이곳의 오므라이스는 조금 달 수 있기 때문에 소스가 많지 않은 조금 싱거운 메뉴를 선택하는 것도 괜찮다.**

주소 奈良県奈良市東向南町28-1 위치 긴테츠(近鉄)센 나라(奈良) 역 2번 출구로 나와 바로 우측 골목을 따라 한 블록 건너서 직진하면 좌측에 위치. 도보 3분 전화 0742-26-4557 시간 10:00~22:30 추천 메뉴 후와도 오무라이스(ふわっとろおむらいす) 680엔

나라 관광은 보통 반나절 코스이기 때문에 대부분의 관광객들이 숙소를 잡지 않는다. 만약 나라에서 숙박을 하려 한다면 교통이 편리한 JR 나라 역 근처와 긴테쓰 나라 역 주변의 호텔을 선택하도록 하자.

호텔 닛코 나라

MAPECODE 02708

HOTEL NIKKO NARA

나라 최고의 시설을 자랑하는 호텔 5성급 호텔로 JR 나라 역 가까이에 위치하고 있으며 나라 지역에서는 최고의 시설을 갖추고 있다. 대욕탕이 부대 시설로 있어 여행에 지친 피로를 풀 수 있고 각 객실에서 무료 인터넷 사용이 가능하다.

주소 奈良県奈良市三条本町8-1 위치 JR 나라(奈良) 역 서쪽 출구에서 도보 1분 전화 0742-35-8831 요금 트윈 기준 20,000엔~ 홈페이지 www.nikkonara.jp

호텔 후지타 나라

MAPECODE 02709

HOTEL FUJITA NARA

긴테쓰 나라 역 근처의 시설 좋은 호텔 긴테쓰 나라 역에서 가까워 나라 관광지로의 이동이 용이하다. 일부 객실에서만 인터넷 사용이 가능하므로 예약을 할 때 사전 요청을 해야 한다. 인기 있는 일본 전통 식당이 입점해 있어 다소 비싸지만 제대로 된 일본 식사를 할 수 있다.

주소 奈良県奈良市下三条町47-1 위치 긴테츠(近鉄)센 나라(奈良) 역 4번 출구에서 도보 5분, 산조도리에 위치 전화 0742-23-8111 요금 트윈 기준 21,000엔 홈페이지 www.fujita-nara.com

컴포트 인 호텔 Comfort Inn Hotel

MAPECODE 02710

나라 역 근처의 교통이 편리한 호텔 비즈니스급 호텔로 JR 나라 역 가까이에 위치하고 있어 다른 지역으로의 이동이 편리하다. 객실에서 무료 인터넷 사용이 가능하며 간단한 조식이 포함되어 있다. 코인 세탁기도 마련되어 있다.

주소 奈良県奈良市三条町321-3 위치 JR센 나라(奈良) 역 동쪽 출구에서 길을 건너 오른쪽 방향으로 200m 전화 0742-25-3211 요금 트윈 기준 12,000엔 홈페이지 www.comfortinn.com/hotel-nara-japan-jp073

えびす屋
イ

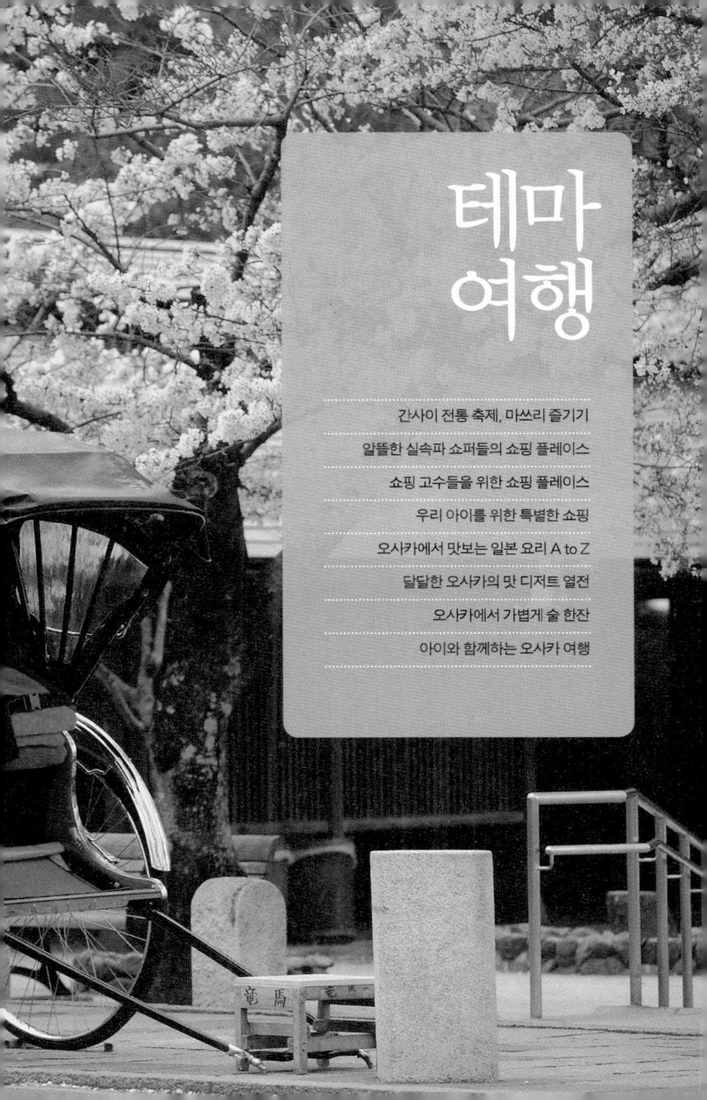

테마 여행

간사이 전통 축제, 마쓰리 즐기기

알뜰한 실속파 쇼퍼들의 쇼핑 플레이스

쇼핑 고수들을 위한 쇼핑 플레이스

우리 아이를 위한 특별한 쇼핑

오사카에서 맛보는 일본 요리 A to Z

달달한 오사카의 맛 디저트 열전

오사카에서 가볍게 술 한잔

아이와 함께하는 오사카 여행

간사이 전통 축제, 마쓰리 즐기기*

일본 각 지역에 있는 일본 전통 축제를 일컬어 마쓰리(祭り)라고 하는데 불교의 종교 의식에서 시작되었다. 과거 간사이의 마쓰리는 단순한 지역 공동체 축제로 풍요로운 한 해가 되기를 빌거나 가족의 건강을 바라는 지역 주민 중심의 축제였다. 그러나 현재의 마쓰리는 규모도 커졌거니와 그 지방에서만 볼 수 있는 고유의 멋을 지닌 대중적인 축제로 자리 잡았다. 관광객에게는 잊을 수 없는 이색 볼거리와 즐길 거리를 제공하는 여행 상품으로서 지역의 특별한 자랑이 되었다.

덴진 마쓰리 北の国から 오사카

간사이 최대의 마쓰리 MAPECODE 02801

도쿄의 간다 마쓰리神田祭, 교토의 기온 마쓰리祇園祭와 더불어 일본의 3대 마쓰리 중 하나로 규모 면에서 간사이 최대의 마쓰리라 할 수 있다. 덴진 마쓰리는 하늘에 제를 올리는 천신제로 텐만쿠신사天満宮神社가 건립된 후 951년 6월 1일에 학문의 신 스가와라노 미치자네菅原道眞의 영혼을 진정시키려는 의도로 무기를 바다에 띄워 그것이 닿는 해변에서 의식을 치른 것에서 유래하였다. 현재는 건강을 기원하는 축제로 성격이 바뀌었다. 7월 24일에 전야제가 열리고 7월 25일에는 화려한 횃불로 장식한 100여 척의 배를 도시마가 강堂島川에 띄우는 장관이 펼쳐진다. 또한 밤에는 화려한 불꽃놀이로 그 대미를 장식하는데 엄청난 인파가 몰린다.

기간 매년 7월 24일~7월 25일 위치 오사카 텐만쿠 신사(天滿宮神社) 주변 교통 타니마치(谷町)센 미나미모리마치(南森町) 역 4번 출구에서 도보 5분

기온 마쓰리 祇園祭 교토

볼거리가 많은 일본 3대 마쓰리 중 하나 MAPECODE 02802

일본의 3대 마쓰리 중 하나인 기온 마쓰리는 규모가 오사카의 덴진 마쓰리보다 조금 작지만 볼거리는 훨씬 많다. 마쓰리 기간인 7월 16일~17일뿐만 아니라 거의 7월 한 달 간 축제 분위기이며 많은 관광객들로 인산인해를 이룬다. 9세기경 교토 천도를 한 후 역병을 물리치기 위해 신에게 제를 올린 것에서 유래하였다. 가장 큰 즐길 거리는 축제의 메인 장소인 마루야마 공원円山公園에서 열리는 공연과 주변 먹거리다. 기온 지역은 도로는 넓지만 보도가 그다지 넓지 않아 구경할 수 있는 자리가 넉넉하지 않으므로 많은 인파가 몰릴 때는 조심하자.

기간 매년 7월 16일~7월 17일 위치 한큐(阪急) 가와라마치(河原町) 역부터 기온의 야사카 신사(八板神社)까지 이어진 시조도리(四条通) 인근. 메인 축제는 야사카 신사(八板神社) 뒤쪽 마루야마 공원(円山公園)에서 열린다. 교통 한큐(阪急) 가와라마치(河原町) 역 6번 출구에서 도보 이동

가스가 와카미야 온마쓰리春日若宮おん祭 나라

일본 중요 무형 문화재 MAPECODE 02803

가스가 와카미야 온마쓰리는 나라에서 가장 큰 축제로 1136년 후지와라노 다다미치藤原忠通가 풍년과 국민의 안녕을 기원한 행사에서 유래하였다. 와카미야를 맞이하는 천행의식遷幸の儀부터 환생의식還幸の儀까지는 촬영이 금지되어 있고 제사는 매년 17일 오전 0시부터 18일 오전 0시까지 24시간 동안 이어진다. 제사를 지낼 때 12월 17일 정오가 지나면 나라 시내를 행진하는데 이것이 큰 볼거리이며 나라 시내가 온통 축제 분위기로 변한다. 일본의 중요 무형 문화재로도 지정되어 있다.

기간 매년 12월 17일 위치 가스가타이샤(春日大社) 교통 JR 나라(奈良) 역이나 긴테츠 나라(近鉄奈良) 역에서 가스가다이샤본전행(春日大社本殿行) 나라 교통버스를 탑승하여 가스가다이샤본전(春日大社本殿) 정류장 또는 가스가다이샤오모테산도(春日大社表参道) 정류장에서 하차하여 도보로 10분

아오이 마쓰리葵祭 교토

옛 황실의 신사 참배를 재현한 축제 MAPECODE 02804 02805

기온 마쓰리, 지다이 마쓰리와 더불어 교토의 3대 마쓰리 중 하나인 아오이 마쓰리는 옛 황실의 신사 참배를 재현한 축제로서 시모가모 신사下鴨神社와 가미가모 신사上賀茂神社 두 곳에서 열린다. 과거에는 궁중 의식, 길거리 의식, 사두 의식社頭の儀으로 총 3개의 의식이 행해졌지만 현재는 궁중 의식은 사라지고 길거리 의식과 사두 의식만 행해진다. 유료 관람석이 있어 사전 예약이 가능하지만 신사 참배에 관련한 축제여서 그냥 보고 먹거리를 즐기는 것으로도 충분하다.

기간 매년 5월 15일 위치 가미가모 신사(上賀茂神社)와 시모가모 신사(下鴨神社) 교통 **가미가모 신사** 교토 시버스 4번을 타고 가미가모 신사 정류장에서 하차 **시모가모 신사** 교토 시버스 1, 4, 205번을 타고 시모가모 신사 정류장에서 하차

지다이 마쓰리 時代祭 교토

교토의 오랜 역사를 기념하는 축제 MAPECODE 02806

대부분의 마쓰리가 신에 대한 제사나 가문의 제사를 올리는 것에서 비롯했지만 교토 3대 마쓰리 중 하나인 지다이마쓰리는 교토의 오랜 역사를 기념하는 축제다. 교토가 수도였던 천년 동안의 역사를 시대별로 나누어 그 시대를 재현하는 가장 행렬이 펼쳐진다. 축제의 역사는 짧지만 약 2,000여 명의 인원이 행사에 참여하는 데다 가장 행렬이 가장 화려하고 재미있어 관광객에게 인기 있는 마쓰리 중 하나다.

기간 매년 10월 22일 위치 교토 주요 도로에서 진행되지만 가장 잘 볼 수 있는 곳은 헤이안진구 인근 교통 교토 시버스 5, 32, 46, 100번 버스를 탑승하여 교토카이칸비주츠칸마에(京都会館美術館前) 정류장에 하차하여 도보 1분

도야도야마쓰리 どやどや祭 오사카

벌거벗은 남자들이 부적을 빼앗는 풍경 MAPECODE 02807

시텐노지四天王寺에서 정월부터 14일간 슈쇼에修正会라는 법회가 열리는데 이 법회가 끝나는 마지막 날에 열리는 축제가 도야도야 마쓰리다. 오후 3시경 벌거벗은 남자들이 두 편으로 나누어 우신부적을 차지하기 위해 서로 경쟁을 벌이는데 "도야도야" 하고 소리를 지르며 행사를 진행한다. 추운 날씨에도 행사 중에 물을 뿌리기도 하며 축제는 열기를 더해 간다. 일본 전통 방식의 행사라 이색적인 볼거리가 많고 시텐노지 정문 밖에는 먹거리 장터가 열려 먹거리도 다양하다. 규모는 다른 마쓰리에 비해 크지 않지만 추운 날씨에 알몸으로 남자들이 부적을 서로 빼앗는 풍경이 흥미진진하다.

기간 매년 1월 14일 위치 시텐노지(四天王寺) 교통 지하철 다니마치센(谷町線) 시텐노지마에유우비가오카(四天王寺前夕陽ヶ丘) 역 4번 출구에서 도보 5분

다이몬지오쿠리비 마쓰리 大文字送り火祭 교토

매스컴에서 가장 많이 볼 수 있는 마쓰리 MAPECODE 02808

다른 마쓰리와 달리 큰 행렬이나 제사는 없지만 매스컴에서 가장 많이 볼 수 있는 마쓰리 중 하나인 다이몬지오쿠리비 마쓰리는 원래는 정령이나 망혼을 보내는 종교적 행사로 산에 불을 놓으면서 시작되었다. 어두운 밤하늘 아래 교토에 있는 5개의 산 히가시야마東山, 마쓰가사키니시야마·히가시야마ほかに松ヶ崎西山・東山, 니시가모후네야마西賀茂船山, 킨카쿠지무라오키타야마金閣寺付近大北山, 치가센오우테라야마び嵯峨仙翁寺山에 큰 대大자 모양 혹은 묘妙, 법法 모양의 불을 놓는 것으로 행사가 정점에 다다르는데 과거에는 종교 행사였지만 지금은 많은 일반인과 관광객이 같이 참여하여 무사 안녕을 기원하는 축제로 바뀌었다.

기간 매년 8월 16일 위치 교토 시 주변 동쪽, 북쪽, 서쪽 산봉우리에서 행사 진행 교통 가장 볼 만한 곳은 킨카쿠지 뒤쪽 오키타산(大北山)으로 교토 시버스 12, 59번 버스를 타고 킨카쿠지마에 정류장에 하차 후 도보 30분

알뜰한 실속파 쇼퍼들의 쇼핑 플레이스*

오사카에는 백화점이나 쇼핑몰들이 지천에 널려 있어 멈출 수 없는 쇼핑의 유혹을 받게 된다. 하지만 가격도 만만치 않고 실속이 있는 제품을 저렴하게 구매하기는 쉽지 않다. 알뜰한 쇼핑족들을 위해 실속 있는 쇼핑 정보들을 살펴보자.

드러그 스토어

약품 매장을 넘어선 만물상

오사카의 웬만한 역 주변에서는 코쿠민コクミン이나 마쓰모토 기요시マツモトキヨシ 같은 드러그 스토어를 쉽게 찾을 수 있는데 말이 드러그 스토어지 없는 게 없는 생활용품 백화점이다. 가격도 저렴하고 일본에서만 구매가 가능한 생활용품과 의약품이 즐비하여 한두 곳의 드러그 스토어만 제대로 둘러봐도 생활에 필요한 모든 제품들을 구매할 수 있다.

코쿠민은 의약품과 화장품 그리고 샴푸나 비누 같은 욕실용품이 인기가 좋으며 마쓰모토 기요시는 생활용품과 기능성 의약품 그리고 아이디어 생활용품이 눈에 띈다. 두 회사마다 다루는 품목은 거의 비슷하지만 매장의 위치나 규모 그리고 세일에 따라 가격이 천차만별이며 매장마다 별도의 세일 품목들을 따로 입구 쪽에 진열하거나 해당 진열대에 표시를 해 두기 때문에 운이 좋다면 크게 한 몫 건질 수 있다.

동전파스

호빵맨패치

아이봉

츠바키 샴푸

드러그 스토어에서 구입하면 좋은 제품

한국 사람들에게 인기 있는 제품 중 하나인 안구 세정제 아이봉アイボン은 안구 건조증에 탁월하여 라식이나 라섹 수술을 받거나 안경을 쓰는 사람들이 주로 구매를 하는데 이 효과가 모든 사람에게 동등한 것은 아니기 때문에 알레르기가 있는 사람들은 주의하도록 하자.

호빵맨패치アンパンマンパッチ는 벌레 물린 곳의 가려움증을 줄여 주는 것으로 어린 자녀를 둔 부모들이 많이 찾고 있으며 다이쇼제약大正製薬에서 나온 감기약도 많이 찾고 있으나 시중에서 판매하는 것은 한국 사람에게 약효가 현저하게 떨어지므로 추천하지 않는다. 가끔 아이들을 위해 한국 감기약보다 약하다고 하여 구매를 하지만 부작용이 생길 수 있으니 삼가도록 하자.

무엇보다도 최근 가장 인기가 좋은 것은 동전파스로 불리는 로이히쓰보코ロイヒつぼ膏인데 제품의 크기가 동전만 하지만 근육통이나 관절염에 탁월하여 일본 국내뿐 아니라 외국에도 많이 알려진 제품이다. 또한 시세이도의 츠바키ツバキ 브랜드의 샴푸, 린스나 헤어팩 그리고 헤어오일이 큰 인기를 끌고 있다. 이렇듯 드러그 스토어에서는 다양한 제품을 저렴하게 구매할 수 있다.

코쿠민 KOKUMIN/コクミンドラッグ

일본의 대표적인 드러그 스토어인 코쿠민은 일반 의약품뿐만 아니라 각종 생활용품, 음료, 화장품 등 실생활에 필요한 대부분의 물품을 아주 저렴하게 구매할 수 있는 곳이다. 매장마다 약간의 차이는 있지만 기초 화장품을 묶어서 아주 저렴하게 판매하는 경우가 많다. 음료와 과자는 100엔 이하로 구매가 가능하다. 화장 도구, 가정용품, 각종 가사 도구는 물론 열쇠고리, 핸드폰 케이스 등 액세서리까지 없는 것이 없다. 연말이 되면 코쿠민 행운백을 1,000~5,000엔에 판매하는데 그 안에는 표시 가격 이상의 복불복 제품들이 들어 있다. 운이 좋을 때에는 표시 가격의 10배가 넘는 제품이 들어 있는 경우도 있으니 친구들에게 이런 특별한 선물을 주는 것도 괜찮다.

코쿠민은 매장이 많아 오사카 난바 · 신사이바시 상점가 곳곳에서 볼 수 있다. 사전에 홈페이지를 통해 위치를 파악하도록 하자.

홈페이지 www.kokumin.co.jp

마쓰모토 기요시 マツモトキヨシ

코쿠민과 함께 드러그 스토어의 양대 산맥으로 불리는 마쓰모토 기요시는 모든 생활용품, 식품, 가정용품, 기념품을 저렴하게 구매할 수 있는 대표적인 드러그 스토어이다. 코쿠민과 가격 경쟁을 하는 만큼 가격이 대부분 비슷하나 묶음 상품이나 번들 제품의 경우는 조금 더 다양하고 가격도 더 저렴한 경우가 많다. 도톤보리에서 신사이바시 상점가로 넘어가는 길목에 자리한 점포는 많은 유동인구로 인해 발 디딜 틈이 없을 정도이다. 시간적인 여유가 있다면 코쿠민과 가격을 비교해 가며 저렴하고 질 좋은 물품을 구매하자. 만약 많은 물건을 사거나 자주 이용할 예정이라면 적립 포인트 카드를 만들어 알뜰하게 쇼핑을 즐기자.

홈페이지 www.matsukiyo.co.jp

TIP

코쿠민 VS 마쓰모토 기요시

생활용품, 가정용품, 화장품, 일반 의약품 등 없는 게 없는 만물상인 드러그 스토어는 여행객에게 인기가 높은 종합 쇼핑 상점이다. 과거에는 100엔숍인 다이소에서 기념품이나 가격 대비 만족할 만한 상품을 많이 구매했는데 지금은 코쿠민과 마쓰모토 기요시 같은 드러그 스토어에서 저가형 제품을 많이 구매한다. 제품의 우수성이나 종류는 코쿠민이 더 뛰어나며 번들 제품이나 액세서리의 경우는 마쓰모토 기요시가 조금 더 낫다고 볼 수 있다. 우메다나 난바 · 신사이바시의 상점가에서 쉽게 만날 수 있으며 매장마다 제품의 종류가 다르고 할인 품목도 다르므로 서로 비교해 보면 좋다. 친구나 가족을 위한 선물이 필요하다면 이곳에서 실속 구매를 해 보자.

디스카운트 스토어

모든 생활용품이 이곳에

과거 100엔숍으로 유명했던 디스카운트 스토어가 가격은 조금 높아졌지만 제품의 질을 향상시켜 여전히 한국 관광객들에게 사랑을 받고 있다. 이제는 100엔숍이라는 이름이 사라지고 다이소라는 브랜드로 다시 태어났으며, 신흥 대형 디스카운트 스토어인 돈키호테가 한국 사람들에게 큰 인기를 끌고 있다. 이들 매장에서 모든 생활용품 구입이 가능하다. 과거에는 저렴한 비용으로 기념품을 사기 위해 많이 들렀는데 지금은 드러그 스토어 못지않게 다양한 제품을 판매하고 있어 알뜰한 쇼핑을 즐길 수 있다. 여행하는 동안 필요한 음료나 과자, 초콜릿도 디스카운트 스토어가 더 저렴하고 우산이나 1회용 가방, 인스턴트 라멘이나 간단한 조리 음식 등도 편의점이나 슈퍼마켓보다 더 저렴하게 판매하고 있다. 다이소나 돈키호테 외에 소규모 디스카운트 스토어에서는 현금 결제만 가능하고 제품이 불량이어도 환불이 안 되는 경우가 있으니 주의해야 한다.

돈키호테 ドンキホーテ

돈키호테는 식품, 주류, 전기제품, 가정용품에 이르기까지 약 4만 점의 물품을 아주 경쟁력 있는 가격으로 판매하는 디스카운트 스토어이다. 늦은 시간까지 영업을 하기 때문에 심야 쇼핑을 즐길 수 있다. 비슷한 디스카운트 숍으로 다이소가 있지만 제품의 종류와 품질에서 돈키호테를 따라오지 못한다. 명품까지도 할인된 가격으로 구매할 수 있으며 카메라나 소형 가전제품의 경우에도 제품의 종류는 빅쿠 카메라나 요도바시 카메라보다는 적지만 가격에서 경쟁력이 있으므로 꼭 들러 보도록 하자. 일정 금액이 넘어가면 기념품이나 가격 할인을 해 주니 다이소보다는 돈키호테를 방문할 것을 추천한다.

홈페이지 www.donki.com

다이소 ダイソー

우리에게도 아주 친숙한 일본의 대표적인 디스카운트 스토어이다. 식품, 생활용품, 주방용품, 액세서리까지 그 종류가 셀 수 없을 정도로 많다. 가격이 저렴한 만큼 제품의 질은 크게 우수하지는 않지만 가격 대비 만족도가 크다. 100엔 상품이라고 절대 우습게 보면 안 될 정도로 괜찮은 물건도 많으니 잘 살펴보자.

홈페이지 www.daiso-sangyo.co.jp

편의점

24시간 먹거리 구매가 가능한 곳

오사카의 편의점은 100m마다 볼 수 있을 정도로 눈에 많이 띄는데 24시간 영업하기 때문에 간단히 끼니를 때우기도 좋고 언제든지 도시락이나 간식을 구입할 수 있다. 술과 담배를 판매하는 곳은 '酒(술), たばこ(담배)'가 입구에 표시가 되어 있으며 구매를 할 때 신분증을 요구하는 경우도 있다. 가격이 다소 비싼 편이기는 하지만 급하게 사용해야 할 생활용품의 구입도 가능하다. 편의점마다 제품의 차이는 조금씩 있지만 우리나라에서 보기 힘든 아사히 맥주 미니어처 캔이나 도토루 화이트 코코아는 한국 사람들에게 인기가 좋은 제품이다.

마트와 슈퍼마켓

먹거리를 다양하고 저렴하게 구입할 수 있는 곳

오사카의 슈퍼마켓은 대로변이나 역 주변에 위치하기보다 주로 주거 지역에 있어서 쉽게 찾지 못한다. 숙소 근처나 여행하는 길에 마트나 슈퍼마켓을 발견한다면 도시락이나 가벼운 먹거리를 조금 더 저렴하게 구입할 수 있다. 백화점 지하에도 식품 매장이 있지만 가격이 비싸 지갑을 열기 쉽지 않다. 유통기한이 임박했거나 폐점 시간에 신선 제품(특히 초밥 도시락)을 할인 판매하는 경우가 많으니 숙소 근처에 슈퍼마켓이 있다면 꼭 한번 들러 보자. 또 큰 역이 있는 곳이나 부촌(다이칸야마, 지유가오카 등)에는 '피코크'라는 대형 마트가 있는데 이곳에서는 조리 음식부터 인스턴트 식품, 과자, 음료, 수산물, 육류 등 식자재와 우리나라 마트와 마찬가지로 옷이나 가구, 생활용품까지 모든 것을 구매할 수 있다. 규모에 따라 슈퍼마켓 부문만 입점한 곳이 있으며 백화점 지하에 입점해 있는 곳도 있다. 여행 선물용으로 일본의 특색 있는 간식거리를 많이 사는데 대부분 공항에서 구입하는 '도쿄 바나나'를 이곳에서 더 다양한 제품으로 저렴하게 구입할 수 있다. 우리나라의 묵처럼 흐물흐물하게 생긴 일본식 양갱인 '미즈요칸'이나 센베, 그리고 어린아이들에게 인기 있는 '우마이본'도 있으니 짐이 많지 않다면 이곳에서 저렴하게 구입하자.

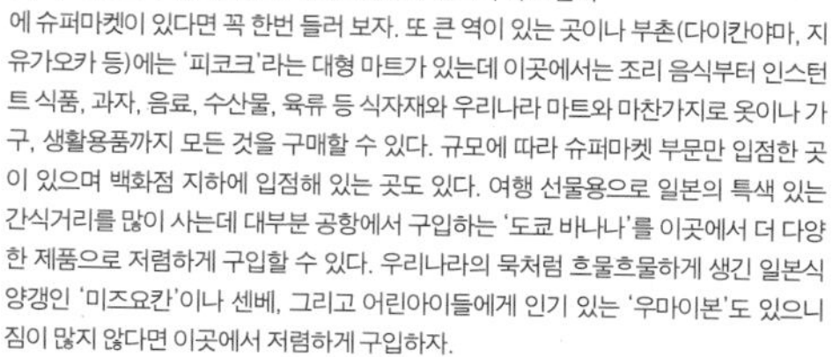

우마이본

미즈요칸

센베

쇼핑 고수들을 위한 쇼핑 플레이스*

SALE

오사카에서 가장 큰 쇼핑 지역인 신사이바시-난바 일대는 인구도 밀집되어 있고 관광객들이 많으며 기반 시설들이 좋아 쇼핑하기에는 최적의 장소이다. 또한 대형 쇼핑몰은 아니지만 유명 상점들이 모여 있는 상점가가 있어 하루 종일 다녀도 다 볼 수 없을 정도의 규모이니 사전에 쇼핑 계획을 짜서 움직일 수 있도록 하자.

백화점

오사카 백화점들 각각의 개성과 장점

오사카에서 아주 흔하게 볼 수 있는 것이 대형 백화점이다. 백화점에 입점한 업체는 크게 차이가 나지 않지만 제품은 차이가 날 수 있다. 가장 먼저 여행 일정에 따른 거점 지역의 백화점을 선택하고 다음으로는 미리 홈페이지 검색을 통해 자신이 원하는 브랜드가 입점해 있는가를 확인하는 것이 좋다. 주요 거점별 추천 백화점은 다음과 같다. 우메다에서는 백화점계의 맞수인 한신 백화점과 한큐 백화점을 꼽을 수 있고 이 각축전에 JR 오사카 역을 끼고 들어선 다이마루 백화점이 도전장을 냈다. 난바에는 난카이센 역사에 위치하여 유동 인구가 많아 항상 붐비며 식료품 매장이 인기가 좋은 타카시마야 백화점을 필두로 젊은 백화점을 지향하는 0101가 있다. 신사이바시에는 다이마루 백화점이 단독으로 자리잡고 있다. 최근 이세이미야케의 바오바오백의 인기로 다이마루 백화점 매장을 많이 찾는데, 매월 초에 상품이 입고되면 3일 안에 모두 소진되어 서두르지 않으면 상품이 없다는 점을 유념하자. 한국 여성 여행객들이 백화점에서 쇼핑을 할 때 가장 많은 관심을 가지는 것이 화장품인데 그중 시세이도나 SK II 같은 브랜드가 인기가 좋다. 무조건 구매하지 말고 샘플 등을 이용하여 자신에게 맞는 제품들을 사야 한다. 여기서 주의할 점은 새로운 제품을 구매할 때 의사소통이 안 되는 사람은 한국에서 구입하는 게 좋다. 백화점에서 구입한 물건에 대한 면세 혜택을 받을 수 있으므로 물건을 구매할 때 면세를 받겠다는 의사를 꼭 표시하도록 하자. 일본어를 모른다면 무조건 "TAX FREE!"라고 하면 된다.

다이마루 백화점

추천 한신 백화점 p.088, 한큐 백화점 p.088

한신 백화점

한큐 백화점

린쿠타운 프리미엄 아웃렛

아웃렛

외곽 지역에 형성된 아웃렛 매장

오사카의 프리미엄 아웃렛 매장은 모두 도심 외곽에 있다. 그중 관광객들이 가장 접근하기 괜찮은 곳이 간사이 국제공항과 인접한 린쿠타운 프리미엄 아웃렛 매장이다. 210개의 브랜드 매장이 입점해 있고 항시 세일 행사를 진행하여 백화점이나 시내의 일반 상점보다 좀 더 저렴하게 구입할 수 있다. 위치상으로는 시내에서 아웃렛 쇼핑을 하기 위해 이동하는 시간이 많이 소비가 되니 여행을 마치고 간사이 공항으로 가는 길에 들러서 갈 것을 추천한다. 참고로 여행 가방을 가지고 다니면 불편하므로 린쿠타운 역 개찰구를 나오기 전 좌측에 위치한 사물함에 짐을 보관하고 가벼운 마음으로 쇼핑을 즐기도록 하자.

쇼핑거리

대형 쇼핑몰보다 더 많은 상점

도구야스지

신사이바시 상점 거리

도쿄에 가면 대형 쇼핑몰이 넘쳐나지만 오사카는 타워형 쇼핑몰보다는 지상에 자연스럽게 형성된 상점 밀집 지역인 쇼핑가가 대표적이다. 오사카의 대표 상점가인 신사이바시 상점가는 혼마치 역부터 신사이바시 역을 지나 도톤보리까지 이어지는 대형 쇼핑 거리로, 도보로 이동하는 데 적어도 30분은 소요가 될 정도의 규모이다. 또한 신사이바시 상점가 근처에는 먹거리 천국인 도톤보리, 쇼핑과 이자카야 그리고 음식점이 모두 모여 있는 에비스바시, 센니치마에, 난카이도리가 있으며 센니치마에와 난카이도리가 만나는 지점의 우측 골목에는 주방용품 전문 상점들이 밀집한 도구야스지가 있다. 최근에는 신사이바시 역을 중심으로 유명 명품 매장들이 입점하고 있는데 일본 사람들은 난바 역부터 신사이바시 역을 지나 혼마치 역까지 이어지는 큰 대로를 '미도스지 명품 거리'라 부르고 있다. 상품을 구매할 때 참고할 것은 한국 사람들에게 잘 알려져 있지만 한국에서는 잘 찾아보기 힘든 GAP의 경우는 디자인도 다양하고 가격도 저렴하여 여행객들에게 인기가 많고 BABY GAP의 경우 어린 자녀를 둔 여행객들이 가장 선호하는 매장이라 홈페이지를 통해 위치를 파악한 후 찾아가도록 하자. 또한 주의할 점은 옷에 표기된 사이즈가 우리나라와 다를 수 있으니 꼭 입어 보고 구입하자.

도큐 한즈

생활용품 전문점

도큐 한즈와 닛토리의 각축전

일본의 대표적인 생활용품 전문점인 도큐 한즈는 신사이바시 상점가 주변에 위치해 있다. 아이디어 상품이나 기념품을 구매할 때에는 도큐 한즈가 적당하지만 가격이 생각보다 비싸고 생활용품들은 실용도가 떨어지는 경우도 있으니 구매할 때 꼼꼼히 체크하도록 한다.

닛토리는 일본의 이케아로 불릴 만큼 도큐 한즈보다 더 다양한 물품과 저렴한 가격 그리고 높은 질의 제품들을 선보이면서 많은 사람들에게 사랑을 받고 있다. 이케아의 제품보다 질적으로 우수한 것들이 많으므로 생활용품에 관심이 많은 사람은 우메다나 신이마미야 그리고 린쿠타운에 위치한 매장을 꼭 들러보도록 하자. 생활용품을 구매할 때 규모가 큰 인테리어 제품이나 가구의 경우 반입 과정에서 파손이 있을 수 있으므로 꼭 사고 싶다면 포장을 잘 해야만 상태를 깨끗이 보존할 수 있다. 간사이 지방에 대형 이케아 창고형 매장이 운영 중이지만 고베의 신도시에 위치하고 있어 관광객들은 접근성 때문에 많이 찾지는 않는다.

추천 도큐 한즈 p.132

도큐 한즈

닛토리

빗쿠 카메라

요도바시 카메라

전자제품 전문점

빗쿠 카메라와 요도바시 카메라가 전쟁 중

빗쿠 카메라
요도바시 카메라

일본 하면 가장 대표적인 것이 전자제품이다. 오사카를 방문한 관광객들이 우메다 관광을 하면 무조건 방문하는 곳이 요도바시 카메라이다. 전자제품뿐만 아니라 의류, 잡화, 식료품 등 다양한 제품이 모여 있는 종합 쇼핑몰로 운영되고 있어 관광객들이 다양하게 만족감을 얻을 수 있다. 빗쿠 카메라의 경우 가장 많은 관광객이 몰린다는 난바-신사이바시 상점가와 인접한 센니치마에에 위치하고 있는데 매장 바로 옆 고가도로에 가려 잘 보이지 않아 관광객들이 잘 찾지 못한다. 대부분의 전자제품 전문점들이 구매액에 대한 포인트 적립을 하고 있는데 포인트 적립을 잘 활용하면 포인트만으로도 소품들을 구매할 수 있고 이벤트 제품의 경우는 포인트 적립을 더 많이 해주므로 이것도 잘 체크하면 돈이 된다. 전자제품을 구매할 때 주의할 점은 일본과 우리나라의 전압이 110V와 220V로 다르기 때문에 요즘에는 대부분 자동 변환이 되지만 혹시나 중고 제품이나 변환이 안 되는 제품이 있을 수 있으므로 꼭 확인을 해야 하며 컴퓨터나 노트북, 태블릿 PC의 경우 소프트웨어의 버전 및 언어 충돌로 사용을 못하는 경우도 발생하므로 주의하도록 하자.

추천 빗쿠 카메라 p.117, 요도바시 카메라 p.087

명품 쇼핑

명품 쇼핑은 어디로 가야 할까?

오사카에서 명품 쇼핑을 하고 싶다면 어디로 가야 할까? 오사카 북쪽에는 우메다, 남쪽에는 미도스지도리에 집중적으로 분포되어 있다. 우메다 지역은 리츠칼튼 호텔의 하비스 플라자와 오사카 최대의 명품 아케이드인 힐튼 플라자를 꼽는다. 남쪽으로는 미도스지도리를 따라 명품 단독 매장들이 입점해 있는데 상점 수로는 우메다보다 많다고 할 수 있다. 참고로 우리가 알고 있는 루이비통, 프라다, 까르띠에, 샤넬 등 고급 명품들의 디자인이 대륙별로 약간의 차이가 있는데 일본에는 명품 수요가 많아 대부분의 제품이 입고되므로 신상품뿐만 아니라 국내에 없는 디자인을 선택할 수도 있다. 간혹 '별주판'이라고 하여 전 세계 또는 일본 내에서도 구매하기 쉽지 않은 디자인을 미도스지도리의 단독 매장에서 발견할 수 있다. 명품을 구매할 때의 주의할 점은 가장 먼저 환율 계산을 잘해야 하고 면세 혜택을 받을 때의 가격까지 계산을 해야 한다. 기본적으로 같은 디자인의 명품은 우리나라가 아직까지 저렴하다는 것을 잊지 말자. 몇몇 명품숍들이 할인 행사를 하는 경우도 있는데 이월 상품인 경우가 많고 수량이 한정적인 경우가 많아 이것도 꼼꼼히 체크해야 할 대상이다.

추천 하비스 플라자 p.087, 힐튼 플라자 p.088, 미도스지도리 p.125

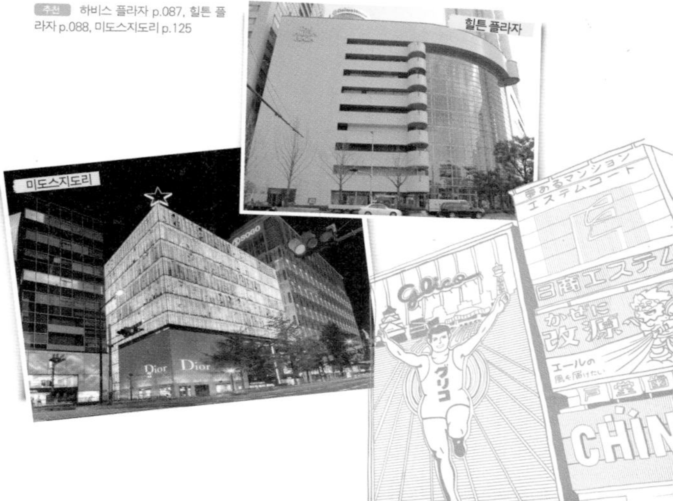

우리 아이를 위한 특별한 쇼핑*

어린 자녀를 가진 부모들이 오사카를 여행할 때 아이들 옷이나 장난감 그리고 유아용품 쇼핑에 가장 많은 신경을 쓴다. 일본의 제품이 우수한 것도 이유겠지만 제품이 다양하고 한국에 입점해 있지 않은 브랜드가 많기 때문이다. 아이들을 위한 쇼핑을 할 때 어떠한 점을 고려하고 구매해야 하는지 알아보자.

어린이 옷과 잡화

우리나라에 없는 대형 단독 매장

우리나라에도 어린이 전문 옷과 잡화 브랜드가 많이 있지만 디자인이나 종류가 일본보다는 적은 편이다. 한국 부모들이 일본에 가면 가장 많이 선호하는 브랜드가 갭 키즈()GAP KIDS와 스타베이션(STARVATIONS)이다. 갭 키즈(GAP KIDS)는 우리나라에 매장이 있지만 종류가 한정적이고 아웃렛에서 갭(GAP)과 같이 운영하는 경우가 많은데 오사카의 갭 키즈 매장은 대형화되어 있고 단독 매장을 쉽게 볼 수 있다. 스타베이션(STARVATIONS)은 우리나라에 매장이 없어 일본에서만 구입할 수 있는 브랜드인데 디자인과 실용성 둘 다 만족스러워 한국 부모들이 가장 관심 있어 하는 상품이다. 또한 스타베이션(STARVATIONS), 유니클로(UNIQLO), 자라(ZARA)는 디즈니사와 계약하여 아이들 옷과 잡화 제품에 디즈니 캐릭터를 이용한 한정적인 특별 상품을 출시하였다. 이런 특별판이 가장 인기를 끄는 요소는 우리나라에서는 직접 구매할 수 없어 우리 아이만의 특별한 옷을 준비할 수 있다는 게 한몫을 한다. 옷을 구매할 때 사이즈는 우리나라와 동일하지만 제품에 따라 차이가 있으므로 꼭 아이에게 입혀 보고 구매하자. 신사이바시-난바로 이어지는 상점가에서는 이 브랜드를 모두 만나볼 수 있다.

갭키즈

유니클로 디즈니

스타베이션

린쿠 플레저 타운 시클 MAPECODE 02809

RINKU PLEASURE TOWN SEACLE

시클은 린쿠타운 역과 바로 연결되어 있어 공항으로 가는 어린 자녀를 동반한 관광객들이 많이 찾는 곳이다. 시클의 주 타깃은 3세 이상의 어린이이고 옷 매장이 많다. 아이들 물품을 판매하는 단독 매장이 많이 입점해 있는 쇼핑몰이라고 생각하면 된다. 푸드 코트에는 아이들과 같이 먹을 수 있는 깜찍한 가족 테이블이 마련되어 있고 입구에는 아이들이 뛰어 놀 수 있는 유료 놀이터 '키즈 오(KIDS-O)'가 있다. 대부분 별 기대를 갖지 않고 방문하지만 아이들을 위한 여러 가지 시설과 많은 매장을 보고 큰 만족을 느끼는 곳이다.

주소 大阪府泉佐野市りんくう往来南3 위치 JR 난카이센 린쿠타운(りんくうタウン) 역과 바로 연결 전화 072-461-4196 시간 10:00~20:00 홈페이지 www.seacle.jp

어린이 완구 블럭 용품

토이저러스를 추천

어른 아이 할 것 없이 일본의 장난감 사랑은 항상 뜨겁다. 어린이를 위한 상점이 성행을 하고 있는데 가장 대표적인 곳이 토이저러스(Toysrus)이다. 가장 추천하고 싶은 토이저러스 매장은 난카이센 난바 역 뒤쪽에 위치한 난바 파크스 1층에 위치해 있다. 접근성도 좋고 매장이 넓어 많은 제품을 다양하게 만나볼 수 있다. 또한 난카이센 난바 역 동쪽으로 돌아가면 덴덴타운でんでんタウン이라는 전자제품 매장이 즐비한 곳이 있는데 이곳에도 아이들을 위한 완구 제품 매장이 곳곳에 위치하고 있다. 하지만 이곳은 10세 이하의 자녀보다 그 이상의 남자 아이들이 좋아할 프라모델 제품이 많다. 다른 지역의 매장보다 가격이 저렴하고 할인 상품이 있으니 아이들의 나이가 10세 이상의 남자 아이라면 이곳을 꼭 들러 보고 그렇지 않다면 토이저러스 정도가 적당하다. 주의할 점은 전기를 사용하는 완구의 경우 110V 전압으로 구성이 되어 있기 때문에 소형 변압기를 따로 준비해야 한다.

덴덴타운

토이저러스 Toysrus MAPECODE 02810

영아부터 초등학생까지의 아이들을 위한 모든 물품이 준비되어 있는 곳이다. 갖가지 다양한 종류의 장난감도 가득하다. 토이저러스는 미국 체인점으로 우리나라에도 있는데 우리나라 매장에는 국산 제품과 수입 제품이 섞여 있다. 24개월 이하의 어린이 물품도 많지만 3~10세 어린이를 위한 장난감을 구매하기에 가장 좋은 곳이다. 난카이센 난바 역 남쪽에 위치한 난바 파크스 1층에 있어 대부분의 여행객이 쉽게 찾아갈 수 있다.

주소 大阪府大阪市浪速区難波中2丁目10-70 위치 난카이센 난바(難波) 역 남쪽 전화 06-6633-7050 시간 11:00~21:00 홈페이지 www.toysrus.co.jp

2세 미만의 유아용품

다양한 유아용품 쇼핑도 추천

나이가 어려 대소변을 가리지 못하고 피부가 민감한 유아가 사용할 용품을 살 때에도 주의할 점이 많다. 많은 사람들이 일본 대지진 이후 방사선 오염으로 인해 일본 제품을 구매하는 데 있어 많이 주저하는데 대부분이 공산품이기 때문에 걱정하지 않아도 된다. 유아용품 전문 매장으로는 혼마치 역의 아카창 혼포 アカチャンホンポ 와 베이비저러스(Babiesrus)가 있다. 베이비저러스보다는 아카창 혼포 제품의 가격이 더 저렴하고 다양하며 매장 구성도 체계적으로 잘 이루어져 있다. 유아용품 중 가장 선호하는 것이 기저귀인데 일본의 인기 기저귀인 메리즈와 쿤의 경우 한국 사람들의 구매 수량이 많아 재고에 따라 5팩까지만 구입할 수 있다. 그 밖에도 물티슈, 치발기, 젖병 등 소품도 가격이 저렴하고 유아용 옷과 카시트, 유모차까지 유아용 제품들이 다양하게 갖춰져 있으니 찬찬히 둘러보자.

아카창 혼포 アカチャンホンポ MAPECODE 02811

2세 이하의 어린아이를 둔 엄마나 예비 엄마들이 오사카를 찾으면 가장 먼저 달려가는 곳이다. 토이저러스가 3세 이상의 어린이를 위한 쇼핑 매장이라고 한다면 이곳은 영아를 위한 매장이다. 일본에서 판매하는 영아 물품들의 총 집합소이며 없는 게 없다. 환율 차이가 있어도 일본이 원산지인 제품들은 우리나라의 온라인이나 오프라인 매장에서 판매하는 것보다 저렴해서 아이 엄마들의 필수 쇼핑 코스 중 하나이다. 신사이바시 북쪽 상점가 끝에 위치한 아카창 혼포에는 기저귀, 젖병, 물수건, 빨대 등 필수품이 다양하고 고베의 하버 랜드에 위치한 지점에는 장난감이나 옷이 다양하다. 대부분 두 군데를 다 가지만 시간이 없다면 신사이바시 상점을 추천한다.

〈신사이바시점〉 주소 大阪府大阪市中央区南本町 3丁目 3-21 위치 미도스지센 혼마치(本町) 역 4번 출구에서 도보 5분. 신사이바시 상점가 북쪽 입구 바로 앞 전화 06-6251-0625 시간 10:00~19:00 홈페이지 www.akachan.jp

베이비저러스 Babiesrus MAPECODE 02812

베이비저러스는 토이저러스가 24개월 이하의 영아들을 대상으로 만든 브랜드이다. 아카창 혼포와 비슷하게 영아에 관해서는 모든 제품을 갖추고 있지만 특히 유모차나 장난감 등 중대형 물품들은 아카창 혼포보다 가격도 싸고 더 다양하다. 특히 유모차의 경우 아카창 혼포보다 제품의 종류가 다양하여 우리나라의 예비 엄마들이 이곳을 많이 찾고 있다. 다른 경쟁 상점들에 비해 접근성이 조금 떨어지고 아직 많이 알려져 있지 않지만 기회가 된다면 꼭 방문해 보자.

주소 大阪府大阪市鶴見区鶴見4-17-1-415 위치 지하철 나가호리쓰루미료쿠치(長堀鶴見地)센 이마후쿠쓰루미(今福鶴見)역에 하차. 3번 출구에서 도보 10분 전화 06-6912-6677 시간 10:00~20:00

오사카에서 맛보는 일본 요리 A to Z*

금강산도 식후경! 오사카 여행 중 빠질 수 없는 것이 먹는 즐거움이다. 하지만 일본어 메뉴를 몰라 고생하는 여행자가 적지 않다. 먹거리가 무궁무진한 오사카, 알고 가야 맛있는 음식도 먹을 수 있는 법! 오사카에 가면 꼭 먹어 봐야 할 일본 요리와 인기 음식이 뭐가 있는지 메뉴의 이름과 함께 알아보자.

초밥 すし 스시

신선한 초밥은 오사카 여행의 필수 코스

초밥이 빠지면 일본 여행을 다녀왔다고 말할 수 없을 정도로 초밥은 일본 여행에서 필수다. 초밥은 해물의 신선도가 생명인데 테이블 회전율이 빠른 가게일수록 신선하다. 한국 사람들은 회전 초밥집을 선호하는데 먹고 싶은 것을 골라 먹을 수 있고 일본어를 못해도 어려움이 없기 때문이다. 일본의 초밥집은 가게마다 가격이 천차만별이니 입구에서 가격을 먼저 확인하고 들어가자. 회전 초밥집에서도 먹고 싶은 음식을 따로 주문할 수 있다. 사진과 이름을 참고해 주문해 보자.

추천 간코 스시 p.110, 이치바 스시 p.118, p.172

문어 たこ 다코

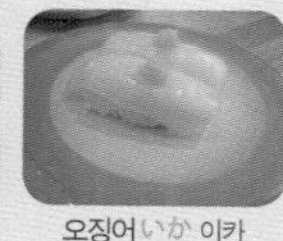
오징어 いか 이카

고등어 さば 사바

꽁치 さんま 산마

가리비 ほたてがい 호타테가이

새우 えび 에비

방어 ぶり 부리

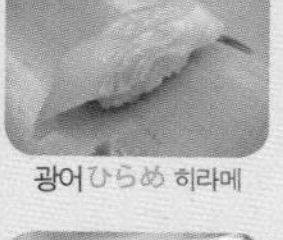
광어 ひらめ 히라메

성게 알 うに 우니

장어 うなぎ 우나기

오이김밥 かっぱ巻き 갓파마키

낫토김밥 納豆巻き 낫토마키

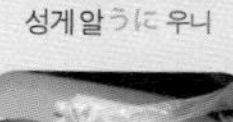

바닷장어 あなご 아나고

연어 サーモン 살몬

유부초밥 いなり 이나리

참치마요네즈김밥 つなまよ巻き 쓰나마요마키

달걀말이 たまご 다마고

참치 まぐろ 마구로

일본 면 요리

라멘, 우동 그리고 소바

일본의 가장 대표적인 면 요리로 라멘과 우동(가락국수), 그리고 소바(메밀국수)를 들 수 있다. 특히 오사카는 면 요리 전문점들이 많으므로 오사카 여행을 가기 전 면 요리에 대해 기초 지식을 갖고 출발하자. 일본 라멘은 돼지 뼈와 닭 뼈를 오랜 시간 고아 국물을 낸다. 돼지 누린내 때문에 입맛에 안 맞을 수도 있으니 평소 사골 국물을 싫어하는 사람이라면 주의하자.

우리나라에서 라면 하면 인스턴트 면과 스프를 떠올리지만 일본에서는 쫄깃쫄깃한 생면과 직접 끓인 육수를 사용한다. 라멘의 종류는 크게 국물 간을 소금으로 한 시오라멘塩ラーメン, 간장으로 한 소유라멘醤油ラーメン, 된장으로 한 미소라멘味噌ラーメン으로 나뉜다. 나가사키 짬뽕같은 얼큰한 라멘도 큰 인기다. 일본 라멘에 처음 도전한다면 비린내도 적고 깊은 국물 맛을 느낄 수 있는 시오라멘을 추천한다.

라멘의 생명이 국물이라면 우동의 생명은 면발이다. 그런데 먹어 보지 않고는 확인할 길이 없으니 가게 밖에서 잘 살펴보고 들어가야 한다. 우선 우동 면을 수타로 뽑는지, 국물을 직접 내는지 확인하는 것이 중요하다. 따뜻한 국물의 우동도 좋지만 카레 우동도 한국인들이 좋아하는 메뉴이니 참고하자.

소바는 육수와 면발 모두 중요하다. 냉소바와 온소바로 나눌 수 있는데 둘 다 어떤 재료를 넣고 육수를 끓이느냐에 따라 맛의 깊이와 육수의 빛깔이 결정된다. 면은 수타로 만든 것이 더 쫄깃하다. 냉소바의 면은 우리에게도 익숙한 쫄깃한 맛이지만 온소바는 따뜻한 국물 때문에 면이 다소 텁텁하게 느껴질 수 있다.

추천 긴류 라멘 p.124, 미요시야 p.173

디저트

여행의 활력소가 되는 맛있는 디저트

여행하다 힘들 때 달콤한 디저트를 먹으면 여행의 활력을 얻을 수 있다. 신사이바시-난바 쇼핑 거리를 여행하다 보면 인기 치즈케이크 가게 앞으로 긴 줄을 서 있는 것을 볼 수 있다. 일본 사람들은 달고 부드러운 스펀지 치즈케이크를 좋아하므로 꼭 맛을 보도록 하자. 백화점 지하 베이커리에는 크림빵, 카레빵, 푸딩 등 간단하게 먹을 수 있는 맛 좋은 디저트가 많다. 최근 홍대나 대학로에서 볼 수 있는 일본식 팥빙수인 안미츠 あんみつ는 시원한 맛뿐 아니라 각종 과일의 달콤함을 느낄 수 있어 여름철 디저트로는 최고라 할 수 있다.

추천 크레페 오지산 p.106, 파블로 p.106

일본 전통 간식

배가 출출할 땐 군것질이 최고

우리나라에도 이미 소개가 되어 있는 일본 고유의 간식거리를 현지에서 먹으면 맛이 배가 된다. 여행 도중 군것질 거리로 훌륭한 일본 전통 간식을 먹는 것도 여행의 큰 묘미이다. 가장 대표적인 전통 간식으로는 다코야키를 들 수 있는데 오사카의 도톤보리에 가서 다코야키를 먹지 않았다면 어디 가서 오사카를 다녀왔다고 말해서는 안 될 정도로 대중적인 먹거리이다. 오코노미야키나 야키소바 등은 전문 음식점들이 있어 가게에 따라 가격이 천차만별이다. 오코노미야키의 맛은 들어가는 재료에 따라서도 달라지지만 그 두께와 속이 잘 익은 정도에 따라 많이 다르다. 자칫 재료들이 너무 많이 들어가 두꺼워지면 속이 잘 안 익고 겉이 타는 경우가 있다. 군것질을 하고 길거리를 걸으며 일본에서만 맛볼 수 있는 라무네를 하나 사서 먹어 보자. 밋밋한 맛이긴 하지만 기름기 있는 음식과는 궁합이 잘 맞는다.

추천 다코야키 조하치반 도톤보리점 p.123, 미즈노 p.177

다코야키(문어가 들어간 빵) たこ焼き 다코야키

오코노미야키(일본식빈대떡) お好み焼き 오코노미야키

닭꼬치 鳥焼き 도리야키

볶음 메밀국수 やきそば 야키소바

볶음 우동 焼きうどん 야키우동

몬자야키 もんじゃ焼き 몬자야키

라무네 ラムネ 라무네

일본식 패스트푸드

간단하고 저렴하게 즐기는 체인 패스트푸드

여행 중 시간이 많지 않거나 경비가 적을 때 먹을 수 있는 패스트푸드로는 규동과 가쓰동, 그리고 햄버거를 들 수 있다.

규동은 소고기를 소스에 볶아 밥 위에 올린 음식으로 부담 없는 한 끼를 즐기고 싶을 때 더없이 좋다. 광우병이 한창일 때는 소고기 대신 돼지고기로 만든 부타돈이 인기였지만 한국인들은 담백한 규동을 더 선호한다. 대표적인 음식점으로 요시노야와 마쓰야가 있는데 맛은 요시노야가 조금 낫지만 일본어를 잘 모르는 여행객들이 주문하기에는 힘들 수 있다. 마쓰야는 티켓머신을 사용하므로 일본어를 몰라도 그림을 보고 선택하면 되기 때문에 편리하다. 밥 양을 조절할 수 있고 고기, 계란, 김치를 추가로 구매할 수 있다. 고기의 양도 많으며 미소국도 무료로 제공된다.

규동과 더불어 대표 음식인 가쓰동은 여행지 어디서나 쉽게 접할 수 있는 음식이다. 하지만 조리 방법과 재료에 따라 맛의 차이가 많아 미리 알아보고 가는 것이 좋다. 가쓰동은 밥 위에 기름으로 볶은 양파와 돈가스를 올리고 그 위에 달걀을 부어 먹는 음식으로 돈가스의 육질이 음식 맛을 좌우한다. 가쓰동을 플라스틱 그릇에 내오면 저렴하거나 맛이 좀 떨어지는 곳이고 사기 그릇이나 양철 냄비를 사용하는 가게가 믿을 만하다. 돈가스가 형편 없으면 팥소 없는 찐빵이나 다름없으니 웬만하면 이름 있는 가게이거나 대기 인원이 많은 가게로 들어가자. 가게 밖이나 메뉴판에 있는 돈가스 사진으로 두께를 확인하는 것도 한 방법이다.

햄버거는 어디서나 쉽게 볼 수 있는 패스트푸드로 맥도널드, 롯데리아, 버거킹 등 서양 브랜드들이 주를 이루는데 일본 브랜드 모스버거는 가격은 조금 비싸지만 관광객들에게 추천한다. 햄버거에 들어가는 토핑을 원하는 대로 고를 수 있고 양 조절도 가능하며 재료가 신선하여 현지인들에게도 인기가 좋은 햄버거 가게이다.

힘들고 지칠 때 그냥 숙소에서 식사를 해결하고 싶을 때는 백화점 지하나 역사 내에 있는 도시락 집에서 일본식 도시락을 구매하여 손쉽게 한 끼를 해결하도록 하자. 도시락이라고 하지만 가격이 좀 비싼 편이며 저렴한 도시락을 구매하려면 편의점을 이용하면 된다.

소고기 덮밥 牛丼 규동

돼지고기 덮밥 豚丼 부타돈

돈가스 덮밥 カツ丼 가쓰동

도시락 べんとう 벤토

모스버거(일본 프랜차이즈)
モスバーガー 모스바가

일본 술 日本酒 니혼슈

여행 후 저녁에 마시는 시원한 맥주 한잔은 여행의 고단함을 깨끗이 날려 버릴 것이다. 처음 일본에 방문하는 사람은 병맥주보다는 생맥주를 마셔 보길 권한다. 술을 잘 못 마시는 사람은 과일 향이 나면서 도수가 낮은 츄하이가 좋고 일본 술에 대해 더 깊이 알고 싶다면 일본식 발포주인 핫포슈나 일반 니혼슈(일본술)를 마셔 보자. 일본 술도 좋은 것은 가격이 만만치 않다.

맥주 ビール 비루

생맥주 なまビール 나마비루

츄하이(과일맛 탄산주) チューハイ

발포주 發泡酒 핫포슈

달달한 오사카의 맛 디저트 열전*

오사카 여행을 하면서 가장 중점을 두는 것이 먹거리인데 맛있는 식사를 한 후 가장 먼저 생각나는 것이 달콤한 디저트이다. 난바-신사이바시를 중심으로 많은 먹거리들이 포진하고 있는데 어떤 디저트를 골라 먹을지 참고하도록 하자.

치즈케이크 대결

파블로 PABLO VS 리쿠로 오지산 りくろーおじさん

신사이바시 상점가에 위치한 파블로는 매장이 오픈 키친으로 만들어지는 과정을 볼 수 있어 줄을 길게 서도 심심하지가 않다. 치즈케이크 타르트 위에 달콤한 파블로만의 로고 장식까지 있어 비주얼도 먹음직스럽다. 난카이도리 입구에 위치했던 오지산은 에비스바시 난바 방향으로 확장 이전을 하였다. 보기에는 평범하지만 아주 부드러운 치즈케이크로, 이 일대에 가장 인기 있는 디저트로 자리 잡은 지 오래다. 여자들은 부드러운 맛의 오지산을 선호하며 파블로는 남자들이 더 선호한다는 것이 특징이다. 가게 오픈 시간에 맞추면 긴 줄을 서지 않고 구매할 수 있으니 서둘러 움직여 보자.

대기만성형 디저트 강자

홉 슈크림 돌핀ほっぷしゅうくりーむドルフィン VS
크레페 오지산りくろーおじさん

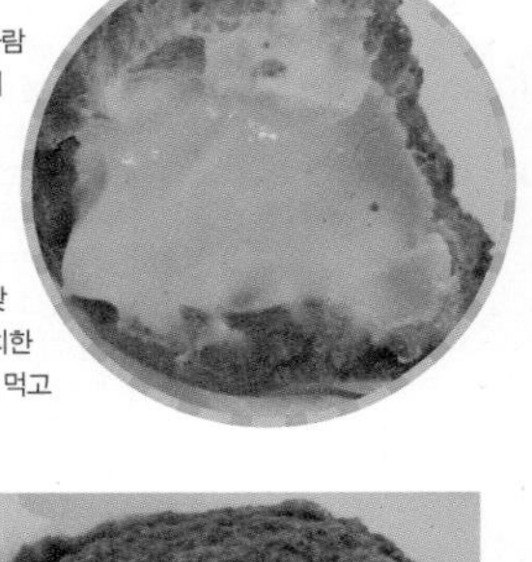

처음에는 이 지역에서 인기를 얻지 못했지만 점점 많은 사람들이 겉은 바삭바삭하고 안에는 부드럽고 달콤한 슈크림이 들어간 홉 슈크림을 찾고 있다. 신사이바시 북쪽 상점가와 에비스바시 난바 쪽에 위치하고 있는데 북쪽에 위치한 매장이 줄을 길게 서지 않아도 된다. 오지산의 두 번째 야심작인 크레페 오지산은 얇은 전병 위에 슈크림과 과일, 과자 등의 토핑을 넣어 만든 것으로 종류가 다양하여 입맛에 맞게 골라 먹는 재미가 있다. 신사이바시 남쪽 상점가에 위치한 크레페 오지산은 줄을 길게 서야 하는데 달콤한 디저트를 먹고 싶다면 이런 고생 쯤이야!

편의점의 디저트

로손, 패밀리마트, 세븐일레븐, 미니스톱, 썬쿠스, 써클K

대부분의 한국 관광객들이 하루 일정을 마치고 숙소로 돌아가는 길에 편의점을 들르게 된다. 보통은 호텔에서 가까운 편의점에 가는데 각 편의점마다 판매하는 먹거리가 달라서 오사카를 자주 가는 사람들은 먹거리 종류에 따라 편의점을 선택한다.

난바-신사이바시를 중심으로 가장 눈에 많이 띄는 매장은 패밀리마트이지만 특별히 맛있는 디저트는 없다. 로손은 베이커리 제품들이 가장 눈에 띄는데 특히 몽슈슈의 도지마롤을 연상시키는 크림 듬뿍 롤케이크가 인기가 좋다. 세븐일레븐은 달콤한 디저트보다는 따뜻한 국물의 어묵을 판매하고 있어 늦은 시간 요기를 하기가 좋고 미니스톱은 달콤한 도토루 화이트 코코아를 판매하고 있어 그 맛을 아는 사람들은 이곳만 찾는다. 하지만 매장 수가 너무 적어 찾기 힘들다는 것이 단점이다. 썬쿠스와 써클K의 경우 특별한 장점은 없지만 숙소 가까이 있고 컵라면이나 과자 같은 인스턴트 제품을 구매하려면 들러 보자.

체인 커피 전문점

스타벅스 Starbucks VS 엑셀시오르 EXCELSIOR

커피 전문점의 전통 강자 스타벅스는 가장 유동 인구가 많은 도톤보리 중앙에 위치하고 있어 기본적으로 항상 북적이는 곳이다. 물가를 비교했을 때 우리나라보다 오히려 더 싸게 느껴져 관광객들에게는 가장 대중적인 커피 전문점이라 할 수 있다. 스타벅스의 인기에 도전장을 낸 커피 전문점이 있으니 도토루의 야심작인 엑셀시오르 카페이다. 커피의 가격도 저렴하지만 이곳에서 판매하는 파니니(PANINI)의 인기가 좋아 가벼운 아침 식사를 하러 찾는 사람들이 많아졌다. 호텔 조식을 신청하지 않았는데 모닝커피에 가벼운 샌드위치를 먹고 싶다면 엑셀시오르를 이용해 보자.

도톤보리 다코야키

전통적인 맛의 계보를 따르는 다코야키 전문점 5곳

오사카를 여행하는 관광객에게 빼놓을 수 없는 먹거리인 다코야키는 인기 매장들 대부분이 도톤보리에 밀집해 있다. 맛의 차이는 크지 않지만 전통적으로 맛의 계보가 이어진 다코야키 전문점 5곳이 있어 다코야키를 많이 먹어본 사람들은 조금씩 그 차이를 느낄 수 있다. 다코이에 도톤보리 쿠쿠루는 도톤보리 메인 거리의 서쪽에 위치하고 있는데 상대적으로 유동 인구가 적어 줄이 길지 않다. 도톤보리 고나몬과 아카오니 다코야키는 나름 매장의 인테리어나 외관 비주얼에 신경을 썼는데 맛은 평범하다. 도톤보리에서 가장 큰 매장을 운영하며 줄도 가장 많이 서는 곳이 다코야키 크레오루인데 이곳은 규모도 대형이지만 다코야키 위에 올라가는 소스의 메뉴도 다양하여 많은 사람들이 선호하는 곳이다. 과거 다코야키만의 맛으로 승부를 건 다코야키 조하치반은 매장은 작지만 도톤보리 다코야키 계보의 형님 격이다. 토핑과 소스가 전혀 올라가지 않은 기본으로만 승부를 겨룬다면 아직까지도 이곳의 맛이 더 뛰어나다고 할 수 있다.

오사카에서 가볍게 술 한잔*

맛있는 음식을 먹고 멋진 야경을 보고 다양한 쇼핑을 하면서 여행 일정을 소화하고 나면 대부분의 사람들은 친구 혹은 연인과 술 한잔을 나누면서 즐거운 하루를 마무리하는 시간을 갖고 싶어 한다. 오사카의 전철역 주변 어디를 가더라도 많은 술집을 볼 수 있는데 어느 곳에 즐겁게 술 한잔을 기울일 수 있는 술집은 어떤 곳이 있는지, 주의할 점은 없는지 알아보자.

간단한 야끼도리 선술집

꼬치 안주와 함께 따뜻한 사케 한잔

난바 역부터 시작되는 센니치마에千日前와 난카이도리南海通에 가면 닭꼬치焼き鳥, 닭날개 手羽先串, 염통心臓, 마늘꼬치ニンニク串 등을 판매하는데 이런 간단한 꼬치 안주와 함께 시원한 맥주나 따뜻한 사케를 판매하는 작은 선술집들을 쉽게 볼 수 있다. 대부분 규모가 작고 테이블이 10개 미만이며 외부에 자리가 있는 경우가 있어 상쾌하게 술을 마실 수 있다. 보통 의자는 없고 테이블만 있는 경우가 많아 서서 마셔야 하지만 이것 또한 일본에서만 즐길 수 있는 것이다. 간단하게 술 한잔 하기에는 가격도 적당하고 오사카의 서민적인 냄새가 물씬 풍겨 일본 여행의 또 다른 추억을 남길 수 있다. 자칫 과하게 마시거나 안주를 무턱대고 많이 시킨다면 무거운 계산서를 받게 될 것이다. 여행을 마치고 가볍게 맥주 한잔이 생각난다면 방문해 보자.

저렴한 체인 이자카야

편하고 안락하게 즐기는 술집

한국 관광객들이 많이 찾는 대중적이고 저렴한 체인 이자카야는 저렴한 비용에 다양한 안주를 즐길 수 있어 인기가 높다. 와라와라笑笑, 와타미和民, 우오타미魚民, 시로키야白木屋 등이 대표적이다. 와라와라는 대체로 안주가 저렴하고 와타미는 다양한 꼬치구이가 인기 메뉴이다. 우오타미는 해산물이나 회가 대표적인 안주이고 시로키야는 세트 메뉴가 고객들에게 인기가 좋다. 이들 체인 이자카야는 상대적으로 다른 이자카야에 비해 가격이 저렴하지만 양이 다소 적다는 것이 흠이다. 하지만 다양하게 맛있는 안주를 맛볼 수 있으므로 친구들과 함께하는 자리라면 편하고 안락하게 술 한 잔 할 수 있는 이자카야를 추천한다.

おいでやす

와라와라 笑笑

술값과 안주값이 매우 저렴하여 여행객에게는 가장 안성맞춤인 곳이다. 안주는 100엔 정도부터 시작하며 종류도 셀 수 없이 많다. 하지만 가격이 저렴한 만큼 양이 적다는 것을 잊지 말자. 주문할 때에는 지점마다 차이가 있지만 대부분 각 테이블에 주문용 기계가 있다. 영어나 한글로도 표기가 되어 있어 주문을 하는 데 어려움이 없다.

위치 도톤보리 거리, 빗쿠리 돈키 옆 건물 8층

와타미 和民

와라와라와 비슷한 가격대의 저렴한 대중 술집으로 꼬치구이가 맛있다. 가게마다 차이가 있지만 노미호다이를 주문했을 때 가장 음식이 잘 나온다. 노미호다이는 일정 요금을 내고 일정 시간 동안 가게에서 판매하는 모든 음료를 무료로 이용할 수 있는 서비스다. 대부분 1시간 30분의 시간이 주어지며 5~7가지 정도의 안주가 나온다. 가격은 점포에 따라 다르지만 가장 저렴한 곳이 1인당 2,500엔 정도이다. 자신의 주량에 따라 신중히 선택하도록 하자.

위치 난카이도리 입구 스타벅스 부근 홈페이지 www.watami.co.jp

우오타미 魚民

저렴하지는 않지만 해산물을 주 메뉴로 술을 마시려는 사람에게 좋은 곳이다. 다양한 메뉴가 준비되어 있는데 주 메뉴는 해산물과 생선 요리이다. 실내 인테리어도 조금은 고급스럽고 일본식 다다미 방을 갖춘 매장도 있다. 특선 메뉴의 경우 가격이 상당히 높다는 것을 참고하자.

위치 한큐 우메다 역에서 100m 이내

시로키야 白木屋

와라와라와 비슷한 가격대의 대중 술집으로 실내 인테리어가 모던하고 깨끗해서 여자들이 즐겨 찾는다. 메뉴의 종류도 다양하고 세트 메뉴가 잘 정리되어 있다. 최근 인기가 높아져 점포의 숫자가 눈에 띄게 늘어났다.

위치 난카이도리와 센니치마에가 만나는 지점

고급 일본 주점

분위기 좋고 조용한 고급 술집

고층 빌딩의 레스토랑 존이나 대형 백화점 또는 대형 쇼핑몰에 자리 잡고 있는 고급 일본 주점들은 안주도 고가이거니와 술 가격도 만만치 않게 비싸다. 물론 전문적인 음식점이 대부분이어서 안주의 질과 맛은 뛰어나지만 가격이 다소 비싸다. 중요한 약속이나 접대가 있는 특별한 날에는 대중적인 이자카야보다 분위기 좋고 조용한 고급 일본 주점을 이용하는 것도 괜찮다.

클럽에서 술한잔

금요일 밤의 클럽 열기 속에서 즐기는 한잔

오사카를 방문한 관광객들이 가장 많이 찾는 장소는 신사이바시와 난바 사이의 쇼핑 거리일 것이다. 이 주변으로 많은 클럽들이 성행을 하고 있는데 웬만한 여행객이나 일본어를 잘 모르는 사람들은 찾기 쉽지 않다. 도톤보리 근처의 돈키호테 상점 옆에 위치한 지라프(GIRAFFE) 클럽이나 나가호리바시 역에 위치한 G2 클럽을 추천한다. 저녁이 되면 젊은 사람들이 줄을 길게 서고 입장 대기를 하는 모습을 볼 수 있으며 특히 금요일에는 더욱 붐빈다. 클럽에 갈 때 언어 소통 문제를 걱정하는 사람들이 많은데 클럽은 수다를 떨러 가는 곳이 아니니 과감하게 도전해 보자!

분위기 좋은 와인바

분위기 좋고 조용한 고급 술집

와인은 우리나라보다 일본에서 좀 더 대중적이고 가격도 저렴하여 쉽게 접할 수 있다. 물론 분위기 좋은 호텔이나 레스토랑에서는 상당한 비용이 들겠지만 신사이바시 일대와 난바 지역이나 주요 지하철역 주변 상권에 위치한 와인 바는 가격이 생각보다는 비싸지 않아 다양하게 와인을 접할 수 있다. 이런 곳들은 낮에는 주로 커피나 차, 디저트를 판매하고 저녁에는 와인을 주로 판매하고 있다. 낮에 카페로 운영되어 인테리어도 대부분 모던하고 차분하다. 분위기도 조용하여 데이트를 하기에 안성맞춤이므로 특별한 날에 이용하자.

호객행위 조심

술집이 많은 거리를 거닐다 보면 호객 행위를 하는 장면을 자주 마주치는데 단순히 전단지를 나누어 주는 것은 괜찮지만 술집으로 직접 유도하는 경우는 따라가지 않는 것이 좋다. 대부분 일본어를 잘 하지 못하는 한국 관광객을 상대로 하며 관광객 또한 편하게 호객꾼을 따라가는 경우가 많은데 이럴 때 자칫 엄청난 바가지를 쓸 수 있으므로 조심해야 한다. 메뉴판의 가격도 높을 뿐 아니라 자릿세 명목으로 인당 기본 비용을 나중에 계산할 때 붙이는 방법을 사용하여 바가지를 씌운다. 따라서 호객꾼을 따라가는 것을 절대 삼가고 사전에 알아본 술집으로 직행하는 것이 기분도 깔끔하고 비용도 줄일 수 있는 최고의 방법이다.

아이와 함께하는 오사카 여행*

어린 자녀와 오사카 여행을 한다면 유니버설 스튜디오 재팬이나 나라의 사슴 공원 정도를 계획하고 그 외에는 대부분 도심에서 시간을 보내기 마련이다. 특히 미취학 아동을 동반하는 경우에는 여행 스케줄을 계획할 때 더욱더 고민하게 된다. 아이와 함께 조금 더 특별한 오사카 여행을 즐기고 싶다면 여기서 그 고민을 모두 해결하자.

키즈 플라자 キッズプラザ

어린이를 위한 일본 최초의 박물관 MAPECODE 02813

1997년 7월 일본 최초로 어린이를 위한 박물관인 키즈 플라자가 오사카 텐마 지역에 오픈했다. 이곳은 아이들이 뛰어놀 수 있는 공간뿐만 아니라 과학, 음악, 체육, 그림, 방송 등의 다양한 프로그램을 체험할 수 있다. 언어를 모르는 아이도 쉽게 활동할 수 있게 시설이 되어 있으며, 편의 시설도 완비되어 있어 3~4시간 정도는 아이와 즐겁게 지낼 수 있는 곳이다.

주소 大阪府大阪市北区扇町 2丁目1-7 위치 사카이스지선(堺筋線) 오기마치(扇町) 역 2-B 출구 바로 앞 전화 06-6311-6601 시간 09:30~17:00 요금 고등학생 이상 1,400엔, 초등학생 이상 800엔, 3세 이상 500엔 홈페이지 www.kidsplaza.or.jp

라라포트 엑스포 시티 LaLaPort エキスポシティ

즐길 거리가 많은 복합 테마파크 MAPECODE 02814

1970년 오사카 엑스포 이후 넓은 부지를 이용하여 수족관, 영상 체험관, 잉글리시 빌리지(Osaka English Village), 엔터테인먼트 필드(Entertainment Field), 쇼핑몰까지 갖춘 복합 테마파크로 거듭났다. 오사카의 북쪽에 있어 관광객이 가기에는 다소 거리가 있지만, 레스토랑도 잘 갖춰져 있고 즐길 것이 많아 하루 일정이 짧게 느껴지는 곳이다. 특히 아이와 함께 놀 거리가 풍부한데, 가이유칸에서 오픈한 니후레루(NIFREL)는 바다 생물을 감상할 수 있는 체험형 수족관으로 인기 있다. 또한 엔터테인먼트 필드는 영국의 애니메이션 '숀더쉽'을 테마로한 실내 놀이터이고, 오사카 잉글리시 빌리지는 일본 최초의 체험형 영어 교육 시설로 실내에 꾸며진 미국 마을을 돌면서 아이와 함께 영어 공부를 할 수 있다. 그 밖에도 VR 체험장, 동물과 함께하는 애니멀 월드 등이 있으니 아이와 꼭 함께 라라포트 엑스포 시티를 방문해 보자.

주소 大阪府吹田市千里万博公園2-1 위치 JR 오사카 모노레일 반파쿠키넨코엔(万博記念公園) 역에서 도보 2분 전화 06-6170-5590 시간 일반 매장 10:00~21:00, 레스토랑 11:00~22:00, 시설별 운영 시간은 홈페이지 참고 요금 **니후레루** 고등학생 이상 1,900엔, 초등학생 이상 1,000엔, 3세 이상 600엔 **잉글리시 빌리지** 입장료 500엔, 1회 레슨 1,000엔, 3회 레슨 2,200엔, 5회 레슨 3,500엔, 10회 레슨 6,700엔 **마루미에 플라자** 초등학생 이상 1,200엔, 4세 이상 600엔 **애니멀 월드**(アニマルワールド) 중학생 이상 1,000엔, 4세 이상 600엔 홈페이지 mitsui-shopping-park.com/lalaport/expocity

고베 애니멀 킹덤 神戸どうぶつ王国

동물과 교감할 수 있는 체험형 동물원 MAPECODE 02815

동물을 직접 만지고 먹이도 줄 수 있는 애니멀 킹덤은 체험형 동물원으로 아이와 여행하기 좋은 곳이다. 우리나라의 실내 동물원의 확장판이라고 생각하면 된다. 일반적으로 체험하기 힘든 원숭이도 쉽게 만질 수 있고 새들의 쇼도 감상할 수 있다. 또한 늑대가 식사하는 모습을 안전유리를 통해 가까이서 볼 수 있고, 가까이에서 귀여운 펭귄을 볼 수 있다는 점도 이색적이다.

주소 神戸市中央区港島南町7-1-9 위치 포트 아일랜드선 게이컴퓨터마에(京コンピュータ前) 역 남쪽 출구 바로 앞 전화 078-302-8899 시간 평일 10:00~17:00, 토~일, 공휴일 10:00~17:30 / 12월~2월까지는 영업 종료 시간 30분 단축 요금 중학생 이상 1,800엔, 초등학생 이상 1,000엔, 4세 이상 300엔, 65세 이상 1,300엔 홈페이지 www.kobe-oukoku.com

오사카 라면 박물관 カップヌードルミュージアム

내 손으로 컵라면을 만들어 볼 수 있는 곳 MAPECODE 02816

'일본의 인스턴트 라면 박물관을 왜 아이들과 함께 가야 할까?'라는 생각이 들 수 있지만, 이곳은 단순한 전시 공간이 아니라 아이를 위한 체험 공간이 있어 아이와 여행하기 좋은 곳이다. 이곳은 일본의 인기 라면 회사인 니신(NISSIN)의 역사를 한눈에 볼 수 있는 기념관과 더불어 아이들도 먹을 수 있는 작은 컵라면을 만들 수 있다. 또한 컵라면의 포장을 꾸미고 컵라면이 만들어지는 과정을 아이들이 볼 수 있어 아이들과 색다른 경험을 할 수 있다. 아이들이 손수 그린 컵라면을 기념품으로 가져갈 수 있으니 재미있는 체험을 함께 해보도록 하자.

주소 大阪府池田市満寿美町8-25 위치 한큐다카라즈카본선(阪急寶塚本線) 이케다(池田) 역 서쪽 출구에서 도보 7분 전화 072-752-3484 시간 09:30~16:30 / 마지막 입장은 15:30까지 요금 일반 관람은 무료, 개인 컵라면 만들기는 개당 300엔 홈페이지 www.cupnoodles-museum.jp/ja/osaka_ikeda

오사카가이유칸 大阪海遊館

초대형 규모의 해양 박물관 MAPECODE 02817

일본에서 두 번째로 큰 수족관인 가이유칸은 깊이 9m, 넓이 34m에 물 5,400t인 초대형 규모로 태평양의 수많은 생물을 한 번에 볼 수 있다. 14개의 전시 수조에 580종, 약 4만 마리의 해양 생물을 볼 수 있어 아이들 교육장으로도 더없이 좋다. 입구로 들어가면 에스컬레이터나 엘리베이터를 타고 초대형 수조를 중심으로 나선형으로 돌아 내려오면서 관람할 수 있다. 계단이 없어 유모차 이동이 편리하고 아이들이 이동하기 좋다.

주소 大阪府大阪市港区海岸通1-1-10 위치 주오센(中央線) 오사카코(大阪港) 역 1번 출구에서 도보 5분 전화 06-6576-5501 시간 10:00~20:00 / 계절마다 오픈 시간이 바뀔 수 있으니 홈페이지 참고 요금 고등학생 이상 2,300엔, 중학생·초등학생 1,200엔, 유아(4세 이상) 600엔, 60세 이상 2,000엔 홈페이지 www.kaiyukan.com

고베 호빵맨 박물관 神戸アンパンマンミュージアム

호빵맨을 테마로한 어린이 박물관 MAPECODE 02818

고베의 인기 쇼핑몰인 모자이크 2층에는 호빵맨 박물관이 있다. 이곳은 호빵맨을 메인으로 여러 가지 테마가 있는 곳으로 어린이 놀이터도 갖추고 있다. 호빵맨과 함께 사진을 찍을 수 있는 호빵맨 키친과 오락실 그리고 호빵맨처럼 망토를 걸치고 투어를 할 수 있는 프로그램도 있다. 놀이터는 입장권을 한 번 구입하면 당일 재입장이 가능하므로 모자이크에서 식사와 쇼핑을 즐기면서 아이와 함께 즐거운 시간을 보내기 좋다.

주소 兵庫県神戸市中央区東川崎町1-6-2 위치 고베 모자이크 2층 가장 안쪽 전화 078-341-8855 시간 박물관 10:00~18:00, 상점 10:00~19:00 요금 12개월 이상 1,800엔 홈페이지 www.kobe-anpanman.jp

오사카 시립 자연사 박물관 大阪市立自然史博物館

나가이 공원 내에 있는 자연사 박물관 MAPECODE 02819

나가이 공원長居公園 안에 있는 오사카 시립 자연사 박물관은 입구에서 공부할 간단한 교재(스탬프 찍기)를 받아서 공룡 화석관, 자수정관, 식물관 등을 둘러볼 수 있다. 때문에 가볍게 아이들과 실내 박물관을 구경하고 공원에서 뛰어노는 여행 일정을 짜는 것이 좋다. 관광지와는 조금의 거리는 있지만 난바 역에서 도스지선御堂筋線을 탑승하면 여섯 정거장이면 도착하므로 어렵지 않게 이동할 수 있다.

주소 大阪府大阪市東住吉区長居公園 1－2 3 위치 미도스지선 나가이 역(長居駅) 1번 출구에서 도보 10분 전화 06-6697-6221 시간 3~10월 09:30~17:00, 11~2월 09:30~16:30 / 월요일 휴관 요금 어른 300엔, 고등학생・대학생 200엔, 중학생 이하 무료 홈페이지 www.mus-nh.city.osaka.jp

유니버설 스튜디오 재팬-원더랜드 USJ-Wonderland

아이들에게 최적화된 놀이 시설 MAPECODE 02820

환상의 테마파크인 유니버설 스튜디오 재팬의 어린이를 위한 테마 타운인 원더랜드 에어리어는 아이들에게 최적화된 놀이 시설을 갖추고 있다. 스누피 스튜디오와 키티와 기념사진을 찍을 수 있는 헬로키티 패션 에비뉴, 아이들이 즐겁게 뛰어놀 수 있는 놀이터를 갖추고 있는 세서미 스트리트 펀 월드 등의 아이들과 함께할 수 있는 콘텐츠가 있다. 원더랜드에서만 볼 수 있는 퍼레이드도 관람할 수 있고 중간중간 인기 캐릭터들과 사진을 찍을 수 있는 행사가 있으니 아이들과 잊지 못할 시간을 가져 보자.

주소 大阪府大阪市此花区桜島 2丁目 1－33 위치 JR 유메사키선(ゆめ咲線) 유니버설 시티 역(ユニバーサルシティ駅)에서 도보 3분 전화 570-200-606 시간 08:30~22:00 / 계절과 요일 그리고 축제에 따라 오픈 시간이 바뀔 수 있음 홈페이지 참고 홈페이지 www.usj.co.jp

요금

자유이용권	소인(4~11세)	일반(12~64세)	경로자(65세~)
1일	5,100엔	7,400엔	6,700엔
2일	9,000엔	13,400엔	

※ 입장일에 따라 요금이 바뀔 수 있으니 홈페이지 참고

여행 정보

여행 준비
한국 출국 수속
일본 입국 수속
일본 출국 수속
한국 입국 수속

여권 만들기

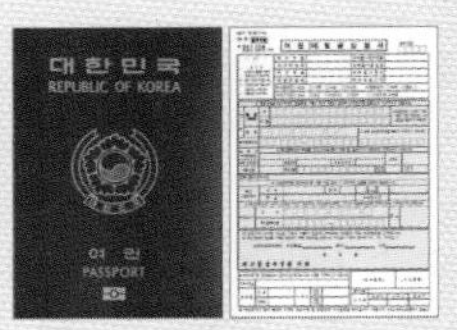

여권은 해외여행 시 여행국에 여행자의 신분과 국적을 증명하고, 보호를 의뢰하는 문서이다. 여권이 없으면 외국 어느 나라도 출입이 불가하다. 분실하거나 파손되었을 경우 본인이 직접 영사관에 방문하여야 재발급받을 수 있다.
단수 여권과 복수 여권이 있는데, 단수 여권은 유효 기한이 1년이고 1회 사용 시 효력이 상실된다. 복수 여권은 사용 기한이 5년 또는 10년으로 횟수 제한 없이 사용할 수 있다.
우리나라의 경우 현재 전자 여권을 발급하고 있으며, 전에는 여행사를 통해 발급 의뢰할 수가 있었지만 지금은 본인이 직접 방문해야만 가능하다. 단, 질병이나 장애가 있는 경우에는 대리인 접수가 가능하다. 외교부가 지정한 시청, 구청, 도청에서 여권을 발급하고 있으며 발급에 소요되는 시간은 각각 신청 조건에 따른 차이가 있지만 보통 3일에서 5일 정도 소요된다. 휴가철이나 명절 전에는 약 5일에서 7일 정도 소요되고 인터넷을 통한 사전 예약이 가능하다. 여권 발급에 필요한 서류 및 발급 비용에 관련한 자세한 사항은 www.passport.go.kr에서 확인이 가능하다.

비자 발급

오사카는 방문 기간이 90일 이내일 경우 비자 발급을 하지 않아도 된다.(2006년 3월부터 시행) 단, 90일 이상의 장기 여행, 학업이나 취업 활동을 목적으로 하는 경우에는 사전에 입국 목적에 맞는 비자를 주한 일본 대사관을 통해 발급받아야만 한다. 비자에 관련한 자세한 사항은 주 대한민국 일본 대사관 홈페이지(www.kr.emb-japan.go.jp)에서 확인 가능하다.

여행 정보 수집

여행하려는 국가와 지역을 정했더라도 어떻게 여행할 것인지, 무엇을 먹을 것인지, 잠은 어디서 잘 것인지에 대한 고민을 많이 하게 된다. 멋진 오사카 여행을 계획하려면 여러 여행 정보를 참고해야 한다. 여행 정보를 습득하기 위한 여러 가지 방법이 있는데, 가장 중요한 것은 다녀온 사람에게 물어보는 것이다. 주변에 오사카 여행을 다녀온 사람이 없다면, 온라인 커뮤니티 카페, 여행 블로그, 여행 정보 사이트를 통해 필요한 정보를 알아보자. 여행사와 일본정부관광국(JNTO)을 통해 정보를 얻는 것도 좋은 방법이다. 이렇게 정보를 얻을 수 있는 곳은 다양하다. 무엇보다 꼭 필요한 정보만 쏙쏙 골라 자세하게 안내해 주는 《ENJOY 오사카》를 활용하면 시간을 절약할 수 있을 것이다.

여행 정보 수집에 유용한 사이트

1. cafe.naver.com/jpnstory 카페 네일동(네이버 일본 여행 동호회)
2. www.welcometojapan.or.kr JNTO(일본 정부 관광국)

☞ 여행 일정 짜기

오사카뿐만 아니라 주변 도시 교토, 고베, 나라까지 여행 일정에 넣으려면 많은 고민이 생긴다. 2박 3일의 짧은 일정이라면 오사카에 중점을 둬야 하고, 3박 4일 이상의 일정이라면 오사카 근교 도시를 추가할 수 있다. 또한 묵게 될 숙소를 중심으로 동선을 잡아야 시간 낭비 없이 알찬 일정을 만들 수 있다. 이 책의 추천 코스를 활용하는 것도 좋은 방법이다. 아래의 고려 사항을 참고하여 나만의 일정을 계획해 보자.

1. 나의 여행 기간은?
2. 숙소 선택은 어느 지역이 좋을까? (교통 중심지, 여행지 이동의 중간 지역, 공항 이동이 편리한 곳, 볼거리가 많은 지역 위주로 선택)
3. 교토, 고베, 나라 등을 여행 일정에 넣을 것인가? (이동 시간 및 여행 시간 파악)
4. 최적의 이동 거리와 교통편은 무엇인가?
5. 관광지의 관람 시간 및 비용은 어느 정도 될까?

☞ 항공권 구매

오사카 여행을 준비할 때 가장 고민되는 것 중 하나가 항공권 구매다. 가격도 천차만별이고, 출국 시간과 귀국 시간이 모두 다르기 때문이다. 오사카로 취항하는 항공사는 대한항공, 아시아나 항공, JAL 항공, ANA 항공 외에도 국내 저비용 항공사(LCC)인 제주항공과 이스타 항공, 그리고 일본 LCC인 피치 항공 등 많다. 저렴하고 안전한 항공권을 확보하는 것도 중요하지만 본인이 계획한 여행 일정과 예산에 맞는지도 확인해야 한다. 또한 같은 항공권이라도 가격 차이가 있으니 가격 비교는 필수다. 항공권의 유효 기간 및 제한 조건에 따라 가격 차이가 있을 수 있으며, 숙소와 함께 구입할 경우 추가 할인을 받을 수도 있으니 여행사 사이트를 참고하자.

항공권 구매 시 유용한 사이트

1. www.tourbaksa.com 여행박사
2. tour.interpark.com 인터파크투어
3. www.naeiltour.co.kr 내일여행
4. www.onlinetour.co.kr 온라인투어
5. www.flypeach.com/kr 피치 항공

☞ 숙소 예약

여행을 계획할 때 항공권 다음으로 신경 써야 할 것이 숙소 예약이다. 숙소를 선택할 때에는 자신이 준비한 여행 일정에 맞는 곳을 먼저 고려하고 그다음으로 가격을 비교해야 한다. 가격이 싸다고 덜컥 예약했다가는 이동하는 데 드는 시간과 교통 비용을 낭비할 수 있다. 숙소를 예약할 때 다음과 같이 잘 따져보고 예약을 하도록 하자.

1. 숙소는 난바 – 신사이바시 지역이나 우메다 지역으로 예약할 것! 난바 – 신사이바시 지역은 오사카 여행의 가장 핫 플레이스임과 동시에 다른 근교 지역으로 이동이 편리하다. 밤늦게까지 주변 쇼핑가를 도보로 다닐 수 있고 먹거리가 풍부하고, 공항으로의 이동이 수월하며, 근교 도시인 나라와 고베로의 이동이 편리하다. 단, 관광객들이 너무 많아 불편한 점도 따른다. 우메다 지역은 대형 쇼핑몰과 백화점이 집중되어 있어 쇼핑과 먹거리가 풍부하고, 근교 도시인 고베와 교토, 유니버설 스튜디오로 이동하기 편리하다. 단점은 구도심이라 늦은 저녁에는 외출을 자제하는 것이 좋다.

2. 호텔 예약 시 온라인이나 모바일을 이용하는 경우가 많다. 여기서 특히 조심해야 할 사항이 있는데, 전면에 보이는 요금이 전부가 아니라는 사실을 알아두어야 한다. 한국 여행사가 운영하는 예약 사이트는 보이는 요금에 호텔의 세금, 봉사료, 예약 사이트 이용료가 포함되어 있지만 글로벌 예약 사이트인 호텔스닷컴, 익스피디아 등은 검색을 했을 때 보이는 요금 외에 추가로 결제해야 하는 경우가 대부분이다. 따라서 최종 결제 금액을 따져서 더 저렴한 곳을 이용하도록 하자.

3. 금연실과 흡연실의 경우 예약할 때 구분이 되어 있는 경우가 있는데 구분이 없을 경우는 호텔 체크인 시 호텔 마음대로다. 보통 트윈룸을 예약할 때 하단에 작게 'Twin Request'라고 표시가 있는데 이것 또한 호텔 마음대로다. 확실한 예약 사항을 받으려고 한다면 금연실과 흡연실이 정확히 표기된 요금을 선택해야 한다.

4. 여행을 준비하다가 개인적인 사정으로 여행을 취소하거나 더 좋은 숙소가 있어 숙소를 변경하려고 할 때 환불이 되지 않는 경우가 종종 있다. 예약 시 환불 기한이 적힌 요금이 있는 반면에 환불 불가한 요금을 병행하는 경우가 많다. 물론 환불 불가 요금제가 더 저렴하지만, 여행의 변수가 생길 수 있는 것도 감안하도록 하자.

5. 오사카의 호텔 중 1박 요금이 10,000엔이 넘는 경우에 한하여 2017년 1월부터 도시세를 추가로 받고 있다. 1인 1박 기준 100~300엔까지 징수하고 있는데 호텔 예약 비용에 포함하는 경우도 있지만, 호텔에서 직접 받는 경우도 있다. 비용은 많지 않지만 모르고 가면 기분이 나쁠 수 있기 때문에 호텔을 예약할 때 별도 안내 사항에 추가로 비용을 징수하는지 사전에 체크하자.

6. 민박의 경우 가격이 저렴한 대신에 다인실이 많고, 방을 2~3인실을 사용하더라도 화장실은 공용으로 쓰는 경우가 많으니 사전에 인터넷을 통해 숙소 정보를 확인하도록 하자. 에어비앤비의 경우 예약 확정까지 위치 확인이 다른 사람의 후기를 통해서만 가능하고 청소 상태 또한 복불복이다. 그리고 사용 인원수의 경우도 최대 인원으로 잡기 때문에 인원이 많은 경우 비좁을 수 있으니 가능 인원수의 70%를 적정 인원수로 생각하자.

숙소 예약 시 유용한 사이트

1. www.expedia.co.kr 익스피디아
2. tour.interpark.com 인터파크투어
3. www.hotels.com 호텔스닷컴

4. www.tourbaksa.com 여행박사
5. www.japanican.com/kr 재패니칸

☞ 교통 패스 구입

오사카 여행을 할 때, 식비나 관광지 입장료만큼 많이 들어가는 비용이 교통비다. 여행 일정을 짜고 거기에 맞는 교통 패스를 구입하면 생각보다 많은 비용을 절약할 수 있다. 오사카 중심의 단기 여행을 계획하고 있다면 오사카 주유 패스를, 교토, 고베, 나라까지의 여행을 계획하였다면 간사이 스루 패스를 추천한다. 또한 교통 패스는 특정 관광지 입장이나 레스토랑 이용 시 추가 할인 혜택을 받을 수 있으니 내용을 꼼꼼히 살펴보자.

☞ 환전

출발 전에 미리 가까운 은행이나 개인의 주거래 은행에서 엔화로 환전을 하자. 일본 현지에서도 환전이 가능하지만, 수수료가 비싸고 환율이 좋지 않기 때문에 국내에서 환전을 하고 출발하는 것이 좋다.

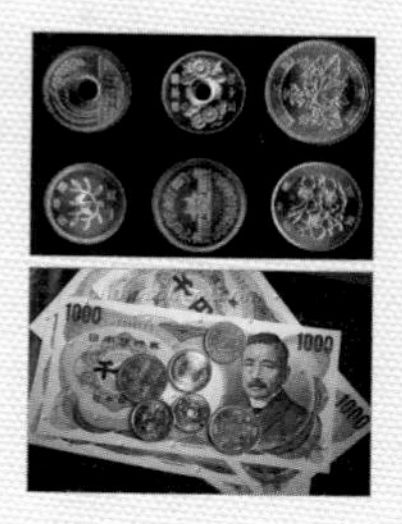

일본 현지에서 엔화가 부족할 경우 신용 카드나 해외 이용이 가능한 직불 카드를 이용하면 수수료에 대한 손실을 막을 수 있다. 대부분의 은행이 환전 수수료를 할인해 주고 있으며, 항공권이나 호텔을 예약한 여행사의 제휴사를 통하면 추가 할인도 가능하다.

☞ 여행자 보험

해외여행을 하다 보면 분실, 도난, 상해 등 여러 돌발 상황이 생길 수 있는데, 이에 대한 보상을 받기 위해서는 여행자 보험에 꼭 가입해야 한다. 여행자 보험은 보험 회사, 여행 기간과 보상 금액에 따라 가입 비용이 다르므로 이용 보험 약관이나 가입 안내서를 자세히 살펴보자. 아무리 일본의 치안이 좋다고 해도 최소한의 보험은 필요하다. 보험료 청구 시 약관에 따라 현지의 관공서에서 발행하는 확인서, 영수증 등의 증빙 서류가 필요하므로 사고 발생 시 꼭 챙겨 놓자.

여행자 보험 가입 시 유용한 사이트
1. www.tourinsu.co.kr 여행자 보험 몰
2. www.travelguard.co.kr 차티스 여행자 보험
3. www.insureline.co.kr LIG 여행자 보험

☞ 짐 꾸리기

짐은 최대한 가볍게 꾸리는 것이 좋다. 여름 여행은 옷 무게나 부피가 작지만, 겨울 여행 준비를 할 때는 옷의 부피 때문에 짐이 많아질 수 있다. 얇은 옷으로 여러 벌 준비하

는 것이 가장 좋고 두꺼운 옷은 출발할 때 입고 가면 된다. 신발은 여행 일정에 따라 다르겠지만, 최대한 편한 운동화를 신는 것이 좋다. 오사카의 다양한 음식들을 맛보는 것 또한 여행의 큰 매력이기 때문에 굳이 한국 음식을 준비하느라 불필요한 짐을 만들지 말자. 귀중품을 휴대할 수 있는 작은 배낭이나 가방을 준비하는 것이 좋고, 여권을 분실할 경우를 대비해 여권 사본을 준비하는 것도 좋다.

☞ 긴급 상황 대처 안내

여행하다가 여러 가지 긴급 상황이 생길 수 있는데, 만약 이티켓(e-ticket)을 분실하였다면 항공사에 연락하여 미리 재발급을 받거나 수신한 e-mail을 확인하여 준비하는 것이 좋다.

여권을 분실했다면, 오사카 총영사관을 통하여 통해 임시 여권을 신청해야 하며, 현금 및 카드를 분실하여 여행을 지속적으로 할 수 없거나 귀국할 비용이 없을 경우에는 외교통상부를 통해 긴급 송금 서비스를 이용할 수 있다. 범죄 및 응급 상황이 생겼을 경우에는 110을 통해 도움을 요청해야 하며, 일본어를 모르는 경우에도 통역사와 연결이 가능해 쉽게 이용할 수 있다.

오사카 총영사관
주소 日本國大阪市中央區西心齋橋2-3-4
전화번호 06-6213-1401~5

외교부(해외안전여행)
전화 02-3210-0404
홈페이지 www.0404.go.kr

한국 출국 수속

공항 도착 ⇨ 탑승권 발급 ⇨ 출국장 입장 ⇨ 보안 검사 ⇨ 출국 심사 ⇨ 면세점 이용 ⇨ 항공기 탑승 ⇨ 이륙

공항 도착

인천 국제공항

우리나라 대표 공항으로 오사카로 향하는 가장 많은 항공편이 인천 공항을 이용한다. 인천 국제공항으로 가는 방법은 리무진이나 자동차 외에도 얼마 전 개통한 서울역에서 인천 국제공항까지 운행하는 공항 철도를 이용하면 된다. 인천 국제공항 1층은 입국장이 있고, 2층은 항공사 사무실, 3층은 항공사 데스크와 출국장, 4층과 지하 1층은 레스토랑과 편의 시설이 있다.

공항 철도는 별도의 청사에 있으며, 출국장까지는 걸어서 5분 정도다. 2018년 1월 18일부터 인천 공항 제1청사는 아시아나 항공을 비롯한 저비용 항공사, 외항사(델타 항공, KLM, 에어 프랑스 제외)가 이용하고, 인천 공항 제2청사는 대한항공, 델타 항공, KLM, 에어 프랑스만 이용한다. 각 청사를 도는 무료 셔틀버스를 운영하고 있지만, 버스 대기 시간과 이동 시간을 고려하면 최대 30분까지 지체되므로 공항 출발 전에 잘 확인하자.

홈페이지 www.airport.kr

김포 국제공항

인천 국제공항보다는 항공편수는 적지만 접근성이 뛰어나 많은 관광객이 찾고 있다. 김포 국제공항은 국내선 공항과 국제선 공항으로 별도 운영되므로 주의해야 한다. 김포 국제공항 국제선 청사의 1층은 입국장이며 2층은 항공사 데스크, 3층은 출국장이다. 여러 상가와 극장이 입점해 있어 자투리 시간을 잘 활용할 수 있다.

홈페이지 www.airport.co.kr/mbs/gimpo

김해 국제공항

김해 국제공항은 부산을 비롯한 경상도 지역 주민들이 많이 이용하는 공항으로 부산 시내에서 차로 30분 정도 떨어진 김해에 있다. 공항으로 이동할 때 많은 사람들이 도로를 이용하는데, 도로 정체에 따라 소요 시간이 변동되므로, 여유 있게 출발하는 것이 좋다.

홈페이지 www.airport.co.kr/mbs/gimhae

☞ 탑승권 발급

구입한 항공권과 여권, 그리고 위탁 수화물을 챙겨 출발 2시간 전, 해당 항공 카운터에서 탑승권을 발급받자. 김포 국제공항과 김해 국제공항의 경우는 항공 카운터를 찾기 쉽지만 인천 국제공항의 경우 찾는 데 꽤 많은 시간을 소비할 수도 있다. 인천 국제공항에서 대한항공은 A19~C36, 아시아나 항공은 L01~M18, ANA 항공은 J01~J07, 이스타 항공 오전 편은 K01~K08, 오후 편은 K12~K16, 제주항공은 G28~G36 카운터를 이용한다. 항공사 카운터는 공항 사정에 따라 변동이 생길 수 있으니, 인천 공항 3층에 도착하면 다시 한 번 확인해 보자.

☞ 출국장 입장

인천 국제공항은 3층에 4개의 출국장을 운영하고 있고, 김포 국제공항은 3층에 1개의 출국장을, 김해 공항은 2층에 4개의 출국장을 운영하고 있다. 출국장으로는 출국할 여행객만 입장이 가능하며, 입장할 때 여권과 탑승권 검사, 그리고 기내 반입 수화물에 대한 검사를 한다. 출국장으로 들어가면 보안 심사를 받기 전에 세관 신고대가 있는데, 고가의 물품을 소지하고 출국할 여행객은 미리 세관 신고를 해야 입국 시 불이익을 받지 않는다.

☞ 보안 검사

보안 검사를 받기 전 외투를 벗어서 따로 검색대에 놓아야 하며, 소형 컴퓨터나 가전제품의 경우도 별도로 검사를 받아야 한다. 임산부·영유아 등 보호 대상자는 검사대를 통과하지 않고 별도의 검사를 받을 수 있다. 때에 따라서 신발도 검사하는 경우가 있으며, 칼, 가위 같은 날카로운 물건이나 스프레이, 라이터 같은 인화성 물질은 반입이 안 된다. 별도의 물품에 대한 반입 규정은 아래 사항을 참고하도록 하자.

액체, 젤류 및 에어로졸 등의 기내 반입이 제한된다. 이는 늘어나는 항공 관련 테러를 방지하기 위한 대책의 일환으로, 최근 액체로 된 폭탄 제조 사례가 많이 발견되고 있기 때문에 규정이 강화되었다. 한국 내 모든 국제공항 출발 편 이용 시 다음과 같은 규정이 적용된다.

① 항공기 내 휴대 반입할 수 있는 액체·젤류 및 에어로졸은 단위 용기당 100㎖ 이하의 용기에 담겨 있어야 하며, 100㎖를 초과하는 용기는 반입할 수 없다.
② 액체, 젤류 및 에어로졸을 담은 100㎖ 이하의 용기는 용량 1ℓ 이하의 투명한 플라스틱제 지퍼형 투명 봉투(크기 약 20㎝×20㎝)에 담겨 지퍼가 잠겨 있어야 한다.
투명 봉투가 완전히 잠겨 있지 않으면 반입할 수 없고, 초과되는 용기는 투명봉투가 완전히 잠길 때까지 제거하여야 하며, 투명 봉투로부터 제거된 용기는 반입할 수 없다.
승객 1인당 1ℓ 이하의 투명 봉투는 1개만 허용되며, 1ℓ 보다 큰 봉투는 반입할 수 없다.
③ 비행 중 승객이 사용할 분량의 의약품 또는 유아 승객 동반한 경우 유아용 음식(우유, 음료수 등)의 액체, 젤류 및 에어로졸 등은 반입할 수 있다.
④ 지퍼형 투명 봉투는 공항 매점에서 구입할 수 있다.

면세품의 경우
① 보안 검색대 통과 후 또는 시내 면세점에서 구입 후 공항면세점에서 전달 받은 주류, 화장품 등의 액체, 젤류는 투명하고 봉인이 가능한 플라스틱제 봉투에 넣어야 한다.
② 봉투는 최종 목적지행 항공기 탑승 전에 개봉되었거나 훼손되었을 경우 반입이 금지된다.
③ 이 봉투에는 면세품 구입 당시 교부받은 영수증을 동봉하거나 부착해야 한다.
④ 한국 내 공항에서 국제선으로 환승 또는 통과하는 승객의 면세품에도 위의 조항들이 적용된다.

애완동물은 기내에 함께 들어갈 수는 없으나 허가된 이동 상자에 들어있을 경우 위탁 수화물로 처리할 수 있다. 애완동물과 함께 탑승하는 경우에는 다음과 같은 규정이 적용된다.
① 도착 예정 공항의 동물 검역소에 개인이 사전에 신청, 접수한다. 출발 40일 전까지 신청해야 한다.
② 마이크로 칩으로 개체 식별이 가능해야 한다.
③ 위 요건을 충족하지 못할 경우 검역 기간이 최장 180일(비용은 승객 부담)까지 소요될 수 있으며 반송될 수도 있다.

애완동물과 함께 일본 입국 시 필요한 서류
① 도착 예정 공항에 접수한 사전 신청서
② 건강 증명서
③ 광견병 예방 주사 증명서
④ 마이크로 칩 확인 완료 서류

☞ 출국 심사

출국 심사대의 출국 심사관에게 항공기 탑승권과 여권을 제시한다. 해외여행에 결격 사유가 있거나 여권이 파손되었을 경우, 또는 여권상의 사진과 지금의 모습에 차이가 많을 경우에는 출국을 거부당할 수 있다. 최근 성형 전에 발급받은 여권의 사진과 현재의 모습이 상이하여 출국 거부를 당한 사례가 있으니, 그런 경우 미리 재발급받아 두는 것이 좋겠다.

☞ 면세 구역 이용

해외여행을 할 때 대부분 공항 면세점이나 시내 면세점을 이용하게 되는데, 이용 금액의 범위나 면세 금액의 범위를 잘 지키지 않는 경우가 대부분이다. 면세품 구매의 한도 금액은 미화 3,000$이며 면세 한도는 미화 400$까지다. 구매 한도와 면세 한도를 혼동하여 입국 세금을 낼 수 있으니, 꼭 참고하자. 예를 들어 2,800$의 물품을 구입했다면 면세를 받을 수 있는 한도는 400$이므로 2,400$에 대해 물품 자진 신고를 통하여 세금을 내야 하는데, 미신고 적발 시 과태료가 부과된다.

☞ 항공기 탑승

대부분의 항공기 탑승은 출발 30분 전부터 시작하며, 여권과 탑승권을 항공사 직원에게 제시해야 한다. 인천 공항의 경우 외항사나 LCC의 출국 청사는 모노레일로 이동해야 하니, 시간 여유를 두고 움직이자.

☞ 이륙

인천 · 김포 국제공항에서 간사이 국제공항까지는 이륙 후 1시간 40분이 소요되고, 김해 국제공항의 경우는 1시간 20분이 소요된다. 일본 도착 전에 일본 입국 신고서를 나누어 주는데, 기내에서 미리 작성하면 된다.

인천 공항의 탑승 게이트 안내

공항 출국 심사대를 빠져나오면 넓은 면세 구역이 끝없이 펼쳐져 있다. 면세 구역에서 쇼핑을 즐기거나 라운지에서 휴식을 취한 후 출발 30분 전까지 해당 탑승 게이트까지 이동을 해야 한다. 여기서 주의할 점은 인천 공항의 항공기 탑승동은 두 곳으로, 심사대 앞 면세 구역에 위치한 탑승 게이트는 주로 대한항공과 아시아나 항공이 이용하고 외국 항공사나 저가 항공사의 경우 다른 탑승동을 이용한다. 면세 구역 중앙에 다른 탑승동으로 이동하는 모노레일이 있는데 대기 시간과 이동 시간이 소요되므로 늦어도 출발 40분 전에는 모노레일을 탑승해야 한다. 자칫 시간 체크를 잘못하여 모노레일 탑승장을 못찾거나 늦게 이동할 경우 항공기 탑승을 거절당할 수도 있으니 주의하자.

일본 입국 수속

착륙 ⇨ 입국 신고 ⇨ 수화물 찾기 ⇨ 세관 검사 ⇨ 입국장

☞ 착륙

간사이 국제공항에 도착 후 모노레일로 입국 심사장까지 이동해야 한다.

☞ 입국신고

외국인 입국기록 DISEMBARKATION CARD FOR FOREIGNER [ARRIVAL]

이름 Name	HONG	GIL DONG
생년월일 Date of Birth	2 3 0 1 1 9 9 0	현주소 Home Address: Republic of Korea / Seoul
도항 목적 Purpose of visit	☑ Tourism 관광 ☐ Business ☐ Visiting relatives ☐ Others ( )	도착 항공기 편명 KE0725 / 일본 체류 예정 기간 5
일본의 연락처	NANBA ORIENTAL HOTEL 2-8-17, Sennichi-Mae, Chuo-ku, Osaka-shi, Osaka	TEL 전화번호 06-6647-8111

1. Any history of receiving a deportation order or refusal of entry into Japan ☐ Yes ☑ No
2. Any history of being convicted of a crime (not only in Japan) ☐ Yes ☑ No
3. Possession of controlled substances, guns, bladed weapons, or gunpowder ☐ Yes ☑ No

I hereby declare that the statement given above is true and accurate.
서명 Signature: Gildong Hong

입국 심사대에 도착하기 전 간단한 검역 작업을 열 감지 카메라로 진행하는데 특별한 지병이 없다면 한 줄로 통과하면 된다. 입국 심사는 일본인(Japanese)과 외국인(Foreigner)으로 줄을 서게 되는데 사람이 많을 때는 입국심사를 받는데 1시간이 넘게 걸릴 수 있으므로 외국인 줄에 서둘러 서도록 하자. 본인 차례가 되면 입국 심사관에게 여권과 기내에서 작성한 입국 카드를 제출하고 정면에 보이는 검사 기계에 양손의 검지의 지문과 정면 얼굴 촬영을 한다. 입국 심사관의 안내에 따라 차근차근 진행하면 되므로 큰 어려움은 없다.

☞ 수화물 찾기

입국 심사대를 통과하면 위탁 수화물을 찾을 수 있는데, 도착편명에 따라 수화물 수취대가 다르니, 탑승한 항공편명의 수취대를 확인하면 된다. 만약 수화물이 나오지 않으면 한국 공항에서 받은 수화물 표를 제시하여야만 확인할 수 있다.

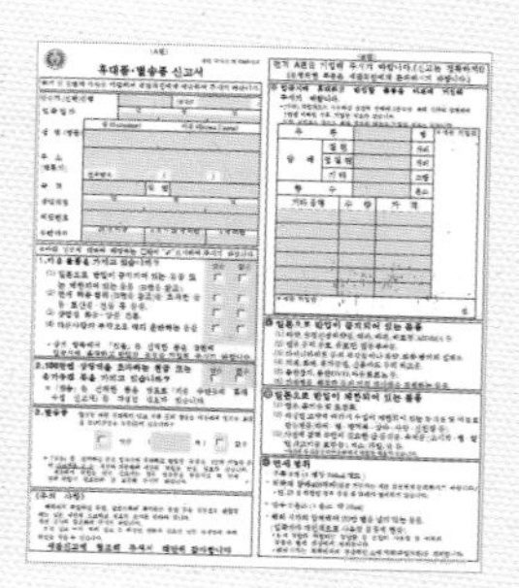

☞ 세관 검사

수화물을 찾은 후 모든 짐을 가지고 세관 검사를 받는다. 이때 여권과 일본 세관 신고서를 제시해야 한다. 때에 따라서는 가방을 검사받을 수도 있고, 몇 가지 여행에 관련된 질문을 받게 되는데, 일본어가 서툴다면 영어로 질문하기도 하고, 한국어로 된 자료를 보여 주며 질문하기도 한다.

입국장

간사이 공항 입국장을 빠져 나오면 입국장 왼쪽으로 각종 교통 패스를 구매할 수 있는 여행 데스크가 있다. 여기서 필요한 교통 패스를 구매하고, 2층으로 올라가면 시내로 나갈 수 있는 교통편을 이용할 별도의 청사로 이동해야 한다. 이동한 후에 JR센이나 난카이센을 이용하여 시내로 나가도록 하자.

공항에서 시내까지

간사이 공항

입국장에서 나와 택시나 리무진 버스를 탑승하려면, 외부 출구 밖에 탑승장이 있다. 전철을 타려면 입국장을 나와 'railways'라는 표지판을 따라 2층으로 올라간다. 2층으로 올라가면 건너편 건물로 이어진 육교가 보이는데, 건너가면 난카이센이나 JR센을 이용할 수 있다. 교통 패스를 이용하거나 목적지가 난바일 경우 난카이센을 이용하고 목적지가 고베나 교토일 경우에는 JR센을 이용하면 된다.

간사이 공항 → 오사카 시내

노선	목적지	소요 시간	요금
난카이센	난카이센 난바 역	공항 급행 45분	920 엔
		래피드 알파 29분	1,340 엔
		래피드 베타 35분	1,340 엔
JR센	JR 난바 역	쾌속 53분	1,060 엔
	JR 텐노지 역	쾌속 43분	1,060 엔
	JR 오사카 역	쾌속 1시간 2분	1,190 엔
공항버스	JR 난바 역	약 50분	1,050 엔
	JR 오사카 역	약 1시간 20분	1,550 엔
택시	JR 난바 역	약 50분	약 18,000 엔

일본 출국 수속

공항 도착 ⇒ 탑승권 발급 ⇒ 출국장 입장 ⇒ 보안 검사 ⇒ 출국 심사 ⇒ 면세점 이용 ⇒ 항공기 탑승 ⇒ 이륙

간사이 공항 도착

간사이 공항의 1층은 입국장, 2층은 국내선 청사, 4층이 국제선 청사이자 출국장이다. 난카이센이나 JR센을 이용해 공항으로 가면 다른 건물로 도착하기 때문에 다시 간사이 공항으로 건너와야 한다.

홈페이지 www.kansai-airport.or.jp/kr

탑승권 발급

출발 2시간 전에 간사이 공항 4층으로 가 해당 항공사의 탑승권을 발급받도록 하자. 간사이 국제 공항에서 대한항공은 B, 아시아나 항공은 C, ANA항공은 A와 B, 이스타항공은 H, 제주항공은 A, 에어부산은 C, JAL항공은 F 카운터를 이용한다. 모든 액체 수화물은 기내 반입 금지되므로 위탁 수화물 안에 넣어야 한다.

출국장 입장

탑승권을 발급받는 4층에 총 2개의 출국장이 있다. 어느 출국장을 이용해도 공항이 크지 않아 이동에 어려움이 없다.

보안 검사

보안 검사는 국내 공항에서 진행된 보안 검사와 동일하게 진행한다. 주의해야 할 점은 면세점에서 구입하거나 한국에서 가져온 모든 액체 수화물이 기내 반입 금지이므로, 꼭 탑승권 발급 시 위탁 수화물 안에 넣어야 한다는 것이다. 만약 위탁 수화물을 보낸 후 뒤늦게 알았다면, 다시 밖으로 나와 항공 카운터로 가서 별도로 위탁 수화물을 보내야 하는데, 파손의 위험이 따르며 다시 출국장으로 들어가는 데 많은 시간을 허비하게 되니, 탑승권 발급 시에 꼼꼼히 챙겨야 한다.

출국 심사

보안 검사 후 출국 심사대로 가서 출국 심사관에게 여권과 탑승권을 제시한다. 이때, 출국 심사관이 여권에 스테이플러로 고정된 출국 신고서를 가져가기 때문에 절대 훼손하면 안 된다.

면세 구역 이용

간사이 공항의 면세 구역은 한국의 인천 공항에 비해 상당히 협소하다. 또한 탑승 게이트로 가려면 공항 모노레일을 타고 이동해야 하므로 시간을 잘 계산하여 쇼핑해야 한다.

항공기 탑승

항공기 탑승은 출발 30분 전부터 시작하며 출국 심사와 항공기 탑승 게이트 청사가 별도이므로 이동 시간까지 계산하여 항공기 탑승 시간에 늦지 않도록 주의해야 한다.

이륙

오사카 간사이 공항부터 인천·김포 국제공항까지는 항공기가 이륙한 후 1시간 50분이, 김해 국제공항까지는 1시간 30분이 소요된다. 한국 도착 전에 기내에서 나누어 주는 입국 세관 신고서를 미리 작성하자.

Travel Tips 자동 출입국 심사 시스템

출입국할 때 항상 긴 줄을 서서 수속을 밟아야 하는 번거로움을 없애기 위해 시행하고 있는 제도로, 심사관의 대면 심사를 대신하여 자동 출입국 심사대에서 여권과 지문을 스캔하고, 안면 인식을 한 후 출입국 심사를 마친다. 주민등록이 된 7세 이상의 대한민국 국민이면(14세 미만 아동은 법정대리인 동의 필요) 모두 가능하고, 18세 이상 국민은 사전 등록 절차 없이 이용할 수 있다.

자동 출입국 심사 시스템 안내 사이트 www.ses.go.kr

Smart Entry Service Auto-gate 이용 방법

01. 여권의 인적 사항 면을 판독기에 올려놓는다.

02. 자동문이 열리면 게이트 안으로 들어간다.

03. 등록한 손가락을 지문 인식기에 올린다. 어느 손가락이 등록되었는지 화면에 나온다.

04. 안면 인식을 위해 카메라를 본다. 게이트 기종에 따라 생략될 수도 있다.

05. 자동문이 열리면 게이트 밖으로 나간다.

한국 입국 수속

착륙 ⇨ 입국 심사 ⇨ 수화물 찾기 ⇨ 세관 검사 ⇨ 입국장

☞ 착륙

국내 공항에 도착 후 입국 심사장으로 이동한다.

☞ 입국 심사

입국 심사 줄은 한국인과 외국인으로 나뉘는데 우리나라 국적이면 한국인 줄에 선다. 입국 심사관에게는 여권만 제시하면 된다.

☞ 수화물 찾기

입국 심사대를 통과하면 위탁 수화물을 찾을 수 있다. 도착편명에 따라 수화물 수취대가 다르므로 탑승한 항공편명의 수취대를 확인하자. 만약 수화물이 나오지 않는다면 간사이 공항에서 받은 수화물 표를 제시하여야만 확인할 수 있다.

☞ 세관 검사

수화물을 찾은 후 입국장에 나오기 전에 세관 검사를 받아야 한다. 항공기 내에서 작성한 세관 신고서를 제출하면 되고, 분실했을 경우 세관 신고대 앞에 비치된 것을 사용하면 된다. 미화 600$ 이상의 물품 구매에 대해서 모두 신고를 해야 하며, 이를 위반할 경우 과태료가 부과된다.

☞ 입국장

찾아보기

ㄱ

가니도라쿠 본점 121
가무쿠라 119
가스가 와카미야 온마쓰리 274
가이유칸 152
가이텐 스시 115
간사이 에어포트 워싱턴 호텔 185
간코(호젠지점) 172
간코(회 정식) 116
겐로쿠 스시 122
겐로쿠 스시 우메다점 92
고베 메리겐 파크
오리엔탈 호텔 254
고베 산노미야 터미널 호텔 255
고베 우미에 백화점 249
고베 포트 타워 246
고베 플라자 호텔 255
고베 해양 박물관 247
고베 호빵맨 박물관 248
고쿠민 102, 278
고후쿠지 266
교토 국립 박물관 218
교토 타워 204
교토 타워 호텔 229
교토 황궁 209
구 파나마 영사관 241
구로몬 시장 135
구우쿠우 93
그랑 프론토 오사카 95
그리르스타십 244
기온 217
기온 마쓰리 273
기요미즈데라 219
기타노이진칸 239
긴노유 251
긴류 라멘 124, 170
긴소 107
긴카쿠지 (은각사) 215

ㄴ

나가호리도리 132
나라 공원 264
나라 국립 박물관 263
나카자 쿠이다오레 121
난바 시티 134
난바 역 133
난바 오리엔탈 호텔 184
난바 파크스 134
난카이도리 · 센니치마에 115
난코 101 벼룩시장 143
난코 WTC 시민 마켓 143
난킨마치 242
네스트 호텔 오사카 신사이바시 181
눈꽃의 시골 169
뉴욕 에어리어 161
니노마루 정원 207
니노마루고텐 207
니조 성 206
닌나지 212
닛코 오사카 호텔 183

ㄷ

다이닝 아지토 172
다이몬지오쿠리비 마쓰리 275
다이소 280
다이코노유 251
다코야키 도라쿠 오나카 118
다코야키 조하치반 123
다코야키 크레오루 123
다코야키군 118
다코이에 도톤보리 쿠쿠루 121
달로와요 107
당케 신사이바시 168
더 드래곤즈 펄 162
WTC 코스모 타워 153
더 어메이징 어드벤처 오브
스파이더맨 더 라이드 161
더 위저딩 월드 오브 해리포터
에어리어 165
덴노지 공원 · 덴노지 동물원 140
덴덴타운 135
덴진 마쓰리 273
덴포잔 마켓 플레이스 151
도다이지 267
도리조우 93
도야도야 마쓰리 275
도지 223
도지 벼룩시장 143
도지인 212
도큐 한즈 132
도톤보리 120
도톤보리 고나몬 122
도후쿠지 224
돈카쓰 간코 110
돈키호테 279
디스커버리 레스토랑 163
디즈니 스토어 106

ㄹ

라군 에어리어 164
런던 베이커리 키친 111
로드 스토우 베이커리 124
롯코 아일랜드 247
료안지 213
루이스 피자 팔러 162
르 프리미어 카페 인 168
리츠 칼튼 오사카 178
리쿠로 오지상 114
리틀 오사카 121
린쿠 플레저 타운 시클 289

ㅁ

마루가메세멘 110, 164
마쓰모토 기요시 104
마쓰모토 기요시 278
마츠바 226
매지컬 스타라이트 퍼레이드 159
맬스 드라이브 인 160
메리겐 파크 246
멘토안 268
모자이크 248
모토마치 상점가 243
묘신지 211
무지 117
미도스지도리 125
미오르 탄바 키친 111
미즈노 176

ㅂ

바오바오백 이세이 미야케 126
바이오탑 코너 스탠드 131
백 투 더 퓨처 더 라이드 162
베이글 앤 베이글 168
베이비돌 105
베이비저러스 291
벨뷰 가든 호텔 185
북극성 173
비타메이르 169
빗쿠 카메라 117
빗쿠리돈키 122, 173

ㅅ

사이도 162
사카에 한큐 히가시도리점 92
산노미야 역 242
산리오 갤러리 106
산야 244
산조도리 263
산주산겐도 218
샌프란시스코 에어리어 162
살롱 드 몽쉐르 127
세이류엔 207
센뉴지 224
센니치마에 도구야스지 117
슈렉 4-D 어드벤처 158
스위소텔 난카이 오사카 184
스탠다드 북 스토어 167
스테이크 랜드 252
스튜디오 스타즈 레스토랑 160
스페이스 판타지 더 라이드 158
시로키야 309
시모지마 109
시조도리 209
시텐노지 139
시텐노지 벼룩시장 142
신사이바시스지 102
신세카이 · 쓰텐카쿠 141
신센엔 208
쓰루동탄 124
쓰타야 113

ㅇ

아라시야마 315
아리마 온천 250
아베노하루카즈 141
아소코 129
아오이 마쓰리 274
아이스 몬스터 167
아즈라 디 카프리 160
아카창 혼포 291
아카창 혼포 110
알리오리 쿠치나 174
알토피노 131
애머티 빌리지 164
야마토야 호텔 183
야사카 신사 217
어그 오스트레일리아 오사카 127
에비스바시 112
H&M 102
HEP 89
ATC아시아 태평양 무역센터 153
APA 호텔 기온 229
엑셀시오르 카페 107
연두색 집 241
영국관 241
오멘 226
오사카 도큐 레이 호텔 179
오사카 성 146
오사카 성 공원 146
오사카 역사 박물관 147
오사베리나카메 268
오에스 드러그 스토어 104, 245
551 호라이 113
오하쓰텐진 벼룩시장 142
오하텐도리 93
와라와라 309
와카사야 119
와타미 309
요도바시 카메라 87
우메다 스카이 빌딩 86

우메다 히가시도리 상점가 90
우오타미 309
워터월드 163
워터월드 에어리어 163
유니버설 몬스터 라이브 로큰롤 쇼 159
유니버설 스튜디오 재팬 154
유니버설 원더랜드 에어리어 165
유니코 130
이소마루 수산 119
유니클로 105
유하임 245
이스즈 베이커리 253
이치바 스시 118, 171
이치에이 호텔 182
일그란데 호텔 179
잇센 요쇼쿠 225

ㅈ

ZARA 105
자우오 176
JR 교토 역 204
죠스 164
쥐라기 공원 더 라이드 163
쥐라기 공원 에어리어 163
지다이 마쓰리 275
지온인 216
GU 104

ㅊ

치보 123, 173

ㅋ

카네쇼 225
칸논야 244, 253
칸타로 95
컴포트 인 교토 고조 227
컴포트 인 호텔 269
KYK 돈카쓰 175
케이케이알 호텔 오사카 180
크레페 리아알사이언 166
크로스 호텔 오사카 180
크로스오버 호텔 182
킨노유 250
킨노토리카라 114
킨카쿠지(금각사) 211
킷캣 109

ㅌ

타임리스 컴포트 129
타케토리테이 마루야마 251
터미네이터2 3-D 161
테이블 카페 크로스텔 오사카 168
테츠 91
토리 노 마이 175
토이저러스 290

ㅍ

파블로 106
퍼스트 키친 113
페사 131
포트 아일랜드 249
폴 245
폴스미스 130
풍향계의 집 241
프랑스관 241
플라잉타이거 코펜하겐 126
피네건스 바 앤 그릴 161
피제리아 상트 안젤로 174

ㅎ

하브스 난바 파크스점 167
하비스 플라자 87
하카다 잇푸도 91
한신 백화점 · 한큐 백화점 88
한큐 3번가 94
할리우드 드림 더 라이드 158
할리우드 에어리어 158
헤이안진구 216
호리에 128
호텔 가든 팔레스 앤드 스파 185
호텔 게이한 유니버설 시티 180
호텔 그란 엠즈 교토 229
호텔 뉴 한큐 교토 228
호텔 뉴 한큐 오사카 178
호텔 닛코 나라 269
호텔 몬터레이 그래스미어 오사카 182
호텔 비스타 교토 하치조구치 228
호텔 선루트 소프라 고베 255
호텔 선루트 오사카 남바 181
호텔 오쿠라 고베 254
호텔 이비스 스타일 오사카 184
호텔 이이다 227
호텔 후지타 나라 269
호텔 홋케 클럽 교토 228
홀리데이 인 오사카 남바 183
홉 슈크림 돌핀 111
화이티 우메다 94
후지야 호텔 181
히가시혼간지 · 니시혼간지 205
힐튼 오사카 호텔 178
힐튼 플라자 88